数+学=(女×孩)

[日] 结城浩 ◇ 著
朱一飞 ◇ 译

人民邮电出版社
北京

图书在版编目（CIP）数据

数学女孩 /（日）结城浩著 ; 朱一飞译. -- 北京 : 人民邮电出版社, 2016.1
（图灵新知）
ISBN 978-7-115-41035-1

Ⅰ. ①数… Ⅱ. ①结… ②朱… Ⅲ. ①数学－普及读物 Ⅳ. ①O1-49

中国版本图书馆CIP数据核字(2015)第270018号

内 容 提 要

本书以小说的形式展开，重点描述一群年轻人探寻数学中的美。内容由浅入深，数学讲解部分十分精妙，被称为“绝赞的初等数学科普书”。内容涉及数列和数学模型、斐波那契数列、卷积、调和数、泰勒展开、巴塞尔问题、分拆数等，非常适合对数学感兴趣的初高中生以及成人阅读。

◆ 著　　[日] 结城浩
译　　朱一飞
责任编辑　乐　馨
执行编辑　杜晓静
责任印制　杨林杰

◆ 人民邮电出版社出版发行　　北京市丰台区成寿寺路11号
邮编　100164　　电子邮件　315@ptpress.com.cn
网址　https://www.ptpress.com.cn
三河市中晟雅豪印务有限公司印刷

◆ 开本：880×1230　1/32
印张：10.625　　2016年1月第1版
字数：325千字　　2025年2月河北第40次印刷
著作权合同登记号　图字：01-2015-4404号

定价：59.80元

读者服务热线：(010)84084456-6009　印装质量热线：(010)81055316
反盗版热线：(010)81055315

致读者

本书涵盖了形形色色的数学题目，从小学生都能明白的简单问题，到大学生也难以理解的难题。

本书中通过语言、图形以及数学公式表达登场人物的思路。

如果不太明白数学公式的含义，请先看看就好，继续看下面的故事，泰朵拉会跟您一同前行。

请擅长数学的读者，不要仅仅阅读故事，也务必一同探究数学公式。如此，便可品味到深埋在故事中的别样趣味。

主页通知

关于本书的最新信息，可查阅以下URL。

http://www.hyuki.com/girl/

此URL出自作者的个人主页。

目录

CONTENTS

序　言

光让事情留在记忆里总不行啊，
需要回忆出来大家共享的。
——小林秀雄

我忘不了。

我怎么也忘不了高中时期因数学而结缘的她们。

她们是用一流的解法打动我的才女——米尔嘉，认真向我发问的活力少女——泰朵拉。

回想起那时的岁月，我脑海中顿时浮现出一个个计算公式、一个个新鲜的想法。这些数学公式不会随着时间的推移而显得落伍或陈旧，而是向我展现了欧几里得、高斯、欧拉等数学家们熠熠生辉的才思。

——数学穿越时空。

我一边想着那些计算公式，一边体会着古时候数学家们体验到的那份感动。即便是几百年前就已经被证明的也没关系，现在我一边追溯理论一边埋头苦思的东西一定是自己的东西。

——通过数学穿越时空。

拨开层层密林，找出宝藏，数学就是这样一种令人兴奋的寻宝游戏。

比拼智力，寻找最牛的解法，数学就是这样一场激烈的战斗。

那时，我开始使用名叫数学的武器。但是，那种武器往往过于巨大，很多时候不能灵活操控。这种感觉正如我很难操控自己年轻时的青涩，很难控制对她们的思念一样。

光让事情留在记忆里总不行啊，需要回忆出来大家共享的。

那我就从高一的春天开始讲起吧。

第1章

数列和数学模型

1，2，3。3是1。

1，2，3。3是2。

——大岛弓子，《棉之国星》

1.1 樱花树下

那是高一的春天。

开学典礼那天，春光明媚。

“美丽的樱花开了……大家在新学期新起点之际……在这有着悠久历史的校舍里……努力学习、努力锻炼……少年易老学难成……”

校长那冗长的致辞简直引人入睡，我借着扶正眼镜的机会强忍住了呵欠。

开学典礼结束后，我在回教室的途中悄悄地溜了出来，独自一人漫步在校内的樱花树林间。周围连个人影都没有。

我现在 15 岁。15 岁、16 岁、17 岁……毕业的时候我将 18 岁了。有一个 4 次方的数字和一个质数。

$$15 = 3 \cdot 5$$

$$16 = 2 \cdot 2 \cdot 2 \cdot 2 = 2^4 \qquad \text{4次方数}$$

$$17 = 17 \qquad \text{质数}$$

$$18 = 2 \cdot 3 \cdot 3 = 2 \cdot 3^2$$

现在教室里同学们一定正进行着自我介绍。我不擅长自我介绍，究竟该说说自己的什么呢？

“我喜欢数学，兴趣是讨论计算公式。请多多关照。”

我想象了下又停住了。

算了，管他呢。静静地上课，在谁都不会去的图书室学数学，就这样像初中时一样度过高中三年的时光吧。

映入眼帘的是一棵硕大的樱花树。

树下站着一个少女，她正抬头仰望着那棵樱花树。

我想：她是位新生吧，大概和我一样也是溜出来的。

我也抬头望了望那棵樱花树。模模糊糊的花色遮住了天空。

刮起一阵风，飘舞着的樱花花瓣将少女裹住。

少女也看到了我。

她身材高挑，长发乌黑亮丽，嘴巴紧闭着，一副认真的表情。脸上架着副金丝眼镜。

她清楚地念着：“1，1，2，3。”

1　1　2　3

念完这 4 个数字之后，少女便不出声了，用手指着我，好像在说："喂！你，请回答接下来的数字。"

我指着自己："要我回答？"

她没有说话，而是点了点头。食指仍然指向我。

到底是什么呢？在樱花树丛中好好地散着步，为什么非要做什么猜数字的游戏呢？对了，刚才她说的是什么呢？

我回想她刚才的题目："1, 1, 2, 3。"

啊，原来如此。我知道了。

"1, 1, 2, 3 的后面接着的数字是 5，接下来是 8，再接下来是 13，然后是 21，然后再是……" 我开始滔滔不绝地回答。

她向我伸出手掌，示意我不要说了。

接着，她给我出了另外一道题，又是 4 个数字。

1 4 27 256

她又指向我。

这是在考我吗？

"1, 4, 27, 256。"

我突然一下子找到了规律。

我回答说："1, 4, 27, 256，接下来是 3125 吧，再接下来是……心算是不行了。"

她听到我说"心算是不行了"之后神色显得有些不满，摇了摇头，便告诉了我答案。

"1, 4, 27, 256, 3125, 46656, $\cdots$" 她的声音很响亮。

接着，她闭上眼，头微微朝上抬起，好似正在仰望樱花树。食指朝着天空飞快地写着些什么。

唯一从这个女孩口中说出的只是些数字，她漫不经心地将那些数字排列起来，略做些手势。但是我的目光却一直盯着这个与众不同的女孩。她到底想干什么?

她朝我这里看了看。

6　15　35　77

又是 4 个数字。

“6, 15, 35, 77。”

我心想，这题好难啊。我开动脑筋拼命思考，6 和 15 是 3 的倍数，但是 35 却不同了，35 和 77 是 7 的倍数。如果可以在纸上写写的话应该马上能解出来。

我瞟了她一眼，樱花树下的女孩还笔挺地站在那里，很认真地看着我，甚至都不掸一下飘落到头发上的樱花花瓣。那副认真的模样仿佛是在考试一样。

“啊，我知道了。”

我刚一说，她顿时变得神采奕奕，微微一笑。我第一次看到她笑，便情不自禁地大声回答:

“6, 15, 35, 77 的后面是 133。”

她摇了摇头，长发飘动，花瓣也随之飘落。她的表情仿佛在说:“哎呀呀，真可惜。”

“计算错误！”她的手指碰了下眼镜。

计算错误？啊，真的算错了。11 乘以 13 应该是 143，而不是 133。

她又继续出了下一题。

6　2　8　2　10　18

这次是 6 个数字。我考虑了一下，最后一个 18 最令人头疼，如果是 2 就好了，现在的数字看上去乱七八糟，没有规则。啊，不对，这些都是偶数。——我知道了！

“接下来是 4, 12, 10, 6, ⋯，这道题真伤脑子。”我说道。

“是吗？但你不是解出来了嘛。”

她装模作样地说着，走向我伸出手。她的手指又细又长。

我心想：难道她要和我握手吗？

于是，我莫名其妙地握住了她的手。她的手又柔软又温暖。

“我叫米尔嘉，请多多关照。”

这就是我和米尔嘉的邂逅。

1.2　自己家

夜晚。

我喜欢夜晚。家人入睡后，我就可以有大量自由的时间，拥有一个没人打扰的世界。我喜欢自己一个人度过那段时间，打开书，探索世界。我思考数学问题，闯入那深邃的密密层林。在那里，我发现了珍稀动物、清澈得令人吃惊的湖，还有需要抬头仰望的大树。令我意想不到的是，还遇到了美丽的花朵。

她就是米尔嘉小姐。

第一次见面就和我进行那样的对话，她真是个奇怪的女孩。她一定非常喜欢数学吧。她连开场白都没说，就直接给我出数列的脑筋急转弯题，简直像考试一样。我是不是合格了呢？我握了她的手，那柔软的手，飘着淡淡的清香，真的是很淡的清香——女孩独特的香味。

女孩啊。

我摘下眼镜，把它搁到书桌上，闭上眼睛，开始回想我和米尔嘉之间的对话。

一开始的题目“1, 1, 2, 3, 5, 8, 13, ⋯”是**斐波那契数列**。1, 1 后面的数字是将前两个数字相加，所得的和成为接下来的数字。

$$1,\ 1,\ 1+1=2,\ 1+2=3,\ 2+3=5,\ 3+5=8,\ 5+8=13,\ \cdots$$

第二道题“1, 4, 27, 256, 3125, 46656, ⋯”则是下面这种数列。

$$1^1,\ 2^2,\ 3^3,\ 4^4,\ 5^5,\ 6^6,\ \cdots$$

也就是说，这个数列中的各项是n的n次方，4的4次方、5的5次方之前心算还没问题，6的6次方的话，心算就不太可能了。

第三道题“6, 15, 35, 77, 143, ⋯”的数列如下。

$$2\times 3,\ 3\times 5,\ 5\times 7,\ 7\times 11,\ 11\times 13,\ \cdots$$

也就是“质数×后一个质数”的形式。可是我把11×13算错了，真是丢脸啊。米尔嘉一针见血地指出了我的“计算错误”。

最后一道题是“6, 2, 8, 2, 10, 18, 4, 12, 10, 6, $\cdots$”。这道题很难。因为这个数列其实是由**圆周率** π 中的每位数字乘以 2 而得到的。

$$
\begin{aligned}
\pi &= 3.141592653\cdots && \text{圆周率} \\
&\to \quad 3,1,4,1,5,9,2,6,5,3,\cdots && \text{各位数} \\
&\to \quad 6,2,8,2,10,18,4,12,10,6,\cdots && \text{各位数的 2 倍}
\end{aligned}
$$

解这道题必须要背出圆周率 π 的各位数字。如果脑海里没有这样一个数列模式，就无法解出这道题。

记忆啊。

我喜欢数学。比起记忆背诵，我更喜欢思考。追溯过去不是数学，发掘新东西才是数学。如果是要背诵的话，只要靠脑子死记硬背就可以了。记人名、记地名、背单词、背元素符号等，这些都无法进行推理计算。但是，数学却不同。一旦告诉我题目后，我就会把材料和道具(笔和纸等)都排列到桌上。我一直认为数学不是靠记忆，而是靠思考。

但是，我又突然觉察到数学也许不是那么简单的东西。

米尔嘉在出“6, 2, 8, 2”这道题时，为什么不单单说“6, 2, 8, 2”，还一直说到“6, 2, 8, 2, 10, 18”呢？那是因为如果她只说“6, 2, 8, 2”的话，我们无法发现其中的规律其实是圆周率 π 的各位数字的 2 倍。我们还可能得出其他简单的答案。假设题目只是“6, 2, 8, 2, 10, $\cdots$”的话，我们还可能联想到以下数列。

$$6,\underline{2},8,\underline{2},10,\underline{2},12,\underline{2},\cdots$$

有这样的联想也是非常自然的吧。也就是说，在连续的偶数之间放入一个 2 作为间隔。

原来米尔嘉在出这道题时想得如此周密啊。

“但你不是解出来了嘛。”

她似乎预料到我能够解出这道题。我突然想到她那装模作样的表情。

米尔嘉啊。

在这样一个春色满园，樱花飘落的地方，她显得有些格格不入。她有着一头乌黑亮丽的秀发，宛若指挥家般修长的手指，温暖的小手，淡淡的清香。

不知怎么的，我一直想着米尔嘉的事情。

1.3 数列智力题没有正确答案

“喂，米尔嘉，那时为什么考我数列智力题呀？”我问米尔嘉。

“什么那时呀？”米尔嘉抬起头，停止了计算。

这里是图书室。惬意的春风透过打开的窗子徐徐吹来，已经可以依稀看到法国梧桐冒出一片片嫩叶。远处的操场上还隐约传来棒球队的练习声。

已经五月了。

新学校，新教室，新同学，随着时间的流逝，新鲜感也在逐渐减少，我开始过起普普通通的每一天。

我没有参加任何课外社团，也就是说我参加了“回家族社团”。虽说如此，但我也不是放学后就立即回家。参加完师生座谈会后，我一般都去图书室，因为那里便于我推导数学公式。

我初中时也是这样，不参加社团活动，放学后去图书室。我经常在那里读读书，看看窗外的绿色，复习预习上课的内容。

我最喜欢的就是展开数学公式。我经常将课堂上学过的公式写在笔记本上，然后自己再进行公式变形，以学到的定义为基础进行公式推导。根据定义进行变形，思考是否能举出具体例子，思考如何证明。在这一过程中我感到很快乐。我喜欢把这些过程都写在笔记本上。

我不喜欢运动，也没有什么朋友和我一起玩，唯一的乐趣就是一个人面朝笔记本写写算算。虽然是自己写这些数学公式，但并不是说一定能按照自己所想的那样把公式写出来。因为公式是有规律的，而有规律的地方就存在着游戏。这是最最严密、最最自由的一种游戏。历史上的数学家们也都是挑战着这种游戏过来的。这个游戏只需要使用铅笔、笔记本和自己的脑子就行了。我对数学的迷恋简直达到了狂热的程度。

所以，成为一名高中生后，我打算继续享受我一个人往返于图书室的日子。

但是这个计划却落空了。

这是因为来图书室的不止我一个人。

另一个人就是米尔嘉。

她和我是同班同学。她每三天来一次图书室。

当我正在计算的时候，手中的铅笔突然被她拿起，接着她就旁若无人地在笔记本上写了起来。喂，这可是我的笔记本啊。

但是，我并不讨厌她那样。她所说的数学题虽然比较难，但是也很有趣，非常刺激。

米尔嘉拿着我的铅笔轻轻地敲了敲我的太阳穴，问我："那时是指什么时候的事情呀？"

"就是我们初次见面的时候，在樱花树下。"我回答道。

"啊，是吗？我没有理由出数学题考你呀。我只是临时想到而已。为什么突然又提起这件事情呢？"她问。

"我也正好是突然想到。"我说。

她又问我："你喜欢那种智力题吗？"

"一般吧，我并不讨厌。"我答道。

"这样啊。'数列智力题没有正确答案'这个说法你知道吗？"她问我。

“什么意思呀？”我被弄得丈二和尚摸不着头。

米尔嘉举了个例子问我：“比如说，你认为 1, 2, 3, 4 接下来的数字是什么？”

我不假思索地说：“那自然是 5 喽。1, 2, 3, 4, 5, ⋯ 这样一直继续下去喽。”

“那可不一定哦。比如 1, 2, 3, 4 后面突然变成 10, 20, 30, 40，然后突然又增加到 100, 200, 300, 400, ⋯ 这样的数列也是有可能的。”她举出反例。

我说：“这样的题目太狡猾了。一开始只告诉我 4 个数字，后面的数字却突然增大，这太过分了。1, 2, 3, 4 的后面突然接个 10，这种情况不可能想到啊！”

“是吗？如果照你这么说的话，那要看到第几个数字才算数呢？数列是**无限**延续的，到底要看到第几个数字才能知道剩下的数字是什么呢？”她反问道。

我恍然大悟：“原来你所说的‘数列智力题没有正确答案’就是这个意思啊。题目中提供的数字，其后面的变化可能很大，但是，1, 2, 3, 4 后面如果接一个数字 10 的话，作为题目而言太无聊了。”

“可是世上的事情不就是那样吗？谁都不知道接下来会发生什么。事情往往会偏离自己所预想的。对了，你知道这个数列的通项吗？”米尔嘉说着，在笔记本上写下了以下数列。

$$1, 2, 3, 4, 6, 9, 8, 12, 18, 27, \cdots$$

“嗯，我也吃不准，似懂非懂的感觉。”我说。

米尔嘉说：“看到 1, 2, 3, 4 这样的排列的话，一般会认为接下来的数字是 5，对吧？但是不对，不是 5 而是 6。这说明，如果只告诉我们一点点条件的话，我们无法发现数列的规律，真正的数列模型是一眼看不出来的。”

我“嗯”了一声表示赞同。

她又接着说：“如果看到 1, 2, 3, 4, 6, 9，你一定会认为接下来的数字会变大，对吧？但是不对，9 后面的数字却变小了，是 8。我们原本认为接下来的数字是逐渐变大的，但突然又峰回路转变小了。你能看出这个数列模型的规律吗？”

“嗯，让我想想。如果去掉第一个数字 1 的话，接下来的数字都是 2 和 3 的倍数。可接下来的数字变小我却想不通了。”我说。

“比如说，答案可能是这样的。

$$2^0 3^0,\ 2^1 3^0,\ 2^0 3^1,\ 2^2 3^0,\ 2^1 3^1,\ 2^0 3^2,\ 2^3 3^0,\ 2^2 3^1,\ 2^1 3^2,\ 2^0 3^3,\ \cdots$$

如果考虑2和3的指数的话，这个数列模型就逐渐浮出水面了。”她说。

“嗯？是吗？我不太明白呢。某数的 0 次方就是 1。但仔细一看，

$$2^0 3^0 = 1,\ 2^1 3^0 = 2,\ 2^0 3^1 = 3,\ \cdots$$

题目中的数列确实也是这样的。”我百思不得其解。

“嗯，把这些指数写下来你也不理解吗？那么，我们这样来总结一下。”

$$\underbrace{2^0 3^0}_{\text{指数之和为 0}},\underbrace{2^1 3^0, 2^0 3^1}_{\text{指数之和为 1}},\underbrace{2^2 3^0, 2^1 3^1, 2^0 3^2}_{\text{指数之和为 2}},\underbrace{2^3 3^0, 2^2 3^1, 2^1 3^2, 2^0 3^3}_{\text{指数之和为 3}},\cdots$$

“原来如此。”我豁然开朗。

“但是说起 2 和 3 的倍数呢……”米尔嘉刚开口，图书室的入口处便传来了大吵大嚷的声音，“练琴的时间快到了，你怎么还不出去放松一下呀？”

“啊，我想起来了，今天是训练的日子。”米尔嘉说着把铅笔还给我，朝站在入口处的女孩子走去。

米尔嘉刚要迈出图书室时，又回过头来对我说："什么时候有空的话，我跟你说关于'世界上只有两个质数'的话题。"

说完她就离开了。图书室里只剩下我一个人。

为什么世界上只有两个质数呢？

这到底是怎么回事？

第2章

一封名叫数学公式的情书

我的心里全是你。

——荻尾望部，《半神》

2.1　在校门口

我已经读高二了，但对我来说唯一变化的就是身上别着的年级牌子。和昨天一样的生活今天仍然在继续，直到今天早晨我还这么认为。

“这…… 这个，请您读读看！”

四月底的一个多云的早晨，我在校门口被一个女孩叫住了。

她两手捧着个白色的信封，将它送到我面前。就这样，我莫名其妙地收下了这封信。那个女孩子向我行了个礼，就飞奔着进了校园。

她比我矮很多。我从来都没有见过这个女孩子，我想她可能是前阵子刚入学的新生吧。我迅速将信塞入衣服口袋，便朝教室走去。

上次收到信还是在上小学的时候。那次是因为我感冒休假，一个女班干部将作业题和一封信一起交给了我。信上写着：“大家都等着你哦。愿你身体快点好起来，快点回到学校来噢。”与其说是信，更像是一张简单的便条。

正如过去米尔嘉对我所说的：“谁都不知道接下来会发生什么。”和昨天一样的生活今天不一定会继续。

上课时，衣服口袋里的那个信封一直挠得我心里发痒。

2.2　心算智力题

“给你做个心算小测验。1024 的约数有几个呀？”

午休的时候，我正准备拿出那个女孩的信，米尔嘉一边啃着奇巧威化巧克力，一边到我的座位边向我提问。因为中途不能换班级，所以到了高二，我和米尔嘉仍旧是同班同学。

“心算吗？”我边问边把信重新放回衣服口袋。

“在我数到 10 之前回答我。$0, 1, 2, 3, \cdots$”

等等。1024 的约数……1024 是能被除尽的数吗？可以被 1 除吧，被 2 除也可以，但不能被 3 除。1024 不能被 3 除尽，但是可以被 4 除尽。啊，对了，1024 是 2 的 10 次方……我开始进行紧张的计算。

“$\cdots, 9, 10$。时间到了，算好了吗？几个呀？”米尔嘉问。

“11 个。1024 的约数有 11 个。”我赶忙答道。

“完全正确。你是怎么计算的？”米尔嘉伸出舌头舔舔沾有巧克力的手指，等着我回答。

“将 1024 进行因数分解得到的是 2 的 10 次方。也就是说，将 1024 变成 10 个 2 相乘的形式。”我回答道。

$$1024 = 2^{10} = \underbrace{2 \times 2 \times 2 \times 2 \times 2 \times 2 \times 2 \times 2 \times 2 \times 2}_{10\text{ 个 }2}$$

我接着说:“1024 的约数能够把 1024 整除。也就是说，所有的约数必定是 2 的 n 次方。n 在 0 到 10 之间取值。所以，1024 的约数就是以下这 11 个。”

$$2^0,\ 2^1,\ 2^2,\ 2^3,\ 2^4,\ 2^5,\ 2^6,\ 2^7,\ 2^8,\ 2^9,\ 2^{10}$$

听了我的回答后，米尔嘉频频点头表示赞同:“对啊。那我就接着出下一题喽。把 1024 的所有约数相加，最后所得的和为多少呀?”

“米尔嘉，不好意思，我中午还有其他事情，我过会儿再回答你……”我边说边站起身。

米尔嘉突然被我打断问话，顿时露出了不高兴的神色。我也顾不上这些，匆匆离开了教室。

可是，打断别人问话很没礼貌吧。米尔嘉问我什么来着? 求 1024 的所有约数之和是吧? 我一边想着一边朝楼上爬。

2.3 信

虽说是午休时间，但外面的人还是很少。我猜想大概是因为天气不好的关系吧。

在信封里有一张白色的信纸，信是用钢笔写的，字迹清秀。

我是今年春天刚入学的泰朵拉。我和学长您是同一所初中毕业的，比您小一届。我想和学长探讨关于如何才能学好数学的问题，所以写了这封信。

虽然我对数学十分感兴趣，但是从初中开始我的数学成绩就不好。进入高中后，我听说高中数学是非常难学的，所以想向学长讨教一下该怎么克服这个薄弱科目。

在百忙之中打扰您，真是不好意思，不知道您是否愿意与我探讨一下这个问题呢？如果可以的话，今天放学后，我在阶梯教室等您。

泰朵拉

我将这封信读了4遍。

原来是这样，这个女孩子名叫泰朵拉呀。她和我在同一个初中，而且是比我小一届的学妹，我真的一点都不记得了。但是数学不好的同学确实很多，更不用说是刚入校的新生了。

暂且不说这些，这封信和小学时的那张便条也差不了多少。我完全会错意了。唉！算了，就这样吧。

放学后，只好去阶梯教室喽。

2.4　放学后

“1024的所有约数之和算出来没有啊？”

一天的课程结束后，我正准备去阶梯教室，米尔嘉突然又开始对我发问了。

“是2047。”我立刻回答。1024的所有约数之和是2047。

“对是对了，但那是因为你考虑的时间非常充分吧。”米尔嘉说。

“算是吧……再见。”我向她道别。

“你是去图书室吗？”顿时，她的眼神中掠过一丝光芒。

“不是，今天可能不去图书室了，有点急事。”我说。

“嗯，这样啊，那我给你布置家庭作业。”她说。

米尔嘉给我布置的家庭作业

有一个正整数 n，如何求出 n 的所有约数之和？请写出解题方法。

我听后问道：“这道题的意思是不是要用 n 来表示其所有约数之和？”

“不是，你只要告诉我求解的步骤就可以了。”她说。

2.5　阶梯教室

“啊，真对……对不起。特地叫您来一次……”

我一踏入阶梯教室，就看见一个紧张地等待着我出现的女孩子。她就是泰朵拉，怀里抱着笔记本和铅笔盒。

“学……学长，我非常想和您交流，可是我却不知道该怎么跟您说。听朋友说，在阶梯教室说话会比较方便，所以就……”

从主教学楼穿过中心花园，就是阶梯教室，物理课和化学课一般都在阶梯教室进行。教室内每排椅子的摆放呈阶梯状，最低处是讲台。这样做是为了让教室里坐着的所有学生都能看清讲台上老师所做的实验。

我和泰朵拉坐在教室最后一排的长椅上。我从衣服口袋里掏出今天早晨收到的信。

“我读了信哦。但不好意思的是，我不太记得你了。”我说。

她拼命地摆摆右手说：“那当然，我也认为您不会记得我。”

我接着问道：“对了，你是怎么知道我的呀？我想我中学时应该没那么受人瞩目吧。”我是一个不参加任何课外活动的男孩子，一放学就往图书室跑，不会引起别人注意吧。

“嗯，这是因为……不是啦，学长可是很有名的哦。我……我……”她一个劲地解释。

“算了，没关系。对了，你不是因为自己数学不好，想要和我讨论讨论吗？我可以问问你的详细情况吗？”我言归正传。

“好的。谢谢您。我上小学时，觉得数学问题啦计算啦都非常有意思，可是进了初中以后，无论是听老师讲课还是自己看书，都觉得自己越来越不能理解了。到了高中，老师说数学很重要，叮嘱我们一定要认真学习。我也很努力地在学，但是总不能完全理解，不知道学长是不是有办法帮帮我？”她说明了自己的学习情况。

“原来如此。”我又问，“顺便问一下，你有没有因为你所说的‘不能完全理解’而导致考试成绩不太好呢？”

“这个倒还不至于。”她答道。

泰朵拉用大拇指按着嘴唇，思考着。她留着一头短发，一双机灵的大眼睛，眼珠滴溜溜地转动着。这让我感觉她很像有活力的小动物，比如说小松鼠，或者小猫咪，她给我的感觉大概就是这样。

“像单元测验之类的考试，如果事先告诉我们考试范围的话，我还能凑合着考考，但像水平测验之类的不知道考试范围的考试，我曾得过很惨的分数。成绩的落差非常大。”她补充道。

我接着问：“那上课怎么样呢？都听得懂吗？”

她说：“说到上课嘛，我很想能够全部理解……”

“但感到听不懂，对吗？”我问。

“是啊。我觉得不是很懂。我能解题，但也只能解个大概。我上课能听懂，但也只是懂个大概。但是，事实上是没有真懂。”她说。

2.5.1 质数的定义

“我可以再问得具体点吗？你知道**质数**吗？”我问泰朵拉。

“嗯…… 我想我知道吧。”她说。

“你想你知道？那我问问你，你能说说质数的定义吗？请你回答‘**质数是什么**’这个问题。不要用计算公式来表示，用语言表达就可以了。”我紧追不放。

“问我质数是什么啊。嗯，就是类似 5 啦 7 啦之类的数字吧。”她回答道。

“嗯，5 和 7 都是质数。这是对的，但是 5 和 7 只能说是可以被称为质数的两个例子。‘举例说明’和‘下定义’是不同的。”我纠正了她的说法，之后再一次问道，“质数是什么呢？”

泰朵拉点点头说：“好吧。质数是……‘只能被 1 和其本身整除的数字’吧？数学老师说过必须要背出质数的定义，所以我还记得。”

我接着她的话说：“如果是这样的话，你一定也认为下面我说的这个定义是正确的吧。”

“正整数 p 只能被 1 和 p 整除时，我们把 p 叫作质数。”(？)

“是啊，我认为是对的。”她说。

“不对，这个定义是错误的。”我说道。

“啊？但是比如说 5 是质数，它不就只能被 1 和 5 整除嘛。”她不明白。

我解释道：“嗯，5 确实是质数。但是如果照这个定义来说的话，1 也变成质数了。为什么这么说呢，因为如果 p 是 1 的话，p 也只能被 1 和 p 整除啊。但是，1 不算在质数里。最小的质数应该是 2。把质数以从小到大的顺序排列的话，是从 2 开始的。”

$$2, 3, 5, 7, 11, 13, 17, 19, \cdots$$

我继续说道:“所以上面我说的定义是不对的。关于质数，正确的定义应该是下面这样，要排除个别情况。”

“正整数 p 只能被 1 和 p 整除时，我们把 p 叫作质数。但是质数不包括 1。”

“或者在句首加上条件进行定义。”我补充道。

“比 1 大的整数 p 只能被 1 和 p 整除时，我们把 p 叫作质数。”

“或者将这个加上的条件写成算式也可以。”我又补充说。

“当整数 $p > 1$，并且只能被 1 和 p 整除时，我们把 p 叫作质数。”

“哦，对哦，1 不是质数……我想起来了，我确实学过。学长所说的定义我也完全理解了。但是……”这时，泰朵拉猛地抬起头说，“质数不包括 1 这一点我是明白了。但是，还是不能完全接受。为什么质数不包括 1 呢？为什么包括了 1 就不对了呢？我不是很明白质数不包含 1 的 rationale。”

“rationale 是什么意思啊？”我不解。

“rationale 就是正当的理由，可以用原理来说明的理论根据。”她答道。

啊，这孩子，这个女孩原来知道彻彻底底理解的重要性啊。

“学长？”她好像看出我走神了。

“啊，对不起，你问我质数为什么不能包含 1 对吧？很简单哦。那是因为质因数分解有**唯一分解定理**。”我回过神来。

“质因数分解的唯一分解定理是什么呀？”她问道。

“质因数分解的唯一分解定理就是说，将某个正整数 n 分解质因数时，其形式是唯一的。比如，将 24 进行质因数分解，其唯一形式是 $2 \times 2 \times 2 \times 3$。不过，不用考虑这些质因数的顺序，不论是 $2 \times 2 \times 3 \times 2$ 还是 $3 \times 2 \times 2 \times 2$，这些形式只是质因数的顺序不同而已，我们仍把它们看作是同一种质因数分解的形式。质因数分解的唯一分解定理对于数学而言是非常重要的，为了遵循这个定理，规定 1 不包含在质数范围内。”我向她解释。

“仅仅为了遵循质因数分解的唯一分解定理，就随随便便地这么规定吗？”她不能理解。

“是啊。不过你说随随便便规定有点言过其实了。数学家们是为了建立一个数学的世界而规定一些有用的数学概念，然后再给这些概念取名，也就是对其进行定义。如果能清晰地给这些概念做出规定的话，至少作为定义是合格的。所以，正如你所说的，质数包含 1 的定义也是有可能的。但是，定义是否可能与这个定义是否有用是有区别的。如果照你所说的，将 1 放到质数里，这样就不能运用质因数分解的唯一分解定理了。顺便问一下，你现在理解质因数分解的唯一分解定理了吗？”我说。

“嗯，我觉得我是理解了。”她回答。

“嗯，为什么你只是觉得自己理解了呢？自己是否已经真正理解必须靠自己来确定。”我特别强调了“自己”两个字。

“是否真正理解要靠自己来确定，此话怎讲？”她问道。

“比如说，可以举个恰当的例子来考查自己是不是真正理解了。‘举例是理解的试金石。’虽然举例并不是定义，但是举一个确切的例子是很好的练习。”我答道。

“如果 1 包含在质数里的话，质因数分解的唯一分解定理就不成立了。请举例说明。”

“这样啊。如果 1 包含在质数里的话，24 的分解质因数就变为这样了，会出现很多种形式……” 她说。

$$
\begin{aligned}
2 \times 2 \times 2 \times 3 \\
1 \times 2 \times 2 \times 2 \times 3 \\
1 \times 1 \times 2 \times 2 \times 2 \times 3 \\
\vdots
\end{aligned}
$$

“嗯，是啊。这就是质因数分解的唯一分解定理不成立的例子。”

泰朵拉听了我的话后顿时放心了。

“只是，比起‘会出现很多种形式’这样的说法，‘会出现几种’或者‘会出现两种以上’的说法更好些。为什么这么说呢，那是因为……” 我的话还没说完，就听泰朵拉紧跟着说：“那是因为后者表达更严谨吧？”

“正是如此。‘很多’这个表达方式不够严谨。到底大于几个才算是‘很多’呢？这种表达有歧义。” 我说。

泰朵拉说：“学长，不知怎么的，我感觉我的脑子像被彻底打扫了一遍，重新装进了定义、举例、质数、分解质因数、唯一分解定理，等等。另外，还要注意语言表达的严谨性。对数学而言，如何应用语言来表达是非常重要的吧？”

“对，你真聪明。在对数学概念的表达上可要谨慎地使用语言。为了尽量不让人产生误解，就要使用严密的语言。对数学表达而言，最最严密的语言就是数学公式了。” 我说。

“数学公式……” 她不明白。

“说到数学语言，就不得不说数学公式。我想使用黑板，我们往下走走去讲台那里吧。” 于是，我就顺着楼梯往下走，泰朵拉跟在我后面。才走了两三步，只听“咔”的一声，我顿时感到背部一阵剧烈疼痛。

“啊！”我不禁大叫。

“不，不好意思！”泰朵拉连忙道歉。

她不小心在阶梯处绊了一跤，正好撞在我身上。我们两个人差点一起滚下去，幸好我拼命地站稳了脚。真是太危险了！

2.5.2 绝对值的定义

“那么你知道**绝对值**吗？”我问。我们面朝着黑板，在讲台上并排站着。

“嗯，我想我知道吧。5 的绝对值就是 5，-5 的绝对值也是 5，就是只要把负数的负号去掉就可以了吧？”泰朵拉回答道。

“嗯……那么，用数学式子来表示 x 的绝对值的定义的话，这样写你是不是能接受呢？”我在黑板上写下数学式子。

x 的绝对值 $|x|$ 的定义

$$|x| = \begin{cases} x & (\text{当 } x \geqslant 0 \text{ 时}) \\ -x & (\text{当 } x < 0 \text{ 时}) \end{cases}$$

“啊，这样说来，我对此还真有点疑问呢。x 的绝对值不是去掉负号就可以了吗？为什么会出现 $-x$ 的情况呢？”她疑惑不解。

“‘去掉负号’这一说法就数学语言而言是比较暧昧不清的。虽然这种说法能够让人理解其意思，能够大致明白说的是什么。”我说。

“那么，把这个说法改成‘把负号变成正号’呢？”她紧追不舍。

“这样说也很暧昧不清啊。比如，$-x$ 的绝对值是什么？”我在黑板上写道。

$$|-x|$$

“去掉负号，答案是 x 吧，也就是说，$|-x|$ 等于 x。”她答道。

“错了。那如果 x 等于 -3，答案将如何呢？”我举出反例。

“啊？x 如果是 -3 的话……”泰朵拉也在黑板上写了起来。

$$\begin{aligned}|-x| &= |-(-3)| && \text{因为 } x=-3\\ &= |3| && \text{因为 } -(-3)=3\\ &= 3 && \text{因为 } |3|=3\end{aligned}$$

“如果照你所说的 $|-x|$ 就是 x 的话，x 是 -3 的时候，$|-x|$ 必须是 -3 了。但是事实上，$|-x|$ 却是 3。也就是说，$|-x|$ 应该等于 $-x$。”听了我的解释，泰朵拉又看了看式子，开始陷入沉思。

“啊，我知道了。是啊，x 原本就是负数的时候，如果不再加上一个负号的话，这个数字就变不了正数。不知怎么的，我无意识中就把 x 当作是 3 啦、5 啦之类的正数了。”她恍然大悟。

“对啊，x 这个字母前面没有加什么符号，所以一般人们都不会想到 x 还可能是 -3 这样的情况，但这恰恰又是很重要的。用 x 来表示就是因为不用举出具体数字，就能定义 x 的绝对值。如果只是说‘去掉负号就是绝对值’，那就过于片面了。另外，我们还必须要注意不能忘了加上条件。说得难听点，就是要让人觉得是在故意刁难他们，必须进行严密的思考。当你逐渐习惯了严密的思考时，你就会觉得自己也习惯数学公式和数学了。”

我正说着，泰朵拉一屁股坐在最前排的一把椅子上，她默不作声地用手指不停地玩弄着笔记本的页角，像是在思考着什么。

于是，我就在一旁等她开口说话。

“我……我是不是浪费了初中的大好时光呀？”她终于开口了。

“此话怎讲？”我问。

“我也算是读上来了，但是，我却从没有仔细地看过教科书中出现的定义和数学公式——我一直就没有认真对待。”她长叹一口气，显出非常失望的样子。

“喂！”我有话要说。

“嗯，怎么了？”泰朵拉看看我。

“如果你这么想的话，从现在开始学会严密思考也不晚啊。过去的事就让它过去吧。你要面对现在，对于现在认识到的事情，只要在今后好好注意就可以了。”我说。

泰朵拉像是舒了口气，睁大眼睛，立刻站起身来，“是……是啊。已经过去了的事情再怎么后悔也没有用了，要在今后好好注意。对，确实是这样，学长。”

“嗯……对了，今天就大致说到这里吧。天也快黑了，以后再继续聊吧。”我说。

“继续聊？”她问。

“嗯，我放学后一般都在图书室，泰朵拉，如果你还有什么要问我的话，再叫我好了。”我答道。

她听后顿时两眼放光，很开心地笑了笑，说：“好，一定！”

2.6　回家路上

走到教室门口时，泰朵拉抬头看看天空，叫道：“啊呀呀……下雨了！”天空乌云密布，飘起了蒙蒙细雨。

“你没带伞吗？”我问。

“早上赶着出门，忘记带了。真是白看天气预报了！——但没关系。反正是小雨，我快跑就行了。”她说。

“但跑到地铁站还是会被淋湿哦，反正我们是一个方向，一起走吧。我的伞也比较大。”我邀请道。

“那不好意思喽。谢谢您。”她同意了。

和女孩子同撑一把伞还是我有生以来第一次。春雨细细的，柔柔的，我们慢慢走着。刚开始时我还有点儿不自在，连走路都显得笨拙了，但随着我渐渐地跟上她的步伐，心情也平静了下来。这条路很安静。道路原本的嘈杂声可能都被雨水吸收了。

今天能和泰朵拉进行那么长时间的对话，我真的很高兴。像她这样的学妹真是可爱啊，心中有什么想法都表露在脸上，让人一看就知道她是不是真懂。

“学长，您为什么能立刻知道呢？”泰朵拉突然问我。

我回过神来：“知道什么呀？”

“没有，嗯……今天您和我说话时，为什么我不知道的地方立刻就被学长您发现了呢？我想不太明白。”她说。

啊，吓了我一跳。我还当她有心灵感应，知道我在想什么呢。

我定了定神：“今天所说的质数、绝对值的问题其实也是我以前所疑惑的。学习数学时，一有不懂的地方就很烦恼，会连续思考几天，看书，有时会突然间恍然大悟，‘啊，原来是这么回事啊。’那时就会特别开心。随着这种开心的体验越来越多，我就渐渐喜欢上了数学，数学也就越来越好了。——啊，这里要拐弯了。”

“拐角就是‘The Bend in the Road’吧？从这里走也能到车站吗？”她问。

“是啊，在这里拐弯，一直穿过住宅区到车站的话，要比别的路线快得多呢。”我说。

“会很快到车站吗？”她又问。

“是啊。早上走这条路线的话，也比较快哦。”我说。

哎呀，泰朵拉一下子放慢了脚步。是不是我走得太快了呢？要和上她的脚步还真难。

到车站了。

“那就这样了，我还要顺便去一下书店，再见。对了，我把伞借给你吧。”我说。

“啊，在这里就告别吗？嗯……那个……”她支支吾吾。

“嗯？怎么了？”我说。

“没……没什么。把伞借给我吧，我明天还您。今天真是谢谢您了。”泰朵拉把双手摆在腿前，深深地朝我鞠了一躬。

2.7 自己家

夜晚。

我一个人在房间里回想着今天和泰朵拉之间的对话。她是那么地坦率，而且求知欲强，今后一定会有发展空间的。我想如果她也能渐渐体会到数学的乐趣就好了。

和泰朵拉说话的时候，我有种教她学习数学的感觉。这种感觉与我和米尔嘉说话时的感觉完全不同。米尔嘉始终在牵着我的鼻子走。确切地说是她在教我。

想到米尔嘉，我突然想起了她给我留的“家庭作业”。竟然有同班同学给我布置家庭作业的。

米尔嘉给我布置的家庭作业

有一个正整数 n，如何求出 n 的所有约数之和？请写出解题方法。

这个问题只要求出 n 的所有约数就能得出答案了。先求出 n 的所有约数，然后把它们相加求出“约数之和”。但是，这种求解方式也太复杂了吧，我再想想还有没有其他什么简便的方法。嗯，试试把整数 n 进行质因数分解。

我想到了午休时的题目：1024 是 2 的 10 次方。如果把此题用字母来表示的话，比如说将 n 变成质数的**乘方**形式，如下所示。

$$n = p^m \qquad p\text{为质数，}m\text{为正整数}$$

$n = 1024$ 时，上式就变为 $p = 2$，$m = 10$ 的特殊形式。如果像列举 1024 的约数那样考虑的话，n 的约数就如下所示。

$$1,\ p,\ p^2,\ p^3, \cdots,\ p^m$$

所以当 $n = p^m$ 时，n 的所有约数之和应该按以下方法求解。

$$n\text{的所有约数和} = 1 + p + p^2 + p^3 + \cdots + p^m$$

综上所述，当 n 为 p^m 这一形式时，我们能够求出关于整数 n 的所有约数之和。

我们还可以将正整数 n 进行质因数分解。假设 $p, q, r, \cdots$ 为质数，a, b, c, $\cdots$ 为正整数。

$$n = p^a \times q^b \times r^c \times \cdots \times$$

啊，等一下。如果用字母的话，则不能表示其一般形式。如果在指数的地方有 a, b, c, $\cdots$，再加上 $p, q, r, \cdots$ 之类的字母，数学公式就变得混乱不堪。

如果能写成 $2^3 \times 3^1 \times 7^4 \times \cdots \times 13^3$ 这样的形式就好了，也就是质数^{正整数}的积的形式。

好，就这样写。用 $p_0, p_1, p_2, \cdots, p_m$ 来表示质数，然后用 a_0, a_1,

$a_2, \cdots, a_m$ 来表示指数，在字母右下角标上**下标** 0, 1, 2, $\cdots$, m，虽然该公式有点杂乱，但这是一般形式。这里 $m+1$ 表示“将 n 分解质因数后质因数的个数”。我们再重新算一遍。

将正整数 n 进行质因数分解，一般都可以写成以下形式。假设 p_0, $p_1, p_2, \cdots, p_m$ 为质数，$a_0, a_1, a_2, \cdots, a_m$ 为正整数，则有

$$n = p_0^{a_0} \times p_1^{a_1} \times p_2^{a_2} \times \cdots \times p_m^{a_m}$$

n 的结构如果是这样的话，那么 n 的约数就可以表现为以下形式。

$$p_0^{b_0} \times p_1^{b_1} \times p_2^{b_2} \times \cdots \times p_m^{b_m}$$

此时，$b_0, b_1, b_2, \cdots, b_m$ 就是以下整数。

$$\begin{aligned} b_0 &= 0,1,2,3,\cdots,a_0 & \text{中的任意数} \\ b_1 &= 0,1,2,3,\cdots,a_1 & \text{中的任意数} \\ b_2 &= 0,1,2,3,\cdots,a_2 & \text{中的任意数} \\ &\vdots \\ b_m &= 0,1,2,3,\cdots,a_m & \text{中的任意数} \end{aligned}$$

嗯，如果仔细写出来的话，看起来真复杂啊。也就是说，如果质因数不变，指数从 0, 1, 2, $\cdots$ 开始变化，就能形成不同的约数。说起来是很简单，但是变形成一般形式后，式子就比较多了。这种情况很常见。

不过变形后就很简单了。要求约数的和，只要把所有约数都加起来就可以了。

$$
\begin{aligned}
(n\text{ 的所有约数之和}) = {} & 1 + p_0 + p_0^2 + p_0^3 + \cdots + p_0^{a_0} \\
& + 1 + p_1 + p_1^2 + p_1^3 + \cdots + p_1^{a_1} \\
& + 1 + p_2 + p_2^2 + p_2^3 + \cdots + p_2^{a_2} \\
& + \cdots \\
& + 1 + p_m + p_m^2 + p_m^3 + \cdots + p_m^{a_m} \quad (?)
\end{aligned}
$$

啊……不对不对，如果这样的话就不是“所有约数之和”了。这只是在约数中，以质因数的乘方形式组成的约数的和。事实上，约数的形式应该是下面这样。

$$p_0^{b_0} \times p_1^{b_1} \times p_2^{b_2} \times \cdots \times p_m^{b_m}$$

是否可以将所有质因数乘方形式的所有组合都挑选出来，相乘后解得约数之和呢？用语言来描述反而复杂，还是用式子来表示吧。

$$
\begin{aligned}
(n\text{ 的所有约数之和}) = {} & \left(1 + p_0 + p_0^2 + p_0^3 + \cdots + p_0^{a_0}\right) \\
& \times \left(1 + p_1 + p_1^2 + p_1^3 + \cdots + p_1^{a_1}\right) \\
& \times \left(1 + p_2 + p_2^2 + p_2^3 + \cdots + p_2^{a_2}\right) \\
& \times \cdots \\
& \times \left(1 + p_m + p_m^2 + p_m^3 + \cdots + p_m^{a_m}\right)
\end{aligned}
$$

我就米尔嘉布置的作业所做的解答

将正整数 n 进行质因数分解，如下所示。

$$n = p_0^{a_0} \times p_1^{a_1} \times p_2^{a_2} \times \cdots \times p_m^{a_m}$$

这里假设 $p_0, p_1, p_2, \cdots, p_m$ 为质数，$a_0, a_1, a_2, \cdots, a_m$ 为正整数，这时，n 的“所有约数之和”可以用以下式子来表示。

$$\begin{aligned}(n\text{ 的所有约数之和}) = &\left(1 + p_0 + p_0^2 + p_0^3 + \cdots + p_0^{a_0}\right)\\ &\times\left(1 + p_1 + p_1^2 + p_1^3 + \cdots + p_1^{a_1}\right)\\ &\times\left(1 + p_2 + p_2^2 + p_2^3 + \cdots + p_2^{a_2}\right)\\ &\times\cdots\\ &\times\left(1 + p_m + p_m^2 + p_m^3 + \cdots + p_m^{a_m}\right)\end{aligned}$$

式子不能写得比这个更简洁了。——嗯，这样大概就对了。

2.8　米尔嘉的解答

“你回答得对！虽然式子写得比较杂乱。”第二天，米尔嘉碰见我时很坦率地告诉我。

“还有没有更简便的形式呀？”我问道。

“有啊。”米尔嘉不假思索地答道，“首先，相加的部分可以写成以下形式，只是要加上 $1-x$ 不等于 0 这个条件……”米尔嘉边说边在我的笔记本上写了起来。

$$1 + x + x^2 + x^3 + \cdots + x^n = \frac{1 - x^{n+1}}{1 - x}$$

“啊，这样啊。”我说。这不就是**等比数列的求和公式**吗？

$$
\begin{aligned}
1-x^{n+1} &= 1-x^{n+1} && \text{等号两边式子相同}\\
(1-x)(1+x+x^2+x^3+\cdots+x^n) &= 1-x^{n+1} && \text{将左边进行因式分解}\\
1+x+x^2+x^3+\cdots+x^n &= \frac{1-x^{n+1}}{1-x} && \text{两边同时除以}(1-x)
\end{aligned}
$$

“用了这个公式的话，你写的乘方和就全变成了分数形式。接下来，乘积的部分就用 $\prod$ 来表示。”米尔嘉说。

“$\prod$ 这个字母就是 π 的大写字母啊！”我说道。

“嗯，是啊。但是这个和圆周率一点关系都没有。$\overset{\text{Product}}{\prod}$ 就是与 $\overset{\text{Sum}}{\sum}$ 对应的乘法运算。乘积（Product）的英语首字母 P 在希腊语中就是用 $\prod$ 来表示的，正如 $\sum$ 那样，也是用希腊语 $\sum$ 来表示和（Sum）的英语首字母 S。$\prod$ 的定义式是这样的。”米尔嘉说。

$$
\prod_{k=0}^{m} f(k) = f(0)\times f(1)\times f(2)\times f(3)\times\cdots\times f(m) \qquad \text{定义式}
$$

“如果使用 $\prod$ 的话，那么乘积部分就能用简单的方式表达出来。”她说。

米尔嘉的解答

将比 1 大的整数 n 进行以下形式的质因数分解。

$$
n = \prod_{k=0}^{m} p_k^{a_k}
$$

假设 p_k 为互不相同的质数，a_k 为正整数。

那么，此时 n 的“所有约数之和”就可以用以下公式来求解。

$$
(n\text{ 的所有约数和}) = \prod_{k=0}^{m} \frac{1-p_k^{a_k+1}}{1-p_k}
$$

“原来如此。虽然式子变短了，但是文字却增多了。对了，米尔嘉，今天你去图书室吗？”我问。

“不去。今天我要去盈盈那里练琴，听说她创作了新曲子。”她说。

2.9 图书室

“学长，你看，我把初中数学书中所有的定义都整理出来了，然后根据定义举了些具体例子。”我正在图书室里做数学计算题，泰朵拉说着朝我走来，笑嘻嘻地打开练习本给我看。

“哇……太厉害了！”我感叹道，更何况她是一夜之间完成的。

“我比较喜欢做这种事情，就像做词汇手册一样。虽然我想过要重读一遍数学课本，但是算术和数学有很大的区别，可能是式子中有文字和没文字之间的差别吧，学长。”泰朵拉说。

2.9.1 方程式和恒等式

“那么，就刚才说到的文字和数学公式的话题，我们来谈谈方程式和恒等式吧。泰朵拉，你解过这样的方程式吗？”我问。

$$x - 1 = 0$$

“嗯，是的。x 是 1 吧。”泰朵拉答道。

“嗯，$x - 1 = 0$ 这个方程就这样解出来了。那么，这个式子呢？”我又问。

$$2(x - 1) = 2x - 2$$

“好，我将这个方程式重新整理一下，解解看。”泰朵拉说。

$$
\begin{aligned}
2(x-1) &= 2x-2 & & \\
2x-2 &= 2x-2 & & \text{将左边的式子展开} \\
2x-2x-2+2 &= 0 & & \text{将右项移项到左边} \\
0 &= 0 & & \text{计算左边的式子}
\end{aligned}
$$

“咦？怎么变成 0 等于 0 了？”她很惊讶。

“其实 $2(x-1)=2x-2$ 不是方程式，而是恒等式。将左边 $2(x-1)$ 展开后，就和右边 $2x-2$ 相等。也就是说，无论 x 取何值，这个方程式都能成立，因为这是左右永远都相等的式子，所以我们把此类式子叫作**恒等式**。严格地说，这是关于 x 的恒等式。”我说。

“方程式和恒等式不同吗？”她问道。

“不同哦。方程式侧重于‘当 x 取某特定值时，这个式子成立’；而恒等式则侧重于‘x 取任意值都能使这个式子成立’。这两个概念可是有很大的区别的。说到方程式，则自然而然地会有让你求‘使这个式子成立的特定值’之类的问题。这也就是方程式求解的问题。而说到恒等式，则自然而然地会出现‘这个式子用任意数字代入都能成立吗’之类的问题。这也就是恒等式的证明题。”我说。

“啊，原来如此……。它们差别这么大啊。我还从没意识到呢。”泰朵拉说。

“嗯，一般人不会注意，但还是留意下比较好。从公式演变来的等式，一般都是恒等式。”我说。

“如果光看式子能马上就看出是方程式还是恒等式吗？”她问道。

“有时候一眼就能看出，有时候却不行。有时还必须根据上下文来判断。也就是说，我们必须要领会写这个等式的人到底是想将式子写成方程式还是恒等式。”我答道。

“写式子的人……”她若有所思。

“将式子变形时，就是恒等式。看看下面的式子吧。”

$$\begin{aligned}(x+1)(x-1) &= (x+1)\cdot x-(x+1)\cdot 1\\ &= x\cdot x+1\cdot x-(x+1)\cdot 1\\ &= x\cdot x+1\cdot x-x\cdot 1-1\cdot 1\\ &= x^2+x-x-1\\ &= x^2-1\end{aligned}$$

“恒等式就这样可以一直写下去，无论 x 取何值，等式都能成立。也就是说，恒等式是一系列的连续等式，一步步往下推导，最终所得的等式就是恒等式。”

$$(x+1)(x-1)=x^2-1$$

“嗯，对。”

我说:“恒等式的连续推导就是为了显示公式变形过程中的‘慢镜头’。所以‘啊，式子好多好复杂啊’这种消极的想法是不可取的。一步步看下去就可以了。与恒等式相对，你看看下面这个式子如何？”

$$\begin{aligned}x^2-5x+6 &= (x-2)(x-3)\\ &= 0\end{aligned}$$

“两个式子中，第一个式子是一个恒等式。也就是说，它侧重于说明‘无论 x 取何值，$x^2-5x+6=(x-2)(x-3)$ 这个式子都能成立’。第二个等号是用来建立方程式的。所以，从上述式子整体来看，这题主要侧重于‘要解 $x^2-5x+6=0$ 这个方程式的话，先将其恒等变形，然后求方程式 $(x-2)(x-3)=0$ 的解即可’。”我说。

“哇，原来是这样理解的啊。”她说。

“除了方程式和恒等式，还有定义式。当有复杂的式子出现时，给这个式子取个特定的名称，就可以将整个式子简化。取特定名称时要使用等号。定义式不像方程式那样需要求解，也不像恒等式那样需要证明，而是自己觉得怎样方便就怎样定义。”我接着说道。

“能给我举个例子来说说定义式究竟是什么吗？”她显得有些不太明白。

“比如说，将比较复杂的 $\alpha+\beta$ 取名为字母 s。这种取名方式，也就是定义，可以表示成以下形式。”我说道。

$$s=\alpha+\beta \qquad \text{定义式的例子}$$

“好，那我要提个问题。”泰朵拉饶有兴趣地举着手问我。她明明已经在我面前了，没必要特地举手发言吧。真是个可爱的孩子。

“学长，到这里我已经不懂了，为什么要取名为 s 呢？”她问我。

“随便取什么名都可以啊。因为只是使用这个名字代替原来的式子，所以无论是 s 还是 t 都可以。一旦定义 $\alpha+\beta$ 为 s 后，就说明以后碰见 $\alpha+\beta$，我们就可以用 s 来代替。如果自己定义得恰当，列出的式子就很容易被看懂和理解。”我答道。

“哦，明白了。那 α 和 β 又是什么呢？”她接着问。

“嗯，我们假设这些是在其他地方定义的文字。如果要写定义式 $s=\alpha+\beta$，一般左边写的是字母，右边写的是需要被取名的式子。这里是将在其他地方定义好的 α 和 β 组成的式子取名为 s，就是这样。”

“定义式取什么名都可以吗？”她问道。

“嗯，一般取什么名字都可以。虽说如此，但是不能再使用已经定义过的其他式子的名字。比如说，已经将 $\alpha+\beta$ 定义为 s 了，而后又将 $\alpha\beta$ 定义为 s，就会产生歧义。”我补充说。

“是啊，这样的话，取名也就没有意义了。”她赞同我的说法。

“还有，我们一般都把圆周率写成 π，把虚数单位写成 i，如果我们再把这些常用字母换成别的字母，就会让人觉得非常别扭。当你看到数学公式中出现新的字母时，不要惊慌，想到‘啊，这可能是定义式吧’就可以了。

在解说部分中如果写着‘将 s 定义为以下式子’‘将 $\alpha+\beta$ 定义为 s’等内容，那一定就是定义式了。”我说。

“啊，是这样啊。”她说。

“哦，对了，泰朵拉，下次你查一下数学书中出现的含有字母的等式吧，如方程式、恒等式、定义式等，可能还会有些别的式子……”我说。

她答应道:“好的，我试着找找。”

“数学书中会出现很多公式。那些数学公式全都是写公式的人为了向别人表达自己的想法而写的式子。”我说。

2.9.2 积的形式与和的形式

“对了，在看数学公式的时候，关注式子的整体形式是很重要的。”我说。

“整体形式是什么意思?”泰朵拉问道。

“比如说下面这个式子，把它当作方程式来看。”

$$(x-\alpha)(x-\beta)=0$$

这个式子的左边是乘积的形式，也就是**积的形式**。一般我们将组成乘积的一个个式子称为**因式**，或者**因子**。

$$\underbrace{(x-\alpha)}_{\text{因式}}\underbrace{(x-\beta)}_{\text{因式}}=0$$

“把一个个式子称为因式或因子是不是和因式分解有关系呢?”她问道。

“嗯，有关系啊。因式分解就是把式子分解为乘积的形式。质因数分解就是把正整数分解为质数的乘积形式。省略乘法符号 $\times$ 的表现形式是很常见的。以下三个式子所表示的意思相同。”我说。

$$(x-\alpha)\times(x-\beta)=0 \qquad \text{使用}\times\text{的时候}$$

$$(x-\alpha)\cdot(x-\beta)=0 \qquad \text{使用}\cdot\text{的时候}$$

$$(x-\alpha)(x-\beta)=0 \qquad \text{省略乘号的时候}$$

“我懂了。”

我说:“另外，对于$(x-\alpha)(x-\beta)=0$的情况，两个因式中至少有一个应该是0。为什么这样说呢？是因为这个式子是积的形式。”

“我明白了。两个因式相乘，结果为0时，这两个因式中应该有一个为0。”

“如果要用语言来表达的话，比起‘两个因式中应该有一个为0’这一说法，‘两个因式中至少有一个为0’的说法更为严密。因为也可能出现两个因式同时都为0的情况。”我说。

“啊，对哦。加上‘至少’这个词后更为严密。”

我说:“嗯。至少有一个因式为0就意味着$x-\alpha=0$或$x-\beta=0$成立。换句话说，x为α或β，就是这个方程式的解。”

“嗯。”

“接下来，我们把$(x-\alpha)(x-\beta)$这个式子展开看看。下面这个式子是不是方程式呢？”我问道。

$$(x-\alpha)(x-\beta)=x^2-\alpha x-\beta x+\alpha\beta$$

“不是，这个是恒等式。”她答道。

“嗯。这个展开式就是将积的形式转化为和的形式。左边积的形式中有两个因式，右边和的形式中有4个项。”

“项？项是什么？”她不明白。

“我们将构成和的形式的一个个式子叫作**项**。这里我们给它加上括号，会比较容易理解。请看下面的式子。”

$$\underbrace{(x-\alpha)}_{\text{因式}}\underbrace{(x-\beta)}_{\text{因式}} \quad \overset{\text{展开}}{\longrightarrow} \quad = \quad \underbrace{(x^2)}_{\text{项}}+\underbrace{(-\alpha x)}_{\text{项}}+\underbrace{(-\beta x)}_{\text{项}}+\underbrace{(\alpha\beta)}_{\text{项}} \quad \underset{\text{因式分解}}{\longleftarrow}$$

“对了，这个式子还没有整理呢，让人觉得不舒服。怎么整理好呢？”我提醒她。

$$x^2-\alpha x-\beta x+\alpha\beta$$

“嗯，将像 $-\alpha x$ 和 $-\beta x$ 之类的带有 x 的东西……”她的话还没说完，就被我打断了，“不是‘东西’，是‘项’。另外，像 $-\alpha x$ 和 $-\beta x$ 之类的只含有一个 x 的项叫作‘关于 x 的一次项’，或者就叫作‘一次项’。”我说。

“哦。将‘关于 x 的一次项’整理后得到的式子是这样的吧。”

$$x^2+\underbrace{(-\alpha-\beta)x}_{\text{合并一次项后}}+\alpha\beta$$

“正是如此。作为项的说明这是正确的。但是一般还要再变下形，将负号提出来。”

$$x^2-(\alpha+\beta)x+\alpha\beta$$

“泰朵拉，上面这种式子的变形称为‘合并同类项’，你知道吧？”我问。

“嗯，我知道有‘合并同类项’这个说法。但我从没有像今天这样理解得这么透彻。”泰朵拉说。

“那我考你一下。下面这个式子是恒等式呢还是方程式？”我给她出题了。

$$(x-\alpha)(x-\beta)=x^2-(\alpha+\beta)x+\alpha\beta$$

“这个式子是展开后合并同类项吧。无论 x 取何值都成立的式子是……恒等式。”她答道。

我说：“嗯，答对了！我们继续讨论。先考虑下面这个方程式。这个式子是积的形式。”

$$(x-\alpha)(x-\beta)=0 \qquad \text{积的形式的方程式}$$

“运用刚才的恒等式，这个方程式就可以变形成以下形式，也就是所谓的和的形式的方程式。”我又说道。

$$x^2-(\alpha+\beta)x+\alpha\beta=0 \qquad \text{和的形式的方程式}$$

“这两个方程式虽然表现形式不同，但却是同一个方程式。只是运用恒等式将式子左边进行了公式变形罢了。”

“嗯，明白了。”

“我们看到方程式为积的形式时，这个方程式的解为 α 或 β，那也就是说，和的形式的方程式的解也应该是 α 或 β。因为这是同一个方程式。”

$$\begin{array}{rl} (x-\alpha)(x-\beta)=0 & \text{积的形式的方程式（解为 } x=\alpha \text{ 或 } \beta\text{）} \\ \Updownarrow & \\ x^2-(\alpha+\beta)x+\alpha\beta=0 & \text{和的形式的方程式（解同样为 } x=\alpha \text{ 或 } \beta\text{）} \end{array}$$

“这种形式简单的二次方程，一看就能求出解。比如说，我们比较一下下列两个方程式。这两个方程式在形式上非常相似。”

$$\begin{array}{rl} x^2-(\alpha+\beta)x+\alpha\beta=0 & \text{（解为 } x=\alpha \text{ 或 } \beta\text{）} \\ x^2-5x+6=0 & \end{array}$$

“确实是很像。$\alpha+\beta$ 和 5 类似，$\alpha\beta$ 和 6 相似。”泰朵拉说。

“是啊。也就是说，要解 $x^2-5x+6=0$ 这个方程，只要找出相加得 5、相乘得 6 的两个数就可以了，即 $x=2$ 或者 3。”

“确实是这样啊。”她说。

“积的形式、和的形式其实都只是数学公式的众多形式中的一种。当方程呈**和的形式**时，我们很难求得解。但如果方程呈**积的形式**的话，答案就一目了然。”我说。

“啊，我好像有种‘明白了的感觉’。‘解方程’和‘建立积的形式’之间有很密切的关系。”泰朵拉豁然开朗。

2.10 在数学公式另一头的人到底是谁

“学校的老师为什么不能像学长您这样耐心地教我呢……”泰朵拉问。

“你和我现在是在进行谈话。你一有疑问就问我，然后我就回答，所以你觉得数学非常浅显易懂。当一步一步推导后，你就一定会有循序渐进、层层深入的感觉了吧。不要光听老师讲课，有不懂的地方问问老师也不错啊。当然，也要看老师的水平。”我说。

泰朵拉很认真地听着，她突然想到了什么，说：“学长，你在看书时碰到不懂的地方是怎么解决的呀？”

“嗯……如果我反复看都不明白的话，就在不懂的地方先做上记号，然后继续往下看，全看完后再重新回到不懂的地方看一遍。如果还是不懂的话，就看看其他书，然后再反复去琢磨不懂的地方。有一次，我曾对一个怎么都弄不明白的数学公式进行展开，连续考虑了 4 天后，我肯定那公式绝对是错误的，就去问出版社了，结果真的是排版排错了。”我说。

“哇，太厉害了！但像您这样反复思考，不是很费时间吗？”她问道。

“嗯，确实费时间，而且很费时间，但那是很正常的啊。你想想看，数学公式的背后都有悠久的历史。研究数学公式，就是在挑战之前无数数学家所做的工作。为了理解这些成果，花时间是自然的。在展开一个数学公式的时候，我们跨越了几百年的时间。在验证这些数学公式时，我们每个人都是‘小数学家’。”我说。

“小数学家？”她问。

“是啊。要想做数学家的话，就要仔细看数学公式。不只是看公式，还要自己动手写。我一直担心自己是不是真正理解，所以就写下来确认一下自己是否真懂。”我说。

泰朵拉微微点了点头，有点兴奋地对我说：“学长您所说的‘数学公式是语言’，这对于我来说就是新发现。数学公式的另一头必定有一个想向我传达信息的人。那个写公式的人可能是学校的老师，也可能是编写教科书的人，或者也可能是几百年前的数学家……不知怎么的，我觉得自己越来越想学习数学了。”

泰朵拉像在做梦似地说了上面那段话。

这么说来，泰朵拉也是为了对我表达“想和您谈话”这句话而在校门口把我拦下的吧。

她一边说“嗯”，一边伸了个懒腰。然后，她好像在自言自语：“啊，我的心里所想的真的是学长所说的……”

“我所说的？”我感到疑惑。

“啊，没有，没什么。”泰朵拉的脸顿时涨得通红，把头低了下去。

第3章
ω的华尔兹

数学的本质在于它的自由。

——康托尔

3.1 图书室

夏天到了。

期末考试结束那天，在空落落的图书室里，我正琢磨着数学公式，这时米尔嘉走了进来。她径直走到了我身边。

“旋转？”她站在那里看了看我的练习本说。

“嗯。”我回答道。

米尔嘉的眼镜是镶了金边的，镜片泛着淡淡的蓝光。我透过镜片看到了她那双藏在镜片后的眼睛。

“只要考虑坐标轴上的单位 vector 转向哪里，就能立刻得解。没必要去刻意记住什么吧。”米尔嘉看着我说。和其他人不同，米尔嘉说话很直白。另外，提到向量的时候，她总是说向量的英语 vector。

“没关系。因为我只是在练习。”

“你如果喜欢琢磨数学公式的话，将角 θ 转动两次试试看，很有意思哦。”米尔嘉坐到我旁边的位子上，嘴凑到我耳边，轻声说道。她说字母 θ 时，读的也是英语 theta。她在发 th 这个音时，舌头夹在牙齿缝之间发出的摩擦音弄得我耳朵痒痒的。

“将角 θ 转两次，然后再展开式子。而转两次 θ 角，就相当于转了 2θ 角。这样就有了两个等式，关于 θ 的恒等式。”我说。

米尔嘉拿过我手中的铅笔，在练习本的右端写了两个式子。米尔嘉的手碰到了我的手。

$$\cos 2\theta = \cos^2\theta - \sin^2\theta$$
$$\sin 2\theta = 2\sin\theta\cos\theta$$

“看，这是什么？”她问道。

我边看练习本上的式子，边在心中回答，“这是倍角公式”。但是，我没出声。

“你不知道吗？这是倍角公式啊。”她说。

米尔嘉微微起了起身，从她身上传来一股淡淡的柑橘香。她不等我回答就以一种授课的语气继续说了下去。算了，这种事也是见怪不怪了。

“角 θ 的旋转可以用下面这个矩阵来表示。”米尔嘉说。

◎　◎　◎

角 θ 的旋转可以用下面这个矩阵来表示。

$$\begin{pmatrix} \cos\theta & -\sin\theta \\ \sin\theta & \cos\theta \end{pmatrix}$$

“角 θ 连续转两次”就相当于将这个矩阵平方。

$$\begin{pmatrix} \cos\theta & -\sin\theta \\ \sin\theta & \cos\theta \end{pmatrix}^2 = \begin{pmatrix} \cos^2\theta - \sin^2\theta & -2\sin\theta\cos\theta \\ 2\sin\theta\cos\theta & \cos^2\theta - \sin^2\theta \end{pmatrix}$$

对了，“角 θ 连续转两次”也可以看作是“旋转 2θ 角”。所以上述矩阵和以下矩阵是相等的。

$$\begin{pmatrix} \cos 2\theta & -\sin 2\theta \\ \sin 2\theta & \cos 2\theta \end{pmatrix}$$

这里我们来比较一下这个矩阵中的同类项，可以推导出以下两个等式。

$$\cos 2\theta = \cos^2\theta - \sin^2\theta$$
$$\sin 2\theta = 2\sin\theta\cos\theta$$

也就是说，将 $\cos 2\theta$ 和 $\sin 2\theta$ 用 $\cos\theta$ 和 $\sin\theta$ 来表示。用含 θ 的式子来代替含 2θ 的式子就是**倍角公式**。用矩阵来表示旋转，将其意思重新解释，就能推导出倍角公式。

“旋转 2θ 角”和“角 θ 连续转两次”两者之间可以画等号。我发现其实这两者表示同一个意思，于是，接下来的解答是如此美好。

◎ ◎ ◎

我一边听着米尔嘉说，一边在想着其他的事情。一个是聪明的女孩，一个是可爱的女孩。如果这两个女孩是同一个人的话，接下来的事情将是多么美好啊。

但是，我什么都没说，只是默默地听着米尔嘉的话。

3.2　振动和旋转

虽说先暂且不谈矩阵，但是米尔嘉还是在我的练习本上写下了这样一道题。

问题 3-1

将以下数列的通项 a_n 用 n 来表示。

n	0	1	2	3	4	5	6	7	$\cdots$
a_n	1	0	-1	0	1	0	-1	0	$\cdots$

“能解出来吗？”米尔嘉问我。

“很简单啊。这是以 1, 0, −1, 0 的顺序循环的数列啊，也可以说这个数列像是在振动。”我说。

“是吗？你是这么来看这个数列的呀？”她好像很吃惊。

“不对吗？”我问。

“没有没有，你这种思路没错。那么……我想让你用通项来表示你所说的‘振动’。”她说。

“通项……也就是说用 n 来表示通项 a_n 就可以了。嗯，如果分情况讨论的话就可以立刻得出结论。”

$$a_n = \begin{cases} 1 & (n = 0, 4, 8, \cdots, 4k, \cdots) \\ 0 & (n = 1, 3, 5, 7, \cdots, 2k+1, \cdots) \\ -1 & (n = 2, 6, 10, \cdots, 4k+2, \cdots) \end{cases}$$

“嗯，的确不能算你错。但是从形式上来看，看不出数列的振动。”这时，米尔嘉闭上眼睛，食指正不停地比划着什么。

“那这次你再看看这道题。这道题的通项又是什么呢？”她睁开眼问我。

问题 3-2

将以下数列的通项 b_n 用 n 来表示。

n	0	1	2	3	4	5	6	7	$\cdots$
b_n	1	i	-1	$-$i	1	i	-1	$-$i	$\cdots$

“i 是 $\sqrt{-1}$？”我问。

“除了表示虚数单位以外，还会有什么呢？”她说。

“没有了吧。——先暂且不谈这些。这个数列 b_n 中，如果 n 为偶数，则 b_n 为 $+1$ 或者 -1；如果 n 为奇数，则 b_n 为 $+\mathrm{i}$ 或者 $-\mathrm{i}$。这个数列也像是在振动吧？”我说。

“这也没有错。你把这个数列也看成振动数列了吧？”她说。

“你是说除了这种解法还有其他方法吗？”我问道。

米尔嘉眨了眨眼后回答我：“考虑下**复数平面**吧。所谓复数平面，也就是以 x 轴为实数轴，y 轴为虚数轴而组成的坐标平面。这样做的话，所有的复数就都可以表示为平面上的一个点了。”

$$\begin{array}{ccc} \text{复数} & \longleftrightarrow & \text{点} \\ x+y\mathrm{i} & \longleftrightarrow & (x,y) \end{array}$$

如果将问题 3-2 的数列 b_n 想象成复数的数列，那么 1 就是 $1+0\mathrm{i}$，i 就是 $0+1\mathrm{i}$……

$$1+0\mathrm{i},\ 0+1\mathrm{i},\ -1+0\mathrm{i},\ 0-1\mathrm{i},\ 1+0\mathrm{i},\ 0+1\mathrm{i},\ -1+0\mathrm{i},\ 0-1\mathrm{i},\cdots$$

我们将数列 b_n 中的数字看作复数平面上的各点，然后再将其画在坐标轴上。

$$(1,0),\ (0,1),\ (-1,0),\ (0,-1),\ (1,0),\ (0,1),\ (-1,0),\ (0,-1),\ \cdots$$

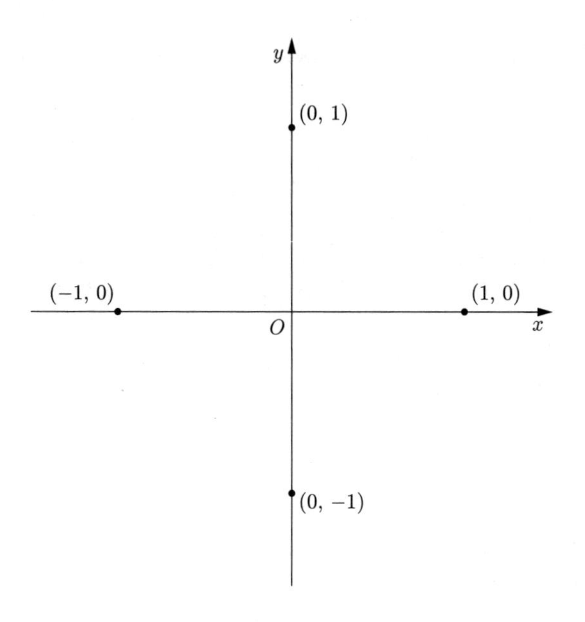

“哈哈，原来如此。是菱形，或者说正方形的顶点吧。”我一边说一边在图上画辅助线。

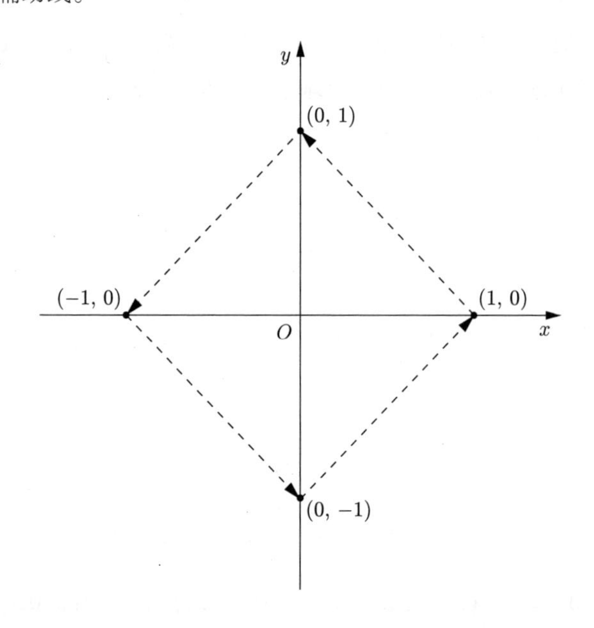

“嗯，你将这个数列理解成这样的图形了呀。确实也没有错。”

“除了正方形之外还可能有别的什么图形啊？”我问道。

“想不到你还真是个死脑筋啊。如果这样画会怎么样呢？”米尔嘉问道。

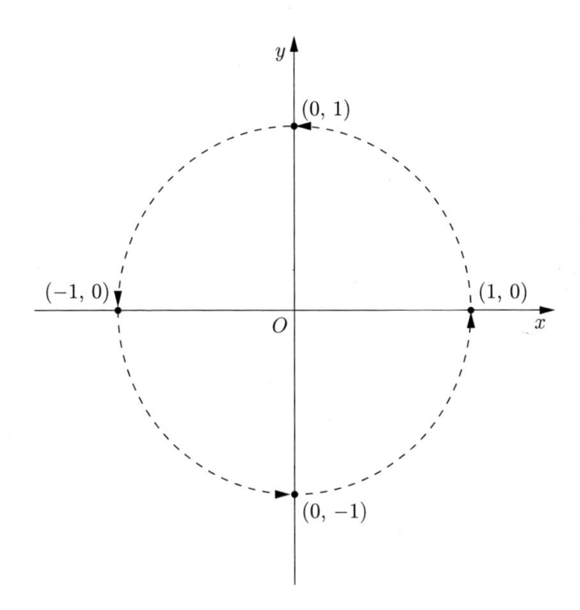

“还可能是圆啊！”我惊叹道。

“是啊，还可能是圆。一个半径为 1 的圆，也就是**单位圆**。复数平面上，以原点为中心的单位圆。复数的数列可以看作是单位圆上点的集合。”她说。

“是单位圆……”我重复着。

“一般来说，单位圆上的点都可以用以下式子表示出来。”

$$\cos\theta + \mathrm{i}\sin\theta$$

“嗯？θ 是什么？——啊，我知道了，θ 是单位向量 $(1, 0)$ 所转的角度啊。”我恍然大悟。

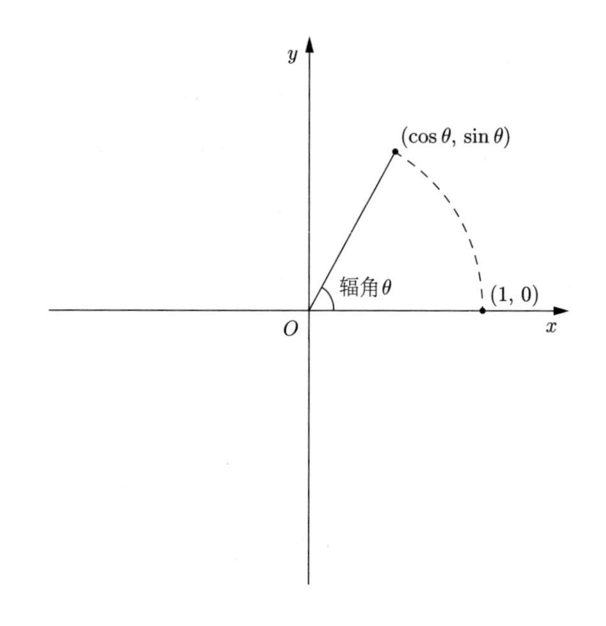

“嗯，对，我们把 θ 称为**辐角**。复数和点的对应关系是这样的。”米尔嘉说。

$$\begin{array}{ccc} \text{复数} & \longleftrightarrow & \text{点} \\ \cos\theta + \mathrm{i}\sin\theta & \longleftrightarrow & (\cos\theta, \sin\theta) \end{array}$$

“问题 3-2 的数列 b_n 可以看作是将正方形，哦，不对，是圆周 4 等分的等分点。这 4 个等分点该用怎样的复数来表示呢？”米尔嘉看着我问道。

“将 θ 增加 90 度……也就是说将 θ 逐步增加 $\frac{\pi}{2}$ 个弧度就可以了，那么辐角 θ 就是$0, \frac{\pi}{2}, \pi, \frac{3\pi}{2}, \cdots$。以下 4 个复数就是圆周的 4 等分点。”我回答道。

$$\begin{aligned} &\cos\left(0\cdot\frac{\pi}{2}\right) + \mathrm{i}\sin\left(0\cdot\frac{\pi}{2}\right) \\ &\cos\left(1\cdot\frac{\pi}{2}\right) + \mathrm{i}\sin\left(1\cdot\frac{\pi}{2}\right) \\ &\cos\left(2\cdot\frac{\pi}{2}\right) + \mathrm{i}\sin\left(2\cdot\frac{\pi}{2}\right) \\ &\cos\left(3\cdot\frac{\pi}{2}\right) + \mathrm{i}\sin\left(3\cdot\frac{\pi}{2}\right) \end{aligned}$$

“嗯，这样的话，数列的通项 b_n 就可以表示为以下形式。”米尔嘉说。

解答 3-2

$$b_n = \cos\left(n \cdot \frac{\pi}{2}\right) + \mathrm{i}\sin\left(n \cdot \frac{\pi}{2}\right) \qquad (n = 0, 1, 2, 3, \cdots)$$

“我们再回到问题 3-1。”米尔嘉说。

$$\langle a_n \rangle = \langle 1,\ 0,\ -1,\ 0,\ 1,\ 0,\ -1,\ 0,\ \cdots \rangle$$

“你刚才把 a_n 中的 1, 0, -1 说成是‘振动’了吧。那道题其实也可以像问题 3-2 这样来考虑。”

解答 3-1

$$a_n = \cos\left(n \cdot \frac{\pi}{2}\right) \qquad (n = 0, 1, 2, 3, \cdots)$$

“为什么呀？”我问道。

“我们把它放到图形上考虑。我们将刚才所说的 4 等分点 b_n 投射到 x 轴上考虑。这样就产生了振动现象。也就是说，‘振动是旋转的射影’。”她说。

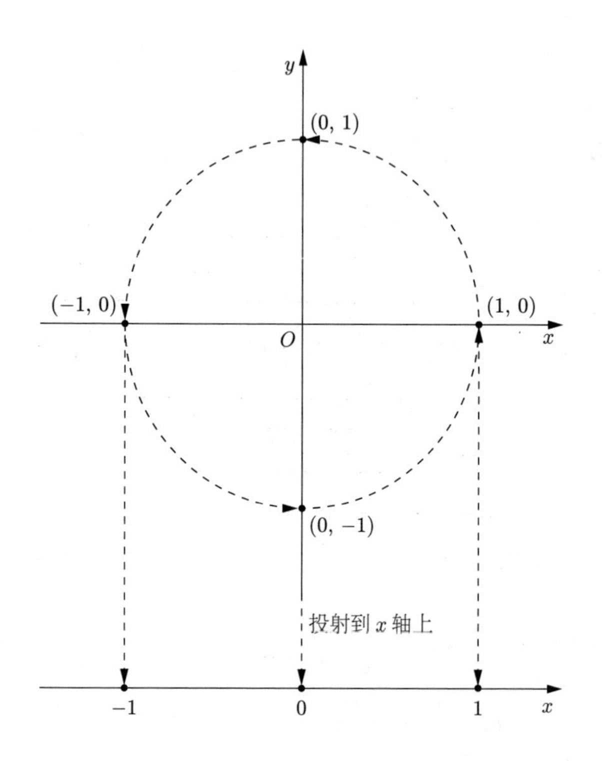

“我们可以从多个角度来看数列 a_n，既可以将它看作‘单纯的整数排列’，也可以将它看作‘实数数轴上点的来回振动’，甚至还可以将它看作‘在复数平面上点的旋转’。如果你发现自己所看到的数字只是一元一次的点的射影，那么就应该再想到还可能有二元二次的圆的结构。但是一般来说，能看透藏在射影背后的图形结构还是很难的。”她说。

我无语。

“从整数联想到实数数轴，再从实数数轴联想到复数平面，然后再联想到高次方的世界。最后，表达式就变得简单了。表达式变简单了，就说明做题人有了更为透彻的‘领悟’。告诉你数列中的一部分数字，然后让你思考接下去的数字是什么，这种题只能算是智力小测验。而通过探寻通项才能看透藏在背后的结构。”她补充道。

我哑口无言。

“所以‘眼睛’是必不可少的。但我可不是指脸上的器官哦。”米尔嘉说着，指了指自己的眼球，“我指的是能够看透结构的眼力，这是很重要的”。

3.3 ω

“接下来，再给你出道题。”米尔嘉说。

问题 3-3

将以下数列的通项 c_n 用 n 来表示。

n	0	1	2	3	4	5	$\cdots$
c_n	1	$\frac{-1+\sqrt{3}i}{2}$	$\frac{-1-\sqrt{3}i}{2}$	1	$\frac{-1+\sqrt{3}i}{2}$	$\frac{-1-\sqrt{3}i}{2}$	$\cdots$

“这个数列是什么？”我问道。

“嗯？你还不知道啊？”在说这话时，她带着一种轻视嘲讽的语气。她直白地表露出，她实在是太吃惊了。她那种口气就仿佛在说：“你连自己的右手上有 5 个手指头都不知道吗？”

看到她这么吃惊，我感到很丢脸，但我也顾不上这些了，忍着将话题重新拉回到数学上。

“1，$\frac{-1+\sqrt{3}i}{2}$，$\frac{-1-\sqrt{3}i}{2}$ 这 3 项循环出现——这样回答是不是很没意思啊？”我注视着米尔嘉的面部表情。

“确实是没有意思。你没能解开谜底，没看透其背后的结构，根本就没有抓住问题的本质。”她泼了我一盆冷水。

“那么，这个数列的本质到底是什么呀？”我问道。

“本质当然就是看 1，$\frac{-1+\sqrt{3}i}{2}$，$\frac{-1-\sqrt{3}i}{2}$ 这 3 项到底有什么规律喽。但

你并没有发现。这样，我们用观察数列的常用方法来做做看。”米尔嘉说。

“观察数列的常用方法……先来看看阶差数列吧。”我在练习本上算起来。

对于数列 $\langle c_n \rangle$，我们可以考虑以下数列 $\langle d_n \rangle$。

$$d_n = c_{n+1} - c_n \qquad (n = 0,\ 1,\ 2, \cdots)$$

$$\begin{array}{ccccccccccccc} c_0 & & c_1 & & c_2 & & c_3 & & c_4 & & c_5 & & \cdots \\ & d_0 & & d_1 & & d_2 & & d_3 & & d_4 & & \cdots & \end{array}$$

按照 $c_1 - c_0$，$c_2 - c_1$，$c_3 - c_2$，$\cdots$ 的顺序依次计算，求出 $\langle d_n \rangle$。

n	0	1	2	3	4	5	$\cdots$
d_n	$\frac{-3+\sqrt{3}\mathrm{i}}{2}$	$-\sqrt{3}\mathrm{i}$	$\frac{3+\sqrt{3}\mathrm{i}}{2}$	$\frac{-3+\sqrt{3}\mathrm{i}}{2}$	$-\sqrt{3}\mathrm{i}$	$\frac{3+\sqrt{3}\mathrm{i}}{2}$	$\cdots$

嗯，我现在一点都不知道呢。

“怎么样？”米尔嘉穷追不舍。如果马上就能求出解，胜利的曙光就在眼前的话，我会急于往下算。但我现在还正值摸索阶段，不能着急不能慌张。

“我还是不明白。”我老老实实地回答。

“那是因为你观察数列时只会运用阶差数列这个常用方法吧。”她笑着对我说。

“要是不求两项的差，剩下的只有求两项的比这个方法了吧？”我问。

“那你快做啊。”

好吧好吧……对于 $e_n = \frac{c_{n+1}}{c_n}$ 这个数列，因为 c_n 不可能为 0，所以不用担心分母为 0 时分式无意义的情况。计算后得……

n	0	1	2	3	4	5	$\cdots$
e_n	$\frac{-1+\sqrt{3}\mathrm{i}}{2}$	$\frac{-1+\sqrt{3}\mathrm{i}}{2}$	$\frac{-1+\sqrt{3}\mathrm{i}}{2}$	$\frac{-1+\sqrt{3}\mathrm{i}}{2}$	$\frac{-1+\sqrt{3}\mathrm{i}}{2}$	$\frac{-1+\sqrt{3}\mathrm{i}}{2}$	$\cdots$

“啊！”整个 $\langle e_n \rangle$ 数列全都是 $\frac{-1+\sqrt{3}\mathrm{i}}{2}$ 这一项，我不禁大吃一惊。

“有什么好吃惊的？”她问。

“你看，取了前后两个数的比后得到的商是相同的。”

“这倒是。数列 $\langle c_n \rangle$ 是首项 c_0 为 1、公比为 $\frac{-1+\sqrt{3}\mathrm{i}}{2}$ 的等比数列。其实就是 1，$\frac{-1+\sqrt{3}\mathrm{i}}{2}$，$\frac{-1-\sqrt{3}\mathrm{i}}{2}$ 这 3 项中任意一项的 3 次方都是 1。也就是说，这 3 项都满足一元三次方程式 $x^3=1$。”

“满足方程 $x^3=1$ 啊？”

“是啊。$x^3=1$ 是个一元三次方程，满足此方程的复数有 3 个。你知道怎么解这个方程吗？”米尔嘉问我。

“嗯，我想我应该会。因为我知道 $x=1$ 是这个方程的一个解，然后提取 $(x-1)$ 这个公因式就可以了。”

$$\begin{aligned} x^3 &= 1 \\ x^3-1 &= 0 && \text{将1移项到左边，右边就变为了0} \\ (x-1)(x^2+x+1) &= 0 && \text{将左边因式分解} \end{aligned}$$

“接着呢？”米尔嘉问。

“接下来要解 $x^2+x+1=0$ 这个方程式。一元二次方程 $ax^2+bx+c=0$ 的求根公式为 $x=\frac{-b\pm\sqrt{b^2-4ac}}{2a}$，使用这个求根公式就可以了。”我边说边计算着。

$$x=1,\ \frac{-1+\sqrt{3}\mathrm{i}}{2},\ \frac{-1-\sqrt{3}\mathrm{i}}{2}$$

听了我的解释，米尔嘉点了点头。

“是啊。那现在先将 $\frac{-1+\sqrt{3}\mathrm{i}}{2}$ 定义为 ω。”

$$\omega=\frac{-1+\sqrt{3}\mathrm{i}}{2}$$

“ω^2 和 $\frac{-1-\sqrt{3}\mathrm{i}}{2}$ 相等。”

$$
\begin{aligned}
\omega^2 &= \left(\frac{-1+\sqrt{3}\mathrm{i}}{2}\right)^2 \\
&= \frac{(-1+\sqrt{3}\mathrm{i})^2}{2^2} \\
&= \frac{(-1)^2 - 2\sqrt{3}\mathrm{i} + (\sqrt{3}\mathrm{i})^2}{4} \\
&= \frac{1 - 2\sqrt{3}\mathrm{i} - 3}{4} \\
&= \frac{-2 - 2\sqrt{3}\mathrm{i}}{4} \\
&= \frac{-1 - \sqrt{3}\mathrm{i}}{2}
\end{aligned}
$$

“1 连续和几个 ω 相乘后，就形成以下数列。”

$$1,\ \omega,\ \omega^2,\ \omega^3,\ \omega^4,\ \omega^5,\ \cdots$$

“因为 $\omega^3 = 1$，所以这个数列又可以写成以下形式。”

$$1,\ \omega,\ \omega^2,\ 1,\ \omega,\ \omega^2,\ \cdots$$

“也就是说，$1,\ \omega,\ \omega^2,\ 1,\ \omega,\ \omega^2,\ \cdots$ 这个数列就恰巧是数列 $\langle c_n \rangle$，那么将 $(1,\ \omega,\ \omega^2)$ 这 3 个数在复数平面上表示看看。快快快！” 米尔嘉好像很兴奋。

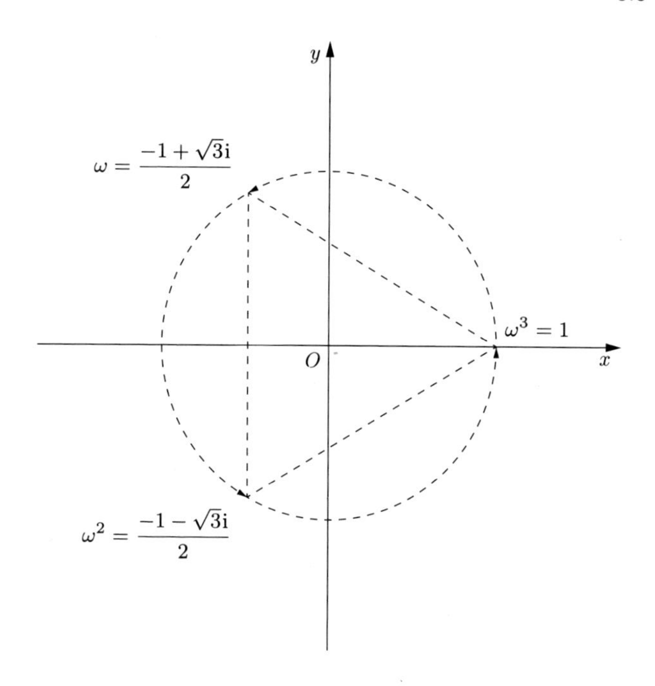

“哇！这图是不是正三角形啊？”我问。

“从数列的周期性联想到圆是很自然的，根据循环重复的道理求出图形是圆也是很自然的。那些把这组数看成是实数轴上的数字的人会认为这些数字只是在‘振动’，但如果能把这组数看成是复数平面上的点的话，就会发现这些数字是在‘旋转’，进而能够发现这个图形的结构。对吧？”她问。

解答 3-3

$$c_n = \omega^n \qquad (n = 0,\ 1,\ 2,\ 3,\ \cdots)$$

这里令$\omega = \frac{-1+\sqrt{3}\mathrm{i}}{2}$。

米尔嘉的脸颊有点微微泛红，舌头也开始打结："到现在为止，我们讨论了 4 等分点和正方形、3 等分点和正三角形。如果将其一般化，也就是关于 n 等分点和正 n 边形的问题。这就和**棣莫弗定理**息息相关了。"

棣莫弗定理

$$(\cos\theta + \mathrm{i}\sin\ \theta)^n = \cos n\theta + \mathrm{i}\sin n\theta$$

"棣莫弗定理的主要内容就是'复数 $\cos\theta + \mathrm{i}\sin\theta$ 的 n 次方是 $\cos n\theta + \mathrm{i}\sin n\theta$'。从图形的角度来说，棣莫弗定理主要说的就是'单位圆上的角 θ 反复旋转 n 次后其实就是转了 $n\theta$'。透过数学公式，我们应该能够看到单位圆上点的旋转。"米尔嘉看着我，用手指画了个圆。

"在棣莫弗定理中，如果 $n = 2$，立刻就能推导出倍角公式。"

$$\begin{aligned}
(\cos\theta + \mathrm{i}\sin\theta)^n &= \cos n\theta + \mathrm{i}\sin n\theta && \text{棣莫弗定理} \\
(\cos\theta + \mathrm{i}\sin\theta)^2 &= \cos 2\theta + \mathrm{i}\sin 2\theta && \text{当 } n = 2 \text{ 时} \\
\cos^2\theta + \mathrm{i}\cdot 2\cos\theta\sin\theta - \sin^2\theta &= \cos 2\theta + \mathrm{i}\sin 2\theta && \text{将左边展开} \\
(\cos^2\theta - \sin^2\theta) + \mathrm{i}\cdot 2\cos\theta\sin\theta &= \cos 2\theta + \mathrm{i}\sin 2\theta && \text{将左边整理}
\end{aligned}$$

"接下来只需将两边的实部和虚部分别画上等号即可。"米尔嘉继续说。

$$\underbrace{(\cos^2\theta - \sin^2\theta)}_{\text{实部}} + \mathrm{i}\cdot\underbrace{2\cos\theta\sin\theta}_{\text{虚部}} = \underbrace{\cos 2\theta}_{\text{实部}} + \mathrm{i}\,\underbrace{\sin 2\theta}_{\text{虚部}}$$

"好了，这就是倍角公式了。"米尔嘉说。

$$\begin{aligned}
\cos^2\theta - \sin^2\theta &= \cos 2\theta && \text{实部} \\
2\cos\theta\sin\theta &= \sin 2\theta && \text{虚部}
\end{aligned}$$

“你不是玩过 θ 在矩阵中的旋转变化吗？反正是玩，不如将旋转的点画成图形，当作三角函数看，或者再到复数数列里变化看看，这样更好玩吧！”她说。

我完全败在了米尔嘉的手下，什么话都说不出来。

“你从 $\omega^3 = 1$ 这一点就能看出这是单位圆的三等分点了吧；你也能看出 $\frac{2\pi}{3}$ 这个辐角、复数平面上的正三角形，以及由 ω 产生的三拍转一圈的旋转了吧；你还能看到 $1, \omega, \omega^2$ 这三个小人在复数平面中舞蹈了吧。”米尔嘉一口气说完。

“你看到 ω 跳的华尔兹了吗？”她嫣然一笑。

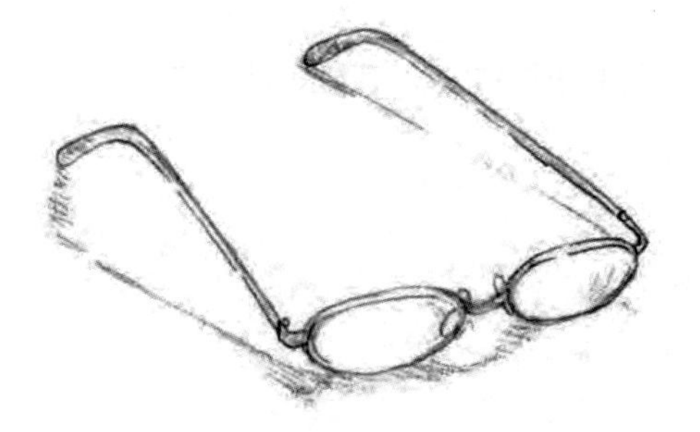

第4章 斐波那契数列和生成函数

在我们所知道的范围内，解数列题最有效的方法是

先从可能产生所求数列的无穷级数开刀。

——葛立恒，高德纳，帕塔许尼克，《具体数学：计算机科学基础》[21]

4.1 图书室

高二那年秋天，某天放学后，我在图书室教泰朵拉数学，是很简单的公式展开。

$$\begin{aligned}(a+b)(a-b) &= (a+b)a-(a+b)b \\ &= aa+ba-ab-bb \\ &= a^2-b^2\end{aligned}$$

我将 $(a+b)(a-b)$ 展开成 a^2-b^2 给她看后，跟她说只要记住“两数之和与两数之差的积是这两个数平方的差”即可。她说：“我明白了。听了学长所说的，我觉得自己将以前支离破碎的知识点归纳到了一起。”

这时米尔嘉来了。她径直走向我们，猛地朝泰朵拉的椅子踢了一脚。“哐”的一声响得可怕，图书室里的学生都不约而同地看向我们这里。泰朵拉吓

得从位子上跳了起来，狠狠地瞪了米尔嘉一眼便走出了图书室。我杵在那里，什么话也说不出来，只能目送着泰朵拉离开。

米尔嘉像什么事情都没有发生过似的把椅子摆好，然后若无其事地坐下看我的练习本，再后来便是气呼呼地拉我的袖子。她等我坐下后问："这是公式的展开？"

我回答说，因为学妹问我题目所以刚才教了她。

"这样啊。"米尔嘉说着，拿过我手中的自动铅笔，开始转起笔来。随后她说，"喂，我们一起来找规律吧。"

4.1.1　找规律

喂，我们一起来找规律吧。从 $(1+x)(1-x)$ 的展开式出发，这正好是 $(a+b)(a-b)$ 的特殊情况。

$$\begin{aligned}(1+x)(1-x) &= (1+x)\cdot 1-(1+x)\cdot x\\ &= (1+x)-(x+x^2)\\ &= 1+\underbrace{(x-x)}_{\text{抵消}}-x^2\\ &= 1-x^2\end{aligned}$$

接着，我们用 $(1+x+x^2)$ 代替式子 $(1+x)(1-x)$ 中的 $(1+x)$。

$$\begin{aligned}(1+x+x^2)(1-x) &= (1+x+x^2)\cdot 1-(1+x+x^2)\cdot x\\ &= (1+x+x^2)-(x+x^2+x^3)\\ &= 1+\underbrace{(x-x)}_{\text{抵消}}+\underbrace{(x^2-x^2)}_{\text{抵消}}-x^3\\ &= 1-x^3\end{aligned}$$

规律很明显吧。式子只剩最左端和最右端的部分，推导过程中正负项相互抵消。如果用竖式计算，规律更是显而易见。比如说将 $(1+x+x^2+x^3)(1-x)$ 写成以下形式。你很快就能发现最后只剩下两端的项。

$$
\begin{array}{rrrrr}
 & 1+x & +x^2 & +x^3 & \\
\times & & & 1 & -x \\
\hline
 & -x & -x^2 & -x^3 & -x^4 \\
1 & +x & +x^2 & +x^3 & \\
\hline
1 & & & & -x^4
\end{array}
$$

令 n 是 0 以上的整数，我们来写出一般形式。

$$
\begin{aligned}
(1)(1-x) &= 1-x^1 \\
(1+x)(1-x) &= 1-x^2 \\
(1+x+x^2)(1-x) &= 1-x^3 \\
(1+x+x^2+x^3)(1-x) &= 1-x^4 \\
(1+x+x^2+x^3+x^4)(1-x) &= 1-x^5 \\
&\vdots \\
(1+x+x^2+x^3+x^4+\cdots+x^n)(1-x) &= 1-x^{n+1}
\end{aligned}
$$

◎　◎　◎

……原来如此，我想，但是这也没什么特别好玩的。这是常见的展开式的一般化。先暂且不想这些，不知道刚才被米尔嘉踢飞椅子的泰朵拉现在怎样了。

“到此为止都是很常见的式子吧。”米尔嘉又开始往下说。

4.1.2　等比数列的和

到此为止都是很常见的式子吧。接下去说什么好呢？——再写一下刚才的式子吧。

$$(1+x+x^2+x^3+x^4+\cdots+x^n)(1-x)=1-x^{n+1}$$

这里如果两边同时除以 $1-x$，为了不使分母为 0，我们假设 $1-x$ 不等于 0。

$$1+x+x^2+x^3+x^4+\cdots+x^n=\frac{1-x^{n+1}}{1-x}$$

到现在为止算的都是类似“求积公式”的式子，现在这个式子看上去像“求和公式”。其实，这个是等比数列的求和公式。确切地说，这是首项为 1、公比为 x 的等比数列。也就是说，求 $\langle 1, x, x^2, x^3, \cdots, x^n, \cdots\rangle$ 这个数列从首项第 0 项到第 n 项的和。

那么，接下来要说什么呢？

◎　◎　◎

我对米尔嘉说：“接下来说说等比数列的无穷级数是很自然的吧。”我们不该在计算到第 n 项的有限和时就停下，而是应该求无限和。

米尔嘉微笑着回答说：“是啊。”

4.1.3　向无穷级数进军

对，我们该考虑无穷级数。

我们先将无穷级数定义为 $1+x+x^2+x^3+\cdots$，是等比数列的部分和的极限。

$$1+x+x^2+x^3+\cdots+x^n=\frac{1-x^{n+1}}{1-x}$$

x 的绝对值比 1 小时，也就是说 $|x|<1$ 时，如果 n 趋向于无穷大的话，那么 x^{n+1} 趋向于 0，以下式子也就成立了。

$$1+x+x^2+x^3+\cdots=\frac{1}{1-x}$$

这样就能求出无穷级数了。$|x|<1$ 这个条件是 n 趋向于无穷大时，x^{n+1} 趋向于 0 的必要条件。

等比数列的无穷级数（等比级数公式）

$$1+x+x^2+x^3+\cdots=\frac{1}{1-x}$$

假设首项（第 0 项）为 1，公比为 x，$|x|<1$。

喂，你不觉得很有趣吗？左边是无限延续的数列的和，有无限个项，不可能把每一项都明确地写出来；而右边则只有一个分数。只用一个分数来表示无限个项的和，这种浓缩的表达方式真好。

◎　◎　◎

窗外，天已经黑了。图书室里也只剩下我和米尔嘉了。米尔嘉似乎精神特别好，还没等我回应就直接说："我们再接着讨论一下生成函数。"

4.1.4 向生成函数进军

我们再接着讨论一下生成函数。

从这里开始我们不讨论无限接近于某个数值的情况。首先，让我们把刚才讨论的等比数列的无穷级数想象成关于 x 的函数。

$$1 + x + x^2 + x^3 + \cdots$$

现在，为了让大家能够好好观察这个函数中 x 的 n 次方前面的系数，我们将这些系数明确地写出来。

$$\underline{1}x^0 + \underline{1}x^1 + \underline{1}x^2 + \underline{1}x^3 + \cdots$$

就像这样，各系数形成了 $\langle 1, 1, 1, 1, \cdots \rangle$ 的无穷数列。于是，我们可以想到以下的对应情况。

$$\begin{array}{ccc} \text{数列} & \longleftrightarrow & \text{函数} \\ \langle 1, 1, 1, 1, \cdots \rangle & \longleftrightarrow & 1 + x + x^2 + x^3 + \cdots \end{array}$$

也就是说，可将 $\langle 1, 1, 1, 1, \cdots \rangle$ 这一数列和函数 $1 + x + x^2 + x^3 + \cdots$ 一视同仁。因为 $1 + x + x^2 + x^3 + \cdots = \frac{1}{1-x}$，所以也可以改写成以下形式。

$$\begin{array}{ccc} \text{数列} & \longleftrightarrow & \text{函数} \\ \langle 1, 1, 1, 1, \cdots \rangle & \longleftrightarrow & \frac{1}{1-x} \end{array}$$

这样的数列和函数的对应关系可以变形为以下这种一般形式。

$$\begin{array}{ccc} \text{数列} & \longleftrightarrow & \text{函数} \\ \langle a_0, a_1, a_2, a_3, \cdots \rangle & \longleftrightarrow & a_0 + a_1 x + a_2 x^2 + a_3 x^3 + \cdots \end{array}$$

像这样与数列相对应的函数叫作**生成函数**。这是将原先七零八落的无数个项用一个函数归纳出来的式子。我们将生成函数定义为 x 的幂的无限和，也就是幂级数。

◎ ◎ ◎

突然米尔嘉停下不说话了。她沉默着，闭上眼，眉毛紧锁，慢慢地吸气呼气，好像在深思着什么。

我怕打扰米尔嘉，在一旁静静地看着她，她那漂亮的唇形，和数列相对应的函数，金边眼镜，等比数列的无穷级数……还有生成函数。

正看着，米尔嘉睁开了眼睛。

“刚才我们考虑了与数列相对应的生成函数对吧？”米尔嘉温柔地问，“如果要求生成函数的有限项代数式的话，那么这个有限项代数式也和数列一一对应。”

“然后，我简单想了下……”米尔嘉说着声音便渐渐小了下来。她好像不想让别人听见似的，把头凑过来，就好像要告诉我一个宝藏所藏的地方那样神秘。我又闻到那股淡淡的橘子香。

“接下来，我们就在这两个王国里漫步吧。”米尔嘉小声嘀咕着。

我竖起耳朵仔细倾听那秘密的话语，生怕自己漏听一句。两个王国？

“我想彻底掌握数列。但是直接抓住其要害实在太难了。这时，应该先暂且从‘数列王国’过渡到‘生成函数王国’。然后再穿过‘生成函数王国’回到‘数列王国’。这样的话，就能抓住解数列题的关键了吧。”她说。

“放学时间到了！”

米尔嘉正说着，突然一个人大声说道，把我们都吓了一跳。正沉浸在讨论中的我们一点都没有察觉到图书管理员就站在我们身后。

数列和生成函数的对应

$$
\begin{array}{ccc}
\text{数列} & \longleftrightarrow & \text{生成函数} \\
\langle a_0, a_1, a_2, \cdots \rangle & \longleftrightarrow & a_0 + a_1x + a_2x^2 + \cdots
\end{array}
$$

4.2 抓住斐波那契数列的要害

我们转移到附近的咖啡店，草草点完单后又继续开始刚才的数列的话题。抓住数列的要害究竟是怎么回事呢？两个王国又到底是什么呢？听了我的问题，米尔嘉推了推眼镜说："嗯，是啊。"

4.2.1 斐波那契数列

是啊。这个比喻可能不太符合逻辑，太夸张了。"在两个王国里穿梭漫步，抓住数列的要害"其实就是"运用生成函数来求数列的通项"呀。

现在给你看看"旅行地图"吧。首先，求得与数列相对应的生成函数。其次，将生成函数变形，求出生成函数的有限项代数式。然后再将有限项式根据幂级数展开，最终求得数列的通项。也就是说，**通过生成函数来找出数列的通项**。

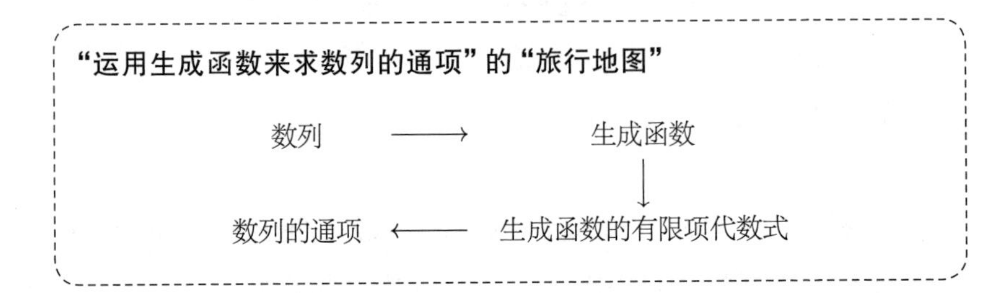

例如，以数列中的**斐波那契数列**为例。你知道斐波那契数列吧？

$$\langle 0, 1, 1, 2, 3, 5, 8, \cdots \rangle$$

这个数列从第三项开始，每一项都等于前两项之和。

$$0,\ 1,\ 0+1=1,\ 1+1=2,\ 1+2=3,\ 2+3=5,\ 3+5=8,\ \cdots$$

这个数列也有从 1 开始的情况，但是这里我们从 0 开始。

我们假设 F_n 为斐波那契数列的通项。F_0 和 0 相等，F_1 和 1 相等，当 $n \geqslant 2$ 时，则 $F_n = F_{n-2} + F_{n-1}$，所以 F_n 就被定义为表示各项间关系的递推公式。

斐波那契数列的定义（递推公式）

$$F_n = \begin{cases} 0 & (n = 0) \\ 1 & (n = 1) \\ F_{n-2} + F_{n-1} & (n \geqslant 2) \end{cases}$$

"从第三项开始，每一项都等于前两项之和"——斐波那契数列的这个性质在这个定义中得到了充分的体现。另外，还可以像 $F_0, F_1, F_2, \cdots$ 这样计算出斐波那契数列。但是，F_n 没有表现为"**关于 n 的有限项代数式**"。也就是说，通项公式 F_n 中并未使用 n，不是关于 n 的直接代数式。这也就是我所说的"没有抓住数列的要害"状态。

现在我们假设要求斐波那契数列的第 1000 项是多少。一般情况下，我们就用 $F_0 + F_1$ 来求 F_2，用 $F_1 + F_2$ 来求 F_3，……如此重复计算后，最后通过求 $F_{998} + F_{999}$ 的和才能算出 F_{1000} 的值。如果靠递推公式来计算 F_n 的话，那么要进行 $n-1$ 次加法计算。这实在太无聊了。我想将 F_n

表示成“关于 n 的有限项代数式”。“关于 n 的有限项代数式”究竟是什么意思呢？粗略地说，它就是“将大家都知道的运算方法在有限的次数内进行组合后得到的代数式”。

我很想将 F_n 表示成“关于 n 的有限项代数式”，抓住斐波那契数列的要害。

问题4-1

将斐波那契数列的通项 F_n 表示成“关于 n 的有限项代数式”。

4.2.2 斐波那契数列的生成函数

那么，接下来我们就将与斐波那契数列相对应的生成函数称为 $F(x)$。也就是说，我们将其对应关系表现为以下形式。

$$\begin{array}{ccc} \text{数列} & \longleftrightarrow & \text{生成函数} \\ \langle F_0, F_1, F_2, F_3, \cdots \rangle & \longleftrightarrow & F(x) \end{array}$$

在函数 $F(x)$ 中，如果将 x^n 这一项的系数用 F_n 来表示，那么整个函数就可以用以下式子表示出来。这样，我们就可以向生成函数的王国过渡了。

$$\begin{aligned} F(x) &= F_0x^0 + F_1x^1 + F_2x^2 + F_3x^3 + F_4x^4 + \cdots \\ &= 0x^0 + 1x^1 + 1x^2 + 2x^3 + 3x^4 + \cdots \\ &= x + x^2 + 2x^3 + 3x^4 + \cdots \end{aligned}$$

接下来，我想调查一下函数 $F(x)$ 的性质。函数 $F(x)$ 的系数 F_n 是斐波那契数列的通项，如果好好利用这点的话，我们很快就能找到关于函数 $F(x)$ 的有趣性质。

斐波那契数列的性质究竟是什么呢？当然我们刚才已经求得递推公式 $F_n = F_{n-2} + F_{n-1}$，如果我们好好利用这个表示各项间关系的递推公式的话，F_{n-2}，F_{n-1}，F_n 这样的系数就可以在 $F(x)$ 的计算过程中出现。如下所示。

$$F(x) = \cdots + \underline{F_{n-2}x^{n-2}} + \underline{F_{n-1}x^{n-1}} + \underline{F_nx^n} + \cdots$$

我想把系数 F_{n-2} 和 F_{n-1} 相加试试看，但是 x 的幂次方互不相同，所以不能合并同类项。那该怎么办呢？

◎　◎　◎

米尔嘉看看我。嗯。x 的幂次方确实不同，不能将它们的系数直接相加。因为它们不是同类项，所以不能合并。将数列和生成函数相互对应，真的会发生有趣的现象吗？——终于，从米尔嘉嘴里吐出了一句："很简单哦。"

4.2.3 封闭表达式

很简单哦。

x 的幂次方如果互不相同的话，将不同的部分乘上 x 就好了。同底数幂相乘，底数不变指数相加，也就是所谓的指数运算法则。

$$x^{n-2} \cdot x^2 = x^{n-2+2} = x^n$$

例如，$F_{n-2}x^{n-2}$ 乘以 x^2 的话得 $F_{n-2}x^n$。如下所示，如果巧妙地进行乘法运算的话，就可以统一为 x^n 的形式。为了使形式统一，我们将 1 写作 x^0。

$$\begin{cases} F_{n-2}x^{n-2} \cdot x^2 & = & F_{n-2}x^n \\ F_{n-1}x^{n-1} \cdot x^1 & = & F_{n-1}x^n \\ F_{n-0}x^{n-0} \cdot x^0 & = & F_{n-0}x^n \end{cases}$$

这样一来，我们就可以运用与函数 $F(x)$ 相对应的斐波那契数列的递推公式了。好，我们将 $F(x)$ 分别和 x^2, x^1, x^0 相乘后的式子写下来看看。

$$
\begin{aligned}
&\text{式子 A}: \quad F(x)\cdot x^2 = && F_0x^2 + F_1x^3 + F_2x^4 + \cdots \\
&\text{式子 B}: \quad F(x)\cdot x^1 = && F_0x^1 + F_1x^2 + F_2x^3 + F_3x^4 + \cdots \\
&\text{式子 C}: \quad F(x)\cdot x^0 = && F_0x^0 + F_1x^1 + F_2x^2 + F_3x^3 + F_4x^4 + \cdots
\end{aligned}
$$

这样就统一了幂次项。利用式子 A、式子 B、式子 C，我们接着进行计算。这样一来，我们就可以运用同类项系数 F_n 的递推公式。

$$\text{式子A} + \text{式子B} - \text{式子C}$$

在进行计算的时候，式子左边就变成了以下形式。

$$
\begin{aligned}
(\text{左边}) &= F(x)\cdot x^2 + F(x)\cdot x^1 - F(x)\cdot x^0 \\
&= F(x)\cdot (x^2 + x^1 - x^0)
\end{aligned}
$$

然后，式子右边变为以下形式。

$$
\begin{aligned}
(\text{右边}) = &F_0x^1 - F_0x^0 - F_1x^1 \\
&+ (F_0 + F_1 - F_2)\cdot x^2 \\
&+ (F_1 + F_2 - F_3)\cdot x^3 \\
&+ (F_2 + F_3 - F_4)\cdot x^4 \\
&+ \cdots \\
&+ (F_{n-2} + F_{n-1} - F_n)\cdot x^n \\
&+ \cdots
\end{aligned}
$$

式子右边经计算就只剩下起始部分 $F_0x^1 - F_0x^0 - F_1x^1$，其他部分全都抵消了。为什么这么说呢？这是因为根据斐波那契数列的递推公式，$F_{n-2} + F_{n-1} - F_n$ 这部分等于 0，任何数乘以 0 都会马上消失。

我们已经没什么必要写成 x^0 和 x^1 的形式了，直接写 1 和 x 就可以了。那么，F_0 就可以写成 0，F_1 就可以写成 1。于是，我们得到了以下式子。

$$F(x) \cdot (x^2 + x - 1) = -x$$

两边同时除以 $x^2 + x - 1$，整理后就能求得 $F(x)$ 的有限项代数式。这就是 $F(x)$ 的庐山真面目哦。

$$F(x) = \frac{x}{1 - x - x^2}$$

我看到斐波那契数列的生成函数变形成了这样一个简单的有限项代数式，心中雀跃无比。因为这个代数式包括了无限延续下去的斐波那契数列的全部内容，是一个高度浓缩的式子。

$$\langle 0, 1, 1, 2, 3, 5, 8, \cdots \rangle \quad \longleftrightarrow \quad \frac{x}{1 - x - x^2}$$

斐波那契数列的生成函数 $F(x)$ 的封闭表达式

$$F(x) = \frac{x}{1 - x - x^2}$$

4.2.4 用无穷级数来表示

我们思考讨论了斐波那契数列的生成函数 $F(x)$。如果用 x 来表示 $F(x)$ 的有限项代数式，x 的 n 次方前的系数应该是 F_n。

所以，接下来我们的目标是想办法将 $\frac{x}{1-x-x^2}$ 用 x 的无穷级数来表示。

我们曾经用下面的分式形式来表现过关于 x 的无穷级数。

$$\frac{1}{1 - x} = 1 + x + x^2 + x^3 + \cdots$$

比如说，我们能否想办法将 $\frac{x}{1-x-x^2}$ 变成与 $\frac{1}{1-x}$ 类似的形式呢？如果可能的话，我们就能从生成函数的王国回到数列的王国了。回去的时候当然不能空手，请带一件生成函数王国的“土特产”噢。那就是斐波那契数列的通项公式。你觉得如何？

◎　◎　◎

米尔嘉盯着我的眼睛。啊，对了，接下来只要把生成函数 $F(x)$ 写成无穷级数的形式，就可以求得斐波那契数列的通项公式了吧。我一直盯着生成函数的形式看，彻底弄清了其结构。

$$F(x) = \frac{x}{1-x-x^2}$$

分母 $1-x-x^2$ 是个二次代数式。首先，先试试将 $1-x-x^2$ 因式分解。我在练习本上又开始计算起来。米尔嘉一直在旁边盯着看。

假设有未知常数 r 和 s，式子 $1-x-x^2$ 便可分解成以下形式。

$$1-x-x^2 = (1-rx)(1-sx)$$

如果照上述式子那样分解的话，通过像下面这样求分式的和，在通分的时候分母就正好可以变形成 $1-x-x^2$ 的形式了。

$$\begin{aligned}\frac{1}{1-rx}+\frac{1}{1-sx} &= \frac{（未知数）}{(1-rx)(1-sx)} \\ &= \frac{（未知数）}{1-x-x^2}\end{aligned}$$

计算这个式子，当它变形成 $\frac{x}{1-x-x^2}$ 的形式后，再求出 r 和 s 就可以了。

$$\begin{aligned}\frac{1}{1-rx}+\frac{1}{1-sx}&=\frac{1-sx}{(1-rx)(1-sx)}+\frac{1-rx}{(1-rx)(1-sx)}\\&=\frac{2-(r+s)x}{1-(r+s)x+rsx^2}\\&=\cdots\end{aligned}$$

嗯，只要我们顺利计算出 r 和 s 的值，分母 $1-(r+s)x+rsx^2$ 就有可能变成 $1-x-x^2$ 的形式。但是，分子 $2-(r+s)x$ 却很难变形为 x 的形式，因为常数 2 无法被抵消。

当我在嘀咕时，米尔嘉在一旁提示说："如果用这种方法，就能顺利进行下去哦。"

4.2.5 解决

如果用这种方法，就能顺利进行下去哦。

我们在分子里放入参数。也就是说，假设有 4 个未知常数 R，S，r，s，接着思考以下式子就好了。

$$\frac{R}{1-rx}+\frac{S}{1-sx}$$

计算此式。

$$\begin{aligned}\frac{R}{1-rx}+\frac{S}{1-sx}&=\frac{R(1-sx)}{(1-rx)(1-sx)}+\frac{S(1-rx)}{(1-rx)(1-sx)}\\&=\frac{(R+S)-(rS+sR)x}{1-(r+s)x+rsx^2}\end{aligned}$$

如果要使以下式子成立，只要确定常数 R, S, r, s 分别为多少就可以了。

$$\frac{(R+S)-(rS+sR)x}{1-(r+s)x+rsx^2}=\frac{x}{1-x-x^2}$$

比较等式左右两边后，只要解出以下联立方程组就可以了。

$$\begin{cases} R+S = 0 \\ rS+sR = -1 \\ r+s = 1 \\ rs = -1 \end{cases}$$

4 个未知数配有 4 个独立的等式。我们试着解一下这个联立方程组。首先，将 R 和 S 分别转化成只含有 r 和 s 的关系式。

$$R = \frac{1}{r-s}, \qquad S = -\frac{1}{r-s}$$

这样一来，就找到了用无穷级数来表示 $F(x)$ 的头绪。我们先暂且不求出 r 和 s 具体为多少，继续推导下去。

$$\begin{aligned} F(x) &= \frac{x}{1-x-x^2} \\ &= \frac{x}{(1-rx)(1-sx)} \\ &= \frac{R}{1-rx} + \frac{S}{1-sx} \end{aligned}$$

这里将$R = \frac{1}{r-s}$，$S = -\frac{1}{r-s}$代入。

$$\begin{aligned} &= \frac{1}{r-s} \cdot \frac{1}{1-rx} - \frac{1}{r-s} \cdot \frac{1}{1-sx} \\ &= \frac{1}{r-s}\left(\frac{1}{1-rx} - \frac{1}{1-sx}\right) \end{aligned}$$

再将 $\frac{1}{1-rx}$ 用 $1 + rx + r^2x^2 + r^3x^3 + \cdots$ 代入，将 $\frac{1}{1-sx}$ 用 $1 + sx + s^2x^2 + s^3x^3 + \cdots$ 代入。

$$
\begin{aligned}
&= \frac{1}{r-s}\left(\left(1+rx+r^2x^2+r^3x^3+\cdots\right)\right.\\
&\qquad \left.-\left(1+sx+s^2x^2+s^3x^3+\cdots\right)\right)\\
&= \frac{1}{r-s}\left((r-s)x+(r^2-s^2)x^2+(r^3-s^3)x^3+\cdots\right)\\
&= \frac{r-s}{r-s}x+\frac{r^2-s^2}{r-s}x^2+\frac{r^3-s^3}{r-s}x^3+\cdots
\end{aligned}
$$

然后整理一下。

$$
F(x) = \underbrace{0}_{F_0} + \underbrace{\frac{r-s}{r-s}}_{F_1}x + \underbrace{\frac{r^2-s^2}{r-s}}_{F_2}x^2 + \underbrace{\frac{r^3-s^3}{r-s}}_{F_3}x^3 + \cdots
$$

于是，我们就求得了用 r 和 s 所表示的斐波那契数列的通项公式。

$$
F_n = \frac{r^n - s^n}{r-s}
$$

接下来只剩计算 r 和 s 的值这一步了。关于 r 和 s 的联立方程组为

$$
\begin{cases}
r+s=1\\
rs=-1
\end{cases}
$$

用通常解联立方程组的方法当然也可以，不过既然 r、s 的和为 1，积为 -1，那么就可以说它们是方程 $x^2-(r+s)x+rs=0$ 的解。也就是说，解这道题的关键就是要知道“一元二次方程的解与系数的关系”。为什么这么说呢？因为我们可以将这个一元二次方程分解为以下形式。

$$
x^2-(r+s)x+rs=(x-r)(x-s)
$$

换句话说，根据 $r+s=1$，$rs=-1$ 这个条件，我们可以得出二次方程的解就是 r 和 s。

$$
\begin{aligned}
x^2-(r+s)x+rs &= x^2-x-1 \\
&= 0
\end{aligned}
$$

运用一元二次方程的求根公式可以得到 x 的值。

$$x=\frac{1\pm\sqrt{5}}{2}$$

假设 r 大于 s，可得

$$\begin{cases} r=\frac{1+\sqrt{5}}{2} \\ s=\frac{1-\sqrt{5}}{2} \end{cases}$$

因为 $r-s=\sqrt{5}$，所以

$$\frac{r^n-s^n}{r-s}=\frac{1}{\sqrt{5}}\left(\left(\frac{1+\sqrt{5}}{2}\right)^n-\left(\frac{1-\sqrt{5}}{2}\right)^n\right)$$

因此，我们就能求出斐波那契数列的通项公式了，如下所示。

$$F_n=\frac{1}{\sqrt{5}}\left(\left(\frac{1+\sqrt{5}}{2}\right)^n-\left(\frac{1-\sqrt{5}}{2}\right)^n\right)$$

好了，这样问题就告一段落了。

解答 4-1 （斐波那契数列的通项公式）

$$F_n=\frac{1}{\sqrt{5}}\left(\left(\frac{1+\sqrt{5}}{2}\right)^n-\left(\frac{1-\sqrt{5}}{2}\right)^n\right)$$

4.3 回顾

我不能接受。这个式子到底对不对呢？因为斐波那契数列可全都是整数哦，而通项公式里出现的$\sqrt{5}$真是令人匪夷所思。

米尔嘉却是一副很满足的样子，她喝着已经变冷的咖啡，听到我的疑问后说："那你试着算算看喽？"

那么我就假设 $n=0,1,2,3,4$，并分别将它们代入通项公式。

$$
\begin{aligned}
F_0 &= \frac{1}{\sqrt{5}}\left(\left(\frac{1+\sqrt{5}}{2}\right)^0 - \left(\frac{1-\sqrt{5}}{2}\right)^0\right) = \frac{0}{\sqrt{5}} = 0 \\
F_1 &= \frac{1}{\sqrt{5}}\left(\left(\frac{1+\sqrt{5}}{2}\right)^1 - \left(\frac{1-\sqrt{5}}{2}\right)^1\right) = \frac{\sqrt{5}}{\sqrt{5}} = 1 \\
F_2 &= \frac{1}{\sqrt{5}}\left(\left(\frac{1+\sqrt{5}}{2}\right)^2 - \left(\frac{1-\sqrt{5}}{2}\right)^2\right) = \frac{4\sqrt{5}}{4\sqrt{5}} = 1 \\
F_3 &= \frac{1}{\sqrt{5}}\left(\left(\frac{1+\sqrt{5}}{2}\right)^3 - \left(\frac{1-\sqrt{5}}{2}\right)^3\right) = \frac{16\sqrt{5}}{8\sqrt{5}} = 2 \\
F_4 &= \frac{1}{\sqrt{5}}\left(\left(\frac{1+\sqrt{5}}{2}\right)^4 - \left(\frac{1-\sqrt{5}}{2}\right)^4\right) = \frac{48\sqrt{5}}{16\sqrt{5}} = 3
\end{aligned}
$$

最后得出的答案是 $0,1,1,2,3$，确实都是斐波那契数列中的数字。啊，原来如此，当代入具体数字时，分子分母都有$\sqrt{5}$，所以可以互相抵消。

哇，实在是太厉害了！我也喝起了咖啡，一边喝一边开始回想今天所做的事情：我们一开始的目标是要求斐波那契数列的通项公式。为此，我进行了以下三步。

（1）思考将 x^n 的项的系数用斐波那契数列的通项 F_n 来表示的生成函数 $F(x)$。

（2）求生成函数 $F(x)$ 的有限项代数式（这里是关于 x 的有限项代数式）。

这时，可以运用斐波那契数列的递推公式来求解。

（3）用无穷级数的形式来表达函数 $F(x)$ 的有限项代数式。这时 x^n 项的系数就是斐波那契数列的通项公式。

综上所述，从将函数的系数用通项 F_n 来表示，到求出生成函数，这就是“抓住了求解数列的关键”。原来如此……但是，真是“路漫漫其修远兮”啊……

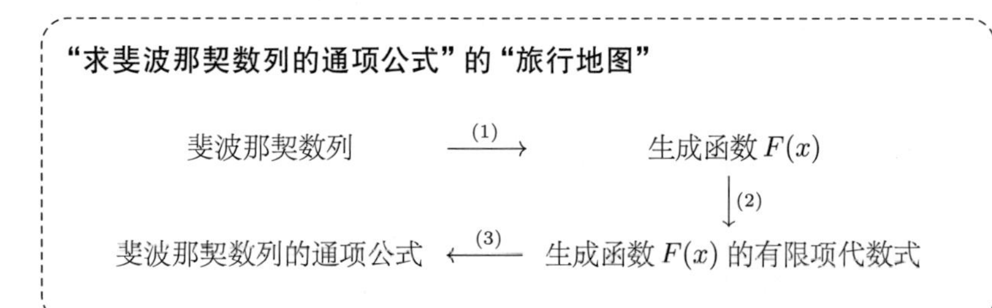

米尔嘉又说：“生成函数是求解数列最有效的方法。为什么这么说呢？因为当我们在生成函数王国漫步的时候，我们所知道的关于函数的解析技巧对求解很有帮助。做函数题时总结出来的方法在数列问题上也有了用武之地。”

我听了米尔嘉的话后又开始担心起别的事情。在计算无穷级数的时候，我们改变了求和的顺序，应该没什么问题吧？到底会不会有关系呢？

“如果在条件里不说清楚的话就不行，但这次没关系。先不告诉别人我们是用生成函数的方法求得通项公式的，然后我们用数学归纳法来证明一下所得到的通项公式就可以了。”米尔嘉像完成件大事一样，轻松地说。

……一直以来我都在做公式的展开，
这是为了运用生成函数这一重要的解题方法
来展现发现等式关系的方法。
——高德纳，《计算机程序设计艺术》[22]

第5章
基本不等式

任何有创意的喜悦，
都会在自己所做事情的边界线上释放出来。
——侯世达，*Metamagical Themas*[5]

5.1 在“神乐”

这是第二天的事情了。

放学后，我匆匆走在校园内的林荫道上。我一边快步走着，一边从衣服口袋里掏出便条纸，又读了一遍。便条纸上只写着一行字。

今天放学后，我在“神乐”等您。

泰朵拉

我穿过林荫道，来到了教学辅楼的休息室——“神乐”。这时，泰朵拉已经等在门口了。

泰朵拉一看到我，就马上低下了头。

“昨天真是太不好意思了。那个……”她低头道歉。

我连忙说："哪里哪里，应该是我向你道歉。我们进去再说吧，这里太冷了。"

"神乐"真是个舒适的地方。这里有小卖部，到处都有椅子和桌子，可以随意闲谈。那天人比较少。楼上是文艺爱好者的聚会室，可以听到有人在练习吹长笛。

我在自动售货机那里买了杯咖啡，随便挑了个座位坐下，泰朵拉随之坐到了我对面。

泰朵拉是高中一年级的学生，和我是同一所初中毕业的，是我的学妹。虽说如此，我在初中的时候并不认识她。

"我……昨天实在是太吃惊了，当时什么话都说不出来，只能就那样一声不吭地回去了。真是不好意思啊。"泰朵拉深深地低头向我致歉。

"哪里哪里，我才不好意思呢。嗯……真是太对不起了。"我说。

泰朵拉紧张地看着我。她有着圆圆的大眼睛，身材娇小，像一只啃核桃的小松鼠，再配上条毛茸茸的大尾巴就更像了。我不禁微笑起来。

"请问……学长，学……学长和那位女孩在谈……谈恋……恋爱吗？"她结结巴巴地说。

"谈……谈恋爱？"我疑惑不解。

"不是。请问学长和那位女孩……在谈恋爱吗？"她又问了遍。

"啊……米尔嘉是吗？没有啊，我没有和她谈恋爱，不是那种男女朋友关系。"我说。

米尔嘉。

我脑海中顿时浮现出米尔嘉的身影，心中想确认些什么。嗯，我和米尔嘉确实没在交往。

“但是，我却脸皮很厚地坐在学长的旁边，真是……真是没想到……”泰朵拉一边看我的脸色一边小心翼翼地说，“所以，那个……如果这件事不会给您造成麻烦的话……以后我还想麻烦您教我数学，不知道可不可以……”

“嗯，没问题啊。如果你有什么想问的问题，随时欢迎你哦，就和现在一样。哦，对了，你找我就是为了这事啊？”我问。

我将纸条拿给她看，她点了点头。

“让您特地跑出来一趟，真是不好意思。如果去图书室的话就好了，但我怕再发生和昨天类似的事情……”她说。

如果像昨天那样，她再被米尔嘉踢一脚的话，事情确实要变得不堪设想了。

“但是，那个……如果我再让学长您教我的话，那个女孩会不会再来踢我的椅子呀？”她问我。

我对泰朵拉那太过尊敬的语气只能苦笑。

“米尔嘉呢，到底会怎么做呢……嗯，可能真的会再来踢一脚哦，不知道该说她什么好。——嗯，这样吧，由我来跟米尔嘉好好说说。”泰朵拉听了我的话，终于又绽开了笑容。

5.2 满是疑问

“以前我就有疑问，但是一直都没有机会问别人……昨天，学长给我讲解了 $(a+b)(a-b)=a^2-b^2$ 这个公式。但我看了下参考书，也有书上写的是 $(x+y)(x-y)=x^2-y^2$ 这个公式。”泰朵拉说。

“嗯，是啊。这两个公式其实是相同的，你有疑问吗？”我问道。

她说：“是啊。不过到底是用 a 和 b 好呢，还是用 x 和 y 好呢？”

“原来如此。”我说。

“但是，每当看到数学中的公式时，我都会想‘为什么公式会这样写呢？’然后就无法深入下去了。我想向老师讨教，但又不知道该从何问起……于是，我便渐渐开始厌恶数学。”她说道。

“渐渐开始厌恶？”我问。

“我做什么事情都要比别人多花一倍的时间，因此，就会有接连不断的问题出现。我又难于开口问别人，于是便感到厌烦。”她解释道。

“原来如此。”我说。

“我想，像我这样的人不适合学数学吧。即便是问了班里数学很好的同学，他们也不能理解我到底不懂在哪里，他们总是对我说‘这种问题不用这么钻牛角尖吧’。这时我会想‘原来这样啊，在这种问题上太钻牛角尖是不对的啊’。但是在其他时候又会被别人说‘在这种问题上就是要钻牛角尖的’之类的话。到底什么情况下要钻牛角尖呢？对于这点，我一直不太明白。”她说。

“我倒不这么想。经常有各种疑问，这不正是适合学习数学的一种表现吗？”我说。

泰朵拉继续说道：“但如果是英语的话，有不懂的单词只要查查字典就可以了；不容易理解的惯用语只要背下来就可以了；语法虽然有点复杂，但也只要结合例句记住就可以了。随着学习的深入，肯定会一点一点理解的。”

我想说“你这么想是不是太单纯了呢”，但我还是忍住没有说，微微点了点头表示赞同她的看法。

“但是，数学就不同了。碰到自己懂的地方，就觉得自己理解得很彻底。但是一碰到自己不懂的地方，就一点儿都不明白。也就是说，要么非常明白要么一点也不明白，只有这两个极端，而没有模棱两可的时候。”她又说。

“嗯，算是这样吧。但有时也会发生中间过程正确，而最后计算错误的时候。”我说。

“学长，我想说的和你说的有点不同吧。——啊，对不起，到现在为止我一直在跟学长您抱怨。不是抱怨，不是抱怨，我不是想来这里抱怨的……我想说的是，我现在是想多学点知识！我想认认真真学习！”泰朵拉一边说着一边攥紧了拳头。

“我……我能进入这所高中真是非常高兴。如果可能的话，我将来想从事与计算机有关的工作。但是，我想无论是朝哪个方向发展，数学都是必不可少的。所以，我想努力学习。”泰朵拉说着用力地点了点头。

“学长，我想问问平时您是怎么学习的呀？”她问。

“我有时做题，但有时候也会不知不觉地搞一些公式变形。比如说……啊，对了。今天我们一起来做做看吧。”我提议。

“好，好啊！”她说。

5.3　不等式

泰朵拉一边说着“不好意思”，一边将椅子移到我身边，看我在练习本上写东西。这时，我闻到一股甜甜的香味。这是和米尔嘉不同的香味。——这不是理所当然的吗？我心想。

“那现在就开始喽。对了，我们先假设 r 为实数。这时，我们将 r 平方后得到 r^2。你能说出关于 r^2 的一些特征吗？你想想看。”我说。

听了我的问话后，泰朵拉想了几秒钟说：“r^2 是 r 平方后所得的，肯定比 0 大吧？——是这样吧？”

“嗯，是这样。但是，不应该说‘r^2 大于 0’，而应该说‘r^2 大于等于 0’。‘大于 0’或‘比 0 大’这种说法不包括 0。”

“哦，对哦。如果 r 为 0 的话，r^2 也变成 0 了。对，应该说‘大于等于 0’。”泰朵拉赞同地点了点头。

“也就是说，无论 r 为何值，以下不等式都能成立。是这样吧？”她问我。

$$r^2 \geqslant 0$$

“嗯？哦，是啊。如果 r 是实数的话，那么 r^2 大于等于 0。实数 r 有三种情况：正数、零、负数。无论 r 是其中哪一种，将 r 平方后，所得的数字都大于等于 0。所以 $r^2 \geqslant 0$ 这个不等式成立。这是当我们被告知‘r 为实数’这一条件时所应该注意的一个重要性质。当不等式中取等号时，r 为 0。”

“嗯……可这看起来是理所当然的呀。”她说。

“对，这是理所当然的哦。”

“啊，好的。”她说。

“实数 r 无论取何值，不等式 $r^2 \geqslant 0$ 都成立。在一个不等式中，如果不论用任何实数代入该不等式，它都是成立的，那么这样的不等式叫作**绝对不等式**。”我说。

“绝对不等式……”她重复着我的话。

“从‘无论代入哪个数字都成立’这点来看，绝对不等式和恒等式非常相似。唯一的区别就是绝对不等式是不等式，而恒等式是等式。”

“原来如此。”她说。

“那么，我们再由此继续深入下去。假设 a 和 b 为实数，这时 $(a-b)^2 \geqslant 0$ 也成立。能懂吗？”我问。

“让我想想……噢，对。$a-b$ 是实数，因为它是实数，所以平方后的数大于等于 0。——啊，您能等一下吗？刚才写不等式 $r^2 \geqslant 0$ 时用了字母 r 吧。为什么这道题中用字母 a 和 b 呢？我总会在这种问题上陷入冥思苦想。每当这时，老师就往下讲了。”她说。

“嗯，好啊。刚才我写的 r 是实数 real number 的首字母。但无所谓，用 x 也可以，用 w 也可以。一般常数多会用字母 a，b，c 表示，参数多用字母 x，y，z 表示。总之用什么字母都可以。虽说如此，如果把 n 设为实数的话，还是很令人吃惊的。因为 n 一般都用来表示整数和自然数。——嗯，这样解释能理解吗？”我问。

“嗯，能。不好意思，我再插一句，我一直对字母的使用一知半解……但是，对于 $(a-b)^2 \geqslant 0$ 这个不等式我是理解了。”

泰朵拉微微一笑，目光闪烁，仿佛在期盼着我继续讲下去。她真是个表情丰富的女孩。哦，她还是个喜欢打破砂锅问到底的女孩。

“那么接下来再说哪方面的内容呢？”我试探着问她，泰朵拉的眼球滴溜溜地转着。

“您说的哪方面是指什么方面呢？”她问。

“什么方面都可以啊。既然已经搞懂了 $(a-b)^2 \geqslant 0$ 这个不等式，那接下来应该考虑数学公式。关于数学公式，你先说说看，什么都可以。或者你自己写下来？”我说着，把自动铅笔递给她。

“好。那么，我先将它展开看看。”她说。

$$\begin{aligned}(a-b)^2 &= (a-b)(a-b)\\ &= (a-b)a-(a-b)b\\ &= aa-ba-ab+bb\\ &= a^2-2ab+b^2\end{aligned}$$

“这样可以了吗？”她问道。

“嗯，不错。那么你想想看，通过这两个式子你能发现什么？”我问。

$$(a-b)^2 \geqslant 0, \qquad (a-b)^2 = a^2-2ab+b^2$$

“嗯……”她回答不出。

“不是什么特别重大的发现也可以啊。比如说，关于实数 a 和 b，我们可以这么说。

$$a^2 - 2ab + b^2 \geqslant 0$$

因为 $(a-b)^2$ 大于等于0，所以展开后也应该大于等于0，对吧，泰朵拉。”

泰朵拉本来在看公式，听了我的话她突然抬起头，眨了眨眼，笑了，一副很开心的样子。

“嗯，是啊。但是，接下来该怎么办呢？”她问。

“嗯，接下来就要试着进行公式变形了。比如说，将 $-2ab$ 这项移项到右边看看。移项后 $-2ab$ 的符号改变，变成 $2ab$。”我说。

$$a^2 + b^2 \geqslant 2ab$$

“嗯，我明白了。”她说。

“然后再两边同时除以2，就变成这样的形式。”

$$\frac{a^2+b^2}{2} \geqslant ab$$

“嗯。”她表示理解。

“那从这个式子中又能看出什么呢？”我问。

“能看出什么呀？”她不太明白。

“你仔细看左边，$\frac{a^2+b^2}{2}$ 可以看作是 a^2 与 b^2 的平均值，对吧？”

“啊！原来如此。因为这是 a^2 和 b^2 相加后除以2所得的数。”她恍然大悟。

“嗯，这个式子的左边含有 a^2 和 b^2，于是我想试着将右边也写成含有 a^2 和 b^2 的形式看看。”我说。

“啊？为什么这样啊？”她感到不可思议。

“没有，不是说这种情况下就应该这么做，我只是碰巧想到而已。”我说。

“原来这样啊。”她说。

“接下来的一步可能会有一点跳跃，你可得仔细看喽。为了将右边的 ab 也变成含有 a^2 和 b^2 的形式，我们进行如下变形。你看下面这个等式能够恒成立吗？”我问道。

$$ab = \sqrt{a^2b^2} \qquad (?)$$

“让我想想。先将 ab 平方后再开方对吧。先平方后开方……又变回原来的数字了。嗯，我想这个式子是恒成立的吧。”她回答说。

“不对哦。先平方再开方，能够变回原来的数字的只有大于等于 0 的数字。ab 也有可能是负数，如果不加上一个条件，以上式子就不成立了。”我说。

“啊，我中计了。还要加上个条件呀。”她叫道。

“是啊，比如说，假设 $a=2$，$b=-2$，你一想就会明白。左边 $ab = 2\cdot(-2) = -4$，而右边 $\sqrt{a^2b^2} = \sqrt{2^2\cdot(-2)^2} = \sqrt{16} = 4$，左右不相等，对吧？”

“哦，确实是这样……”泰朵拉一行一行地确认了我写的算式后，点了点头。

“那么，接下来我们加上一个条件吧，假设 ab 大于等于 0。”我说。

$$ab = \sqrt{a^2b^2} \qquad \text{当 } ab \geqslant 0 \text{ 时}$$

“然后，我们刚才所说的不等式 $\frac{a^2+b^2}{2} \geqslant ab$ 可以改写成这样的形式。”

$$\frac{a^2+b^2}{2} \geqslant \sqrt{a^2b^2} \qquad \text{当 } ab \geqslant 0 \text{ 时}$$

“嗯。”泰朵拉虽然应了声，但是她表情严肃，陷入了沉思。

“不，学长，我总觉得有点奇怪。这个 $ab \geqslant 0$ 的条件为什么是必不可少的呢？我不能接受。$ab < 0$ 的时候，难道不等式就不成立了吗？那好，我现在就来举例证明。如果 a 为 2，b 为 -2 的话，左边和右边分别变成

以下形式。”

$$
\begin{aligned}
\text{左边} &= \frac{a^2+b^2}{2} \\
&= \frac{2^2+(-2)^2}{2} \\
&= 4 \\
\text{右边} &= \sqrt{a^2b^2} \\
&= \sqrt{2^2\cdot(-2)^2} \\
&= \sqrt{16} \\
&= 4
\end{aligned}
$$

“所以左边 $\geqslant$ 右边这个不等式可是成立的哦，学长。”泰朵拉得意地说。

“泰朵拉，你观察得很仔细啊。确实，即使不加 $ab \geqslant 0$ 这个条件也可以。那该怎么办呢？”我问。

泰朵拉又想了想，最终还是摇摇头说：“我也不知道。”

“如果不想加上 $ab \geqslant 0$ 这个条件的话，只要证明在 $ab < 0$ 时不等式也能成立就可以了。”

“当 $ab < 0$ 时，a 和 b 两个数中必定一个为正，一个为负。假设 $a > 0$，$b < 0$，c 是 b 的相反数，$c = -b$。因为 b 小于 0，所以 c 大于 0。因为无论实数取何值，不等式 $\frac{a^2+b^2}{2} \geqslant ab$ 都成立。所以，以下式子也就成立。”

$$\frac{a^2+c^2}{2} \geqslant ac$$

“我们来分别讨论一下这个式子的左边和右边。”

$$\begin{aligned}
\text{左边} &= \frac{a^2+c^2}{2} \\
&= \frac{a^2+(-b)^2}{2} && \text{因为 } c=-b \\
&= \frac{a^2+b^2}{2} \\
\text{右边} &= ac \\
&= \sqrt{a^2c^2} && \text{因为 } ac>0 \\
&= \sqrt{a^2(-b)^2} && \text{因为 } c=-b \\
&= \sqrt{a^2b^2}
\end{aligned}$$

“因此，以下不等式成立。”

$$\frac{a^2+b^2}{2} \geqslant \sqrt{a^2b^2} \qquad \text{当 } a>0 \text{ 且 } b<0 \text{ 时}$$

“到此为止，我们讨论的是‘a 为正数，b 为负数’的情况，同样地，‘a 为负数，b 为正数’的情况也能用此方法推导。所以，对于任意实数 a 和 b，以下不等式成立。”

$$\frac{a^2+b^2}{2} \geqslant \sqrt{a^2b^2} \qquad \text{当 } a \text{ 和 } b \text{ 为任意实数时}$$

泰朵拉一直盯着写在练习本上的数学公式，思考了许久后，终于抬起头说：“嗯，我懂了，能够接受这个答案了。——啊，对了，我还要问一个问题，‘任意’到底是什么意思呀？”

“‘**任意**’一词是指‘不管怎样的’‘无论……都……’的意思。它在英语中就和 any 这个词的意思一样。有时候也会用‘就所有的……而言’这一说法，在英语中称为‘for all…’。”我答道。

“啊，我明白了。‘任意实数’的意思就是‘无论是什么实数都……’吧？”她问。

我又继续说："好了，这下我们就可以将不等式左右两边用 a^2 和 b^2 来表示了。我们把 a^2 称为 x，把 b^2 称为 y。"

$$x = a^2, \quad y = b^2$$

"x 和 y 这两个数是平方后所得的数，所以它们都一定大于等于 0。也就是说 $x \geqslant 0$，$y \geqslant 0$。如此一来，刚才的不等式就可以这样表示，简单了很多。你觉不觉得这个式子有点眼熟呢？"我问。

$$\frac{x+y}{2} \geqslant \sqrt{xy} \qquad \text{当}\, x \geqslant 0 \,\text{且}\, y \geqslant 0 \,\text{时}$$

"这个我知道，叫什么**基本不等式**吧。"她说。

"嗯，没错。不等式的左边是'两个数相加后再除以 2'，也就叫作算术平均数。不等式的右边是'两个数相乘后再开平方'，也就叫作几何平均数。基本不等式就是指算术平均数不小于几何平均数这样一种关系。"

"嗯，这是从 $r^2 \geqslant 0$ 这个条件推导出的公式吧。"泰朵拉感慨万千地说。

"如果你把它称为'公式'，就很容易认为只要将它死记硬背就可以了，你还会认为自己不能对其进行变形。但是，如果经常进行一些公式变形的练习的话，你对于数学公式那种崇拜瞻仰之情就会逐渐减淡，就会觉得这玩意儿简直是小菜一碟。

"啊，原来这样啊……数学公式是可以自己创造的呀。"她说。

"与其说是自己创造的，倒不如说是自己将公式推导出来的。今后你注意观察一下，公式推导可以以例题形式出现，也可以以练习题的形式出现。"我说。

"这样啊……今后我一定注意观察。我每次见到数学公式，就总想着必须尽快把它背下来。"

"如果一开始就想把数学公式按照死记硬背的方式记的话，反而无法真正掌握。最关键的是在自己动手推导的基础上加以理解。在还没有理解的情况下就要背下来，一般不太可能。”我说。

“这样啊……”她将信将疑。

“对了，顺便问问你，基本不等式中，不等式在什么情况下取等号你知道吗？也就是说，要使

$$\frac{x+y}{2}=\sqrt{xy}$$

这个等式成立，x 和 y 的关系是什么呢？”我问道。

“啊…… 是不是‘x 和 y 同时为 0’啊？”她答道。

“不对。——也不是说你完全不对，是没有答全。”我说。

“啊？难道不对吗？x 和 y 同时为 0 的时候，左右两边都为 0，等式成立的呀。”她辩解道。

“你的说法是没有错。但是你说 x 和 y 一定要同时为 0，我看没这个必要吧。$x=y$ 就可以了啊。”

“嗯？这样啊？如果我把 $x=3$ 且 $y=3$ 代入，左边 $\frac{x+y}{2}=\frac{3+3}{2}=3$，右边 $\sqrt{xy}=\sqrt{3\times 3}=3$。啊！还真是左右相等啊。”

“嗯，像这样代入具体数值进行验证的方法是非常重要的。举例是理解的试金石。”我夸她道。

“那好，我再用其他数字代入验证一下。当 $x=-2$ 且 $y=-2$ 的时候会如何呢？左边 $\frac{x+y}{2}=\frac{(-2)+(-2)}{2}=-2$，右边 $\sqrt{xy}=\sqrt{(-2)\times(-2)}=2$。咦，怎么左右两边不相同？”

“喂，泰朵拉，你忘记 $x\geqslant 0$ 且 $y\geqslant 0$ 这个条件啦。”

“啊呀！对哦对哦，我真是稀里糊涂，把这个条件给忘了。我东想西想，最后却把条件忘记了。”泰朵拉挠着头，吐了吐舌头。

“泰朵拉，这次公式的变形是从

$$(a-b)^2\geqslant 0$$

这个不等式开始的，我们回想一下就会发现，这个不等式取等号时，就是$a=b$的时候（也就是$x=y$的时候），这样一来你就会觉得很好理解。”

基本不等式

$$\frac{x+y}{2} \geqslant \sqrt{xy}$$

$x \geqslant 0$ 且 $y \geqslant 0$。当 $x=y$ 时取等号。

5.4　再进一步看看

“刚才我们一直在玩一些公式变形的游戏，所以有些啰里啰嗦。如果我们只是要证明基本不等式，其实只要把$\left(\sqrt{x}-\sqrt{y}\right)^2 \geqslant 0$这个不等式的左边部分进行展开就可以了，假设 $x \geqslant 0$ 且 $y \geqslant 0$。”

$$\begin{aligned}
\left(\sqrt{x}-\sqrt{y}\right)^2 &= \left(\sqrt{x}\right)^2 - 2\sqrt{x}\sqrt{y} + \left(\sqrt{y}\right)^2 \\
&= x - 2\sqrt{x}\sqrt{y} + y \\
&= x - 2\sqrt{xy} + y && \text{因为 } x \geqslant 0 \text{ 且 } y \geqslant 0 \\
&\geqslant 0 && \text{因为 } \left(\sqrt{x}-\sqrt{y}\right)^2 \geqslant 0
\end{aligned}$$

“也就是说，式子变形为下面这样。”

$$x - 2\sqrt{xy} + y \geqslant 0$$

“然后只要把 $2\sqrt{xy}$ 移项，再两边同时除以 2，就可以得到以下式子。”

$$\frac{x+y}{2} \geqslant \sqrt{xy} \qquad \text{当 } x \geqslant 0 \text{ 且 } y \geqslant 0 \text{ 时}$$

“咦？这次 $x \geqslant 0$ 且 $y \geqslant 0$ 这个条件是从哪里推导出来的呢？”她问道。

我答道：“我们现在考虑的是实数范围。根号里的数字 x 和 y 都必须大于等于 0。”

“那如果根号中的数字小于 0 会怎么样呢？”她问。

“如果根号中的数字小于 0 的话，答案就变成虚数了。”我答道。

“原来如此……”她明白了。

“好了，我们再把基本不等式进行一下变形看看如何。和就用 $x+y$ 来表示，乘积形式不省略乘号，就用 $x \times y$ 来表示。除以 2 就用分数形式 $\frac{1}{2}$ 来表示，平方根用 $\frac{1}{2}$ 次方来表示。这样一来，刚才的公式就变形为以下的式子。这也能表示基本不等式。用这种方法可以明显地表示出左右两边的相似性，让人一目了然。”我说。

$$(x+y) \cdot \frac{1}{2} \geqslant (x \times y)^{\frac{1}{2}} \qquad (x \geqslant 0, y \geqslant 0)$$

泰朵拉突然举起手，说：“学长，我又有一个问题。**平方根**就是根号的意思吧，那么 $\frac{1}{2}$ 次方又是什么呢？”

我答道：“求一个数的平方根就是求这个数的 $\frac{1}{2}$ 次方。也许你对 $\frac{1}{2}$ 次方这种说法感到非常吃惊，但定义就是这么规定的。不过如果你能从指数的角度来考虑的话，就很容易理解了。”

“$\frac{1}{2}$ 次方是很标准的说法吗？”她吃惊不已。

“我来解释一下 x 的平方根就是 x 的 $\frac{1}{2}$ 次方吧。比如说，假设 $x \geqslant 0$，首先你想想看 $(x^3)^2$ 是多少？”我问道。

“$(x^3)^2$ 吗？也就是 $(x \cdot x \cdot x)^2$，从整体来看就是 x 的 6 次方吧，所以我认为 $(x^3)^2 = x^6$。”她答道。

“对啊。所以下面这个一般式就能成立。求一个数的幂次方的幂次方就是将其指数相乘。”我说。

$$(x^a)^b = x^{ab}$$

“嗯，我明白了。”她说。

“那么根据上述理论，你再来看看下面这个式子。这里的 a 应该为多少呢？”

$$(x^a)^2 = x^1$$

“幂次方的幂次方就是指数相乘，所以 a 的 2 倍就是 1 吧，那么 a 就是 $\frac{1}{2}$。”她答道。

“嗯，这是很自然的想法。那么，你再仔细看看 $(x^a)^2 = x^1$ 这个式子。x^1 就是 x，这整个式子就被描述为‘x^a 的平方是 x’。那么 x^a 又表示什么呢？”

“x^a 平方后变成了 x，是大于等于 0 的数吧。啊！这不就是 $\sqrt{x}$ 嘛！哇——实在是太厉害了！”她惊叫道。

“嗯，很厉害吧。你这下能理解 $\frac{1}{2}$ 次方就是平方根这种说法了吧？”

平方根就是 $\frac{1}{2}$ 次方

$$x^{\frac{1}{2}} = \sqrt{x} \qquad (x \geqslant 0)$$

“我现在确实觉得这个说法很自然了。”她说。

“啊，对了，基本不等式是不是还可以写成一般化的形式呢？如果试着证明这个一般形式可能会很有趣哦。”我说。

$$(x_1 + x_2 + \cdots + x_n) \cdot \frac{1}{n} \geqslant (x_1 \times x_2 \times \cdots \times x_n)^{\frac{1}{n}} \qquad (x_k \geqslant 0)$$

“将这个式子用 $\sum$ 和 $\prod$ 来表示的话，就可以将不等式左边改写为和的形式，将右边改写为积的形式。基本不等式就是和与积之间的关系。”我说。

$$\left(\sum_{k=1}^{n} x_k\right) \cdot \frac{1}{n} \geqslant \left(\prod_{k=1}^{n} x_k\right)^{\frac{1}{n}} \qquad (x_k \geqslant 0)$$

“学长，学——长——。”泰朵拉叫我，“这个问题很有意思，但是，再这样坐下去，我人都快变成雕像了，我可以休息会儿吗？”

5.5 关于学习

休息片刻后，泰朵拉回到我对面的座位上，开始问我关于学习目的的问题：“学习数学时，让我感到厌烦的是不知道学数学的目的是什么。即使题目做出来了，也总觉得有点无聊。即使在家自学也觉得没有意思。因为我不知道我为什么要做数学题。现在做的公式变形和昨天学习的内容，还有明天要学的内容之间有什么关系呢？我只是想知道这个。我想了解整体的知识结构，但是老师却没有明确告诉我这些。”

我无语。

她又继续说：“我总觉得自己像在一个黑得伸手不见五指的地方，然后别人只给了我一个小小的手电筒。只要用手电筒照明，就能向前行进。但是，毕竟手电筒能照亮的范围很小，自己到底走在哪里，一点都不知道。往后看看是一片漆黑，朝前看看也是一片漆黑。唯一明亮的地方只是现在手电筒照亮的一小圈。如果真的很难，那也就没办法了，可就公式变形本身而言并不是很难。所以，我总是不明白数学到底是简单还是难。看单个问题觉得简单，可是从整体来看又觉得自己没掌握。”

“原来如此。”我能够理解泰朵拉的不安。原来她不知道“接下来会发生什么”。

“学长会很耐心地听我说，但我的同班同学却不会。虽然我也有擅长数学的朋友，但在那些朋友面前我却无法坦然地表达自己的想法，因为我说到一半时一定会被朋友嘲笑的。当朋友对我说‘你别说了，这个嘛，把它背下来’的时候，我真不想再和他们说话了。”她说。

我被泰朵拉的话深深地吸引了，便说：“我呢，是喜欢数学。我经常在图书室里盯着数学公式看。然后自己把数学课上出现的公式进行再创造。在自己能够信服的基础上一步一步地深入下去，确认一下自己是否能够将所学的知识完全用自己的话重新表示出来。”

泰朵拉静静地听着我所说的话。

“学校只给我们提供学习的素材，老师满脑子都是应试的事情。这些都没关系，但我一直希望能思考自己喜欢的东西，并不是我父母逼我将公式进行变形，我在进行那种公式变形时，我父母并没有兴趣。他们看到的只是我趴在桌子上学习的一个表象。所以，我是凭自己的兴趣在做题，父母从来不督促我的。”我说。

“那一定是因为学长您成绩优秀。我就不行了，我就一直被父母叮嘱要‘好好读书’。”

“我经常在图书室思考问题。打开笔记本，想出一些公式，思考为什么非这样定义不可，探索如果将定义改写后会发生什么。关键的地方一定要自己思考，说老师不好，说朋友不好是没有用的。泰朵拉，你刚才也说了吧，每次有公式出现，你都会想‘为什么式子是这样写的’。这并不是坏事。也许思考会花费不少时间，但是对自己的疑问不要轻易放弃或妥协，一直到最后完全弄明白才是学习的关键。我认为这才叫学习。不管是父母还是朋友，甚至是老师都无法回答你所提的问题，至少无法回答出全部问题，他们说不定还会发火生气。因为人就是这样，当他们被问到自己回答不出的问题时，就会发火生气，讨厌或嘲笑那个提出问题的人。”

“学长您真是厉害啊……昨天您在图书室教我的内容就很有意思，虽然只是简单的公式变形，但不知为什么让我兴奋不已。今天您所说的也非常值得我参考。嗯……那个……这种话题您和那个人也说吗？”她问道。

“那个人？”我不知道那个人指谁。

“——就是米尔嘉呀。”她说。

“啊，是她啊。嗯，我和她一般讲些什么呢？我和她讨论一些更具体的问题吧。我在图书室计算题目的时候，有时候米尔嘉会过来跟我说话。话题就是我当时在做的题目，但大部分时间都是米尔嘉在说。她是一个很聪明的女孩子，我比不上她。米尔嘉考虑问题的范围比我更广，很有深度，她知道很多东西。”我说。

“我还以为学长和那个人在那个……在谈恋爱呢。一直看到你们在一起。”泰朵拉说。

“那是因为我和她是同班同学的关系。”我说。

“可你们在图书室也一直……”泰朵拉把“在一起”三个字吞了下去。

“……”我无言以对。

“嗯……学长您在你们年级是第一吧？”泰朵拉问。

“不，我不是第一。数学上米尔嘉是第一，第二是都宫。就所有科目的总成绩来说，都宫是第一。”我说。

“为什么别人什么科目都好呢？”她问。

“别人都只是在做自己喜欢的事情呀。都宫体育也很好，这是特例，我和米尔嘉都不擅长运动。暂且不说米尔嘉，就拿我来说吧，我不擅长在大庭广众面前说话，但是，我喜欢数学。因为喜欢，所以一直做题，就是这么回事。泰朵拉，你也有自己喜欢做的事情吧？”我问。

“我喜欢……英语，很喜欢很喜欢。”她说。

“现在你的包里一定有英语书吧。而且，如果你去书店的话，一定会先到英语书架那吧。是这样吗？”我问道。

“嗯，是的，正如学长所言。——您真了解啊。”她说。

“因为我就是这样的，无论去哪家书店都这样。经常去的书店，我都记得那里什么地方放着数学书。我只要一看书架就知道哪些是新出版的图书。就这么回事，我也只是做着自己喜欢做的事情。在自己喜欢做的事情上花时间，花精力，谁都是这样的。想了解得更深，想一直思考下去，喜欢就是这种感觉吧。”我说。

就像内心的某个开关被触动了似的，我将自己所想的一股脑儿地说了出来。

“学校是个狭小的世界，有很多面向孩子的冒牌货。当然，出了学校也有很多冒牌货，但也有很多正牌货。”我说。

“那在学校里就没有正牌货了吗？”泰朵拉问。

“不是，我并不是这个意思。就拿老师来说吧，你知道村木老师吧。虽然别人叫他怪人，但他知识很渊博。我和都宫，可能还有米尔嘉，都这么认为。我们有时候会请村木老师给我们出些题，介绍些有趣的书。”

泰朵拉正歪着头思考着什么，我没去管她，继续讲了下去，被打开的话匣子怎么也关不上了。

“如果一直坚持追求自己所喜欢的东西，就会有辨别真伪的能力。有的同学喜欢大声回答问题，也有的同学喜欢装作很聪明的样子。这些同学一定很喜欢坚持自己的主张，他们认为尊严或者说面子是很重要的。但是，如果一个人有自己动脑思考的习惯，知道什么是真谛的话，就没必要这样子坚持自己的主张。即使是大声回答也不会解出通项公式，即使是装作很聪明的样子也不会解出方程式。不管别人怎么认为，不管别人怎么说，自己明白是怎么回事就可以了。追求自己所喜欢的东西，追求真理，我认为这两点非常重要。”说到这儿，我闭了口。因为我一边说即使坚持自己的主张也无济于事，一边却又大声地发表着自己的主张。这样的我真是个蠢蛋。好了，关上话匣子吧。

泰朵拉慢慢地点点头，好像在考虑着什么。不知不觉中长笛的声音停止了，开始变成颤音。更多的人来到了“神乐”，这里也渐渐热闹起来。

“学长，像您所说的那样，在学习自己喜欢的科目时，如果有个傻傻的学妹在旁边……请问，是不是打扰您了呀？”泰朵拉有气无力地说。

“啊？”我不明白。

“有个傻傻的学妹在你身旁无所事事，对于您而言是不是觉得很麻烦？”她又问了一遍。

“没有，我不觉得你在打扰我或是在麻烦我什么啊。我也只是把自己所想的说出来，然后让你听听而已。如果对手很强的话，这样的对话会很有意思。当然我也不是假装自己很孤独的样子。”我说。

“不知为什么，我很羡慕您。虽然我也想努力学习数学，但是和学长您完全不在一个档次上……”泰朵拉轻轻地咬着自己大拇指的指甲。

一阵沉默之后，泰朵拉突然抬起头。

“嗯，不是！不是这样的。别人怎么样我不管，我只要追求对于我而言真正的东西。学长，不知怎么的，我觉得自己来劲了。对了，我还想拜托您一件事。今后也……今后偶尔就可以了，偶尔再和我交流交流吧。拜托您了。”泰朵拉认真地说。

“嗯，没问题。”我说。

我应该不会有什么大问题。但不知怎么的，我总觉得今天泰朵拉说了好几次“拜托了”，我自己也说了好几次“没问题，可以啊”。我一定没什么问题，肯定。我看了看休息室的时钟。

“学长，您一会儿还去图书室吗？”她问道。

“嗯，是啊。”我说。

“那我也去图书室！嗯……还是算了吧。我今天还是回家吧。如果今后还有什么问题的话，我还能问您吗？在图书室或者是教室可以吗？”她问。

“嗯，当然可以。”我说。

你看，我又多说了一个“可以”。

这时，有三个女孩边说着“哟，是泰朵拉呀”，边从泰朵拉的身后走过去。

泰朵拉朝着她们的方向看了看，很大声地回了一句："哦，原来是你们啊。"

之后，泰朵拉马上双手捂住嘴，像发生了什么糟糕的事情似的，脸红到耳根。她好像因为在我面前露出了自己平时说话的腔调而感到害羞。

我觉得这样的泰朵拉真可爱。这是高二秋天的事。

第6章 在米尔嘉旁边

解析是研究连续函数的。

数论是研究离散函数的。

欧拉把这两者结合了起来。

——威廉·邓纳姆，*Euler: The Master of Us All*[14]

6.1 微分

我像往常一样在空无一人的图书室里玩弄着数学公式的变形。

这时，米尔嘉进来了，毫不犹豫地坐在了我身边，我又闻到她身上一股淡淡的橘子香。她看看我的笔记本问："你在做微分？"

"嗯，算是吧。"我答道。

米尔嘉托着腮帮子，什么话都不说，就一直盯着我看。我反而被盯得不好意思，紧张得觉得题目都变难了。

"怎么了？"米尔嘉问我。

我说："没什么……只是在想你在看什么呢？"

她回答说："我在看你计算啊。"

看归看，可我觉得不太自在……

米尔嘉肯定不是光看看就善罢甘休的。她和其他人不同。如果你写的式子被手遮住的话，她会突然把脸凑近你，看你笔记本上到底写了什么。

啊，对了。我想起了和泰朵拉的约定——“我会自己跟米尔嘉解释清楚的”。

“对了，米尔嘉，我想跟你说件事……”我开始说话。

“你等一下。”米尔嘉把我的话打断了。她抬起头闭上眼，嘴里嘀咕着什么，两片漂亮的嘴唇不停地上下动着。她好像开始思考一些有趣的事情。我不能打断她。

几秒钟后，她睁开眼睛，说“所谓微分也就是变化量吧”。她边说边在我笔记本上写了起来。

◎　◎　◎

所谓微分也就是变化量吧。

比如说，在直线上用 x 来表示现在的位置。然后在离开 x 一点距离的位置标上 $x+h$。h 不是很大，也就是说“就在旁边”。

接下来，我们来考虑一下关于 f 的函数。与 x 相对应的函数 f 的值为 $f(x)$。然后，与 $x+h$ 相对应的函数 f 的值为 $f(x+h)$。下面我们来关注一下函数 f 的变化。

为了让对比明显，我们把 0 这个原本不必写出来的数字也明确地表示出来吧。现在的位置就是 $x+0$，那么 f 的值就是 $f(x+0)$。当变成 $x+h$ 时，f 的值就变成了 $f(x+h)$。

从 $x+0$ 移动到 $x+h$ 时，我们可以像下面这样求得 x 的变化量。

$$\text{“变化后的位置”} - \text{“变化前的位置”}$$

也就是 $(x+h)-(x+0)$，得出答案为 h。用同样的方法，从 $x+0$ 移动到 $x+h$ 时我们也可以求得 f 的变化量。通过 $f(x+h)-f(x+0)$ 就可算出答案。

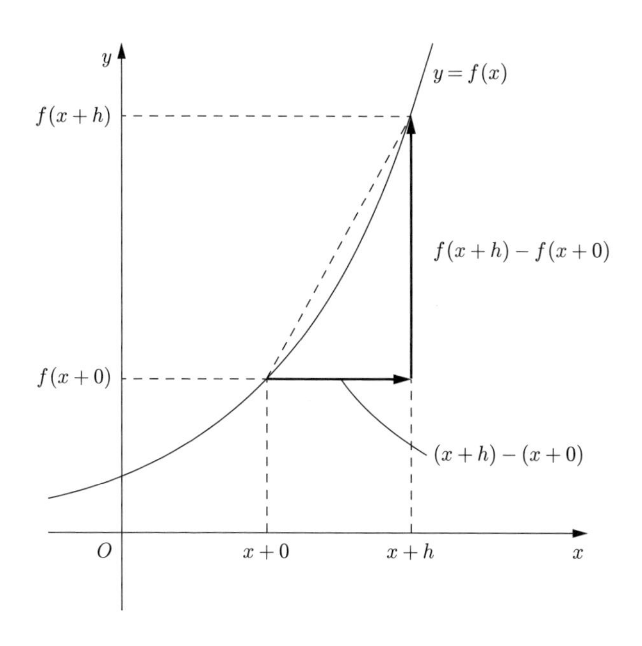

x 的变化量 $(x+h)-(x+0)$ 越大，f 的变化量可能也越大，所以我们来求一下两者之比看看。求得的比也就相当于上图中斜虚线的斜率。

$$\frac{f\text{的变化量}}{x\text{的变化量}} = \frac{f(x+h)-f(x+0)}{(x+h)-(x+0)}$$

因为我想知道关于位置 x 的变化量，所以我会尽量缩小 h。将 h 缩小再缩小，可以考虑 h 趋向于 0 时 $f(x)$ 的**极限**。

$$\lim_{h \to 0} \frac{f(x+h) - f(x+0)}{(x+h) - (x+0)}$$

也就是说，这是关于函数 f 的**微分**。从图上来看，这个微分就相当于下图中过点 $(x, f(x))$ 的**切线**的斜率。切线的斜率如果急速增大的话，$f(x)$ 的值也就急速增加。也就是说，那个点上的变化量很大。

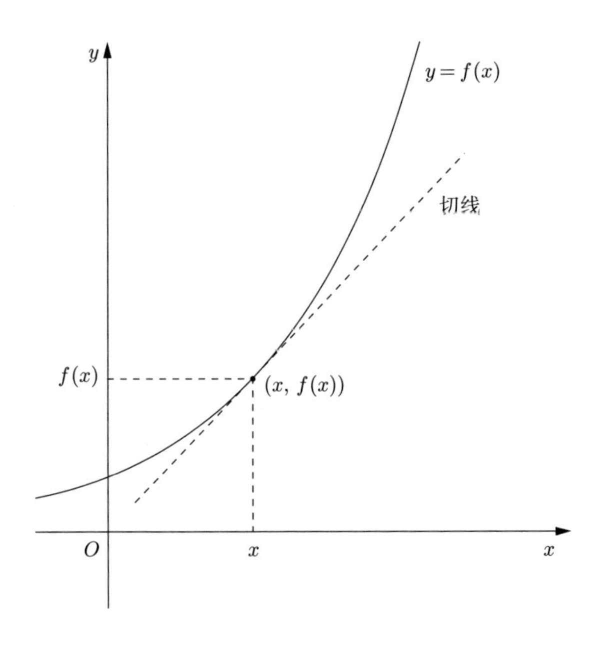

我们用 $\mathrm{d}f$ 来表示与函数 f 相对应的“微分”。也就是说，我们将**微分运算符号 $\mathbf{d}$** 定义为以下形式。

微分运算符号 $\mathbf{d}$ 的定义

$$\mathrm{d}f(x) = \lim_{h \to 0} \frac{f(x+h) - f(x+0)}{(x+h) - (x+0)}$$

定义成以下这个形式也可以。因为这两个式子是一样的。无论怎么样，微分的运算符号 d 都会变为由函数产生的，用来构成函数的高阶函数。

$$\mathrm{d}f(x) = \lim_{h \to 0} \frac{f(x+h) - f(x)}{h}$$

对了，到此为止我所说的都是关于**连续**函数的问题。x 可以进行连续不断的变化。接下来，我要将话题转移到**离散**函数的世界。在离散函数的世界，我们只能取到像整数那样的一些分散的数值。在连续函数的世界里，x 只变化了 h 这一距离，也就是移到“很近很近的地方”，我们思考了这时 f 的变化量。然后，我们思考了 h 趋向于 0 时 $f(x)$ 的极限情况，定义了微分。那么你认为将微分带到离散函数的世界会发生什么呢？

问题 6-1

将与连续函数世界中的微分符号 d 相对应的运算定义为离散函数世界中的符号。

6.2 差分

我思考着米尔嘉提出的问题。如果能从离散函数的角度来寻找与连续函数世界中“很近很近的地方”相对应的概念，无疑能帮助我们更好地理解这一点。我环视了一下图书室，然后将目光停留在坐在我旁边的米尔嘉的脸上。

“就在‘很近很近的地方’还可以考虑成就在‘旁边’吧？”我说。

她边说“正是如此”边竖起食指。

◎　◎　◎

从离散函数的角度来考虑，与 $x+0$“很近很近的地方”就是 $x+1$，也就是它的“旁边”。我们可以认为 h 不是趋向于 0，而是 $h=1$。“旁边”的存在就是离散函数世界的本质。如果你能注意到这点，那么接下来的讨论就能顺利进行下去了。

连续函数世界中的“很近很近的地方”

离散函数世界中的“旁边”

当 $x+0$ 变化成 $x+1$ 的时候，x 的变化量为 $(x+1)-(x+0)$。这时，函数 f 的变化量就理所当然地变为 $f(x+1)-f(x+0)$。我们还像刚才那样求一下两者之比——虽然这个分母恒等于 1。

$$\frac{f(x+1)-f(x+0)}{(x+1)-(x+0)}$$

在离散函数的世界里，没有必要求极限。这个式子本身就是“离散函数世界中的微分”，也就是**差分**。**差分运算符号** Δ 可定义为以下形式。

解答 6-1 （差分运算符号 Δ 的定义）

$$\Delta f(x)=\frac{f(x+1)-f(x+0)}{(x+1)-(x+0)}$$

写成如下这个形式也可以。

$$\Delta f(x)=f(x+1)-f(x)$$

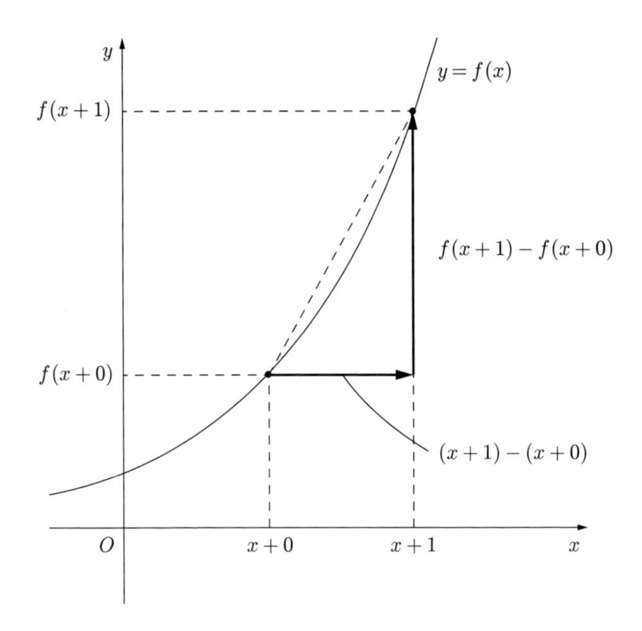

我们将连续函数世界中的微分和离散函数世界中的差分比较下来看看。为了能清楚地将两者一一对应的关系表现出来，我可能写得比较冗长。

$$
\begin{array}{rcl}
\text{连续函数世界中的微分} & \longleftrightarrow & \text{离散函数世界中的差分} \\
\mathrm{d}f(x) & \longleftrightarrow & \Delta f(x) \\
\displaystyle\lim_{h\to 0}\frac{f(x+h)-f(x+0)}{(x+h)-(x+0)} & \longleftrightarrow & \displaystyle\frac{f(x+1)-f(x+0)}{(x+1)-(x+0)}
\end{array}
$$

6.3　微分和差分

米尔嘉看上去很开心。我不知不觉地被她的话所吸引，被她带到了另一个世界。

啊，对了，我还是得事先说明一下泰朵拉的那件事情。

“米尔嘉，那个，上次坐在我旁边的那个女生……”我说。

米尔嘉抬起头，朝我看看。她的脸上闪过一丝惊诧的表情，又立刻将视线转移到了数学公式上。

“那个女孩是我初中时的学妹。所以……”我解释道。

“我知道。”她说。

“啊？你知道？”这下轮到我吃惊了。

“你上次说过。”她的头抬都没抬。

“所以我有时教她数学。”我继续说。

“这我也知道。”她说。

我无语。

“不具体说明的话，就不能把自己想表达的意思传达给别人。”她边说边转了转自动铅笔。

◎　◎　◎

6.3.1　一次函数 $f(x) = x$

不具体说明的话，就不能把自己想表达的意思传达给别人。我们不考虑抽象的 $f(x)$，先考虑具体的函数。

比如说，我们来比较一下一次函数 $f(x) = x$ 的微分与差分的区别。

我们先来看微分。

$$
\begin{aligned}
\mathrm{d}f(x) &= \mathrm{d}x && \text{因为 } f(x) = x \\
&= \lim_{h \to 0} \frac{(x+h) - (x+0)}{(x+h) - (x+0)} && \text{根据微分运算符号 d 的定义} \\
&= \lim_{h \to 0} 1 \\
&= 1
\end{aligned}
$$

然后我们再来看差分。

$$
\begin{aligned}
\Delta f(x) &= \Delta x && \text{根据 } f(x)=x \\
&= \frac{(x+1)-(x+0)}{(x+1)-(x+0)} && \text{根据微分运算符号 } \Delta \text{ 的定义} \\
&= 1
\end{aligned}
$$

微分和差分的答案都为 1，由此可以得出结论：函数 $f(x)=x$ 的微分和差分是相同的。

6.3.2 二次函数 $f(x)=x^2$

接下来我们讨论二次函数 $f(x)=x^2$，看看它的微分和差分是否相同。

首先我们先来看一下微分。

$$
\begin{aligned}
\mathrm{d}f(x) &= \mathrm{d}x^2 && \text{因为 } f(x)=x^2 \\
&= \lim_{h\to 0}\frac{(x+h)^2-(x+0)^2}{(x+h)-(x+0)} && \text{根据微分运算符号 d 的定义} \\
&= \lim_{h\to 0}\frac{2xh+h^2}{h} && \text{整理} \\
&= \lim_{h\to 0}(2x+h) && \text{将 } h \text{ 约分} \\
&= 2x
\end{aligned}
$$

然后我们再来看差分。

$$
\begin{aligned}
\Delta f(x) &= \Delta x^2 && \text{因为 } f(x)=x^2 \\
&= \frac{(x+1)^2-(x+0)^2}{(x+1)-(x+0)} && \text{根据微分运算符号 } \Delta \text{ 的定义} \\
&= (x+1)^2-x^2 && \text{整理} \\
&= 2x+1
\end{aligned}
$$

x^2 的微分是 $2x$，而差分却是 $2x+1$。这样一来，微分和差分就和刚才的情况不同，它们的结果不同。真是无聊啊，我们还得再想其他更好的办法。怎么做呢？

问题 6-2

定义与连续函数 $f(x) = x^2$ 相对应的离散函数世界中的函数。

“怎么做呢？”米尔嘉问我。我思考着将微分与差分对应起来的方法，但是，脑海中还是空白一片。当米尔嘉确定从我这里得不到任何答案时，她自己开始说解答方法。她的声音听上去很温柔。

◎　◎　◎

其实呢，原本离散函数世界中几乎就没有与连续函数 $f(x) = x^2$ 相对应的函数，所以我们不考虑 $f(x) = x^2$，来考虑一下离散函数世界中的其他函数。

$$f(x) = (x-0)(x-1)$$

我们来计算一下 $f(x) = (x-0)(x-1)$ 的差分。

$$\begin{aligned}
\Delta f(x) &= \Delta(x-0)(x-1) \\
&= ((x+1)-0)((x+1)-1) - ((x+0)-0)((x+0)-1) \\
&= (x+1)\cdot x - x\cdot(x-1) \\
&= 2x
\end{aligned}$$

你看，这下差分和微分的结果是相同的了。

也就是说，连续函数 $f(x) = x^2$ 和离散函数世界中的 $(x-0)(x-1)$ 可以互相对应。

我们将 x^n 重新考虑成**下降阶乘幂**的形式。可以得到这样一个对应关系。

$$\begin{array}{ccc}
\text{幂} & \longleftrightarrow & \text{下降阶乘幂} \\
x^2 = x\cdot x & \longleftrightarrow & x^{\underline{2}} = (x-0)(x-1)
\end{array}$$

如果写成以下这种比较冗长的形式，它们之间的对应关系就更显而易见了。

$$x^2 = \lim_{h\to 0}(x-0)(x-h) \quad \longleftrightarrow \quad x^{\underline{2}} = (x-0)(x-1)$$

解答 6-2 （离散函数世界中的 x^2）

$$x^{\underline{2}} = (x-0)(x-1)$$

这里所用的下降阶乘幂 $x^{\underline{n}}$ 可以定义为以下形式。

下降阶乘幂的定义（n 为正整数）

$$x^{\underline{n}} = \underbrace{(x-0)(x-1)\cdots(x-(n-1))}_{n\text{ 个}}$$

我给你举例看看。

$$\begin{aligned}
x^{\underline{1}} &= (x-0) \\
x^{\underline{2}} &= (x-0)(x-1) \\
x^{\underline{3}} &= (x-0)(x-1)(x-2) \\
x^{\underline{4}} &= (x-0)(x-1)(x-2)(x-3)
\end{aligned}$$

6.3.3 三次函数 $f(x) = x^3$

那么，接下来我们来思考一下三次函数 $f(x) = x^3$。

首先我们先来看微分。

$$
\begin{aligned}
\mathrm{d}f(x) &= \mathrm{d}x^3 \\
&= \lim_{h\to 0} \frac{(x+h)^3-(x+0)^3}{(x+h)-(x+0)} \\
&= \lim_{h\to 0} \frac{(x^3+3x^2h+3xh^2+h^3)-x^3}{h} \\
&= \lim_{h\to 0} \frac{3x^2h+3xh^2+h^3}{h} \\
&= \lim_{h\to 0} (3x^2+3xh+h^2) \\
&= 3x^2 && \text{最后结果不包含 } h
\end{aligned}
$$

在离散函数世界里，与 x^3 相对应的下降阶乘幂为 $x^{\underline{3}}=(x-0)(x-1)(x-2)$。下面我们来算算 $x^{\underline{3}}$ 的差分。

$$
\begin{aligned}
\Delta f(x) &= \Delta x^{\underline{3}} \\
&= \Delta(x-0)(x-1)(x-2) \\
&= ((x+1)-0)((x+1)-1)((x+1)-2) \\
&\qquad -((x+0)-0)((x+0)-1)((x+0)-2) \\
&= (x+1)(x-0)(x-1) \\
&\qquad -(x-0)(x-1)(x-2) \\
&= ((x+1)-(x-2))\underbrace{(x-0)(x-1)}_{\text{提取公因式}} \\
&= 3(x-0)(x-1) \\
&= 3x^{\underline{2}}
\end{aligned}
$$

如果使用下降阶乘幂 $x^{\underline{n}}$ 来表示的话，我们就能让微分和差分一一对应了。

$$
\begin{aligned}
x^3 &\quad\longleftrightarrow\quad x^{\underline{3}}=(x-0)(x-1)(x-2) \\
\mathrm{d}x^3=3x^2 &\quad\longleftrightarrow\quad \Delta x^{\underline{3}}=3x^{\underline{2}}
\end{aligned}
$$

写成一般形式是这样的。

$$x^n \text{的微分} \quad \longleftrightarrow \quad x^{\underline{n}} \text{的差分}$$
$$\mathrm{d}x^n = nx^{n-1} \quad \longleftrightarrow \quad \Delta x^{\underline{n}} = nx^{\underline{n-1}}$$

6.3.4 指数函数 $f(x) = \mathrm{e}^x$

刚才我们就与微分运算符号 d 相对应的差分运算符号 Δ 进行了定义。接着，我们又充分利用微分和差分之间的对应关系，定义了与幂 x^n 相对应的下降阶乘幂 $x^{\underline{n}}$ 。

现在，我们再来讨论一下关于指数函数 $f(x) = \mathrm{e}^x$ 的问题，也就是讨论一下离散函数世界中的指数函数。

问题 6-3

定义与连续函数中指数函数 $f(x) = \mathrm{e}^x$ 相对应的离散函数世界中的函数。

正如其表达式所显示的那样，指数函数 $f(x) = \mathrm{e}^x$ 是一个底数为常数 e，指数为 x 的函数。常数 e 就是自然对数的底数，是一个无理数，它的值为 2.718281828⋯，这是一个非常重要的知识点。现在我们从另一个视角来观察这个指数函数。

指数函数 $f(x) = \mathrm{e}^x$ 在连续函数的世界中有怎么样的性质呢？

指数函数 $f(x) = \mathrm{e}^x$ 最重要的一条性质是“进行微分运算后所得的式子仍然不变”。也就是说，将 e^x 进行微分运算，所求得的结果就是 e^x 本身。也对，e 这个常数就是这样定义的，所以对 e^x 进行微分运算，所求得的结果仍旧是 e^x 本身，得到这样的答案也是理所当然的。

“对 e^x 进行微分运算，所求得的结果仍旧是 e^x 本身”这个性质如果用微分运算符号 d 来表示的话，就可以表示成以下的微分方程式。

$$\mathrm{d}\mathrm{e}^x = \mathrm{e}^x$$

到此为止，我们讨论的是连续函数世界中有关指数函数的问题。

接下来，我们要讨论离散函数世界中的问题。我们把接下来要求的离散函数世界中的指数函数称为 $E(x)$。这样 $E(x)$ 也有“即使将它进行差分运算，所得的结果仍旧是它本身”这样一个性质。这个性质如果用差分的运算符号 Δ 来表示的话，就可以表示成以下形式，即差分方程。

$$\Delta E(x) = E(x)$$

根据差分运算符号 Δ 的定义，我们可以将公式左边展开。

$$E(x+1) - E(x) = E(x)$$

将这个式子整理后可求得以下递推公式。

$$E(x+1) = 2 \cdot E(x)$$

当 x 为大于等于 0 的整数时，这个递推公式成立，这就是函数 $E(x)$ 的性质。当等式右侧括号内每次递减 1 时，将右侧的式子每步都乘以 2，可以使原式不变。这样一来我们就很容易求得递推公式的答案了。

$$\begin{aligned}
E(x+1) &= 2 \cdot E(x) \\
&= 2 \cdot 2 \cdot E(x-1) && \text{因为 } E(x) = 2 \cdot E(x-1) \\
&= 2 \cdot 2 \cdot 2 \cdot E(x-2) && \text{因为 } E(x-1) = 2 \cdot E(x-2) \\
&= 2 \cdot 2 \cdot 2 \cdot 2 \cdot E(x-3) && \text{因为 } E(x-2) = 2 \cdot E(x-3) \\
&= \cdots \\
&= 2^{x+1} \cdot E(0)
\end{aligned}$$

也就是说，我们得到了下面的公式。

$$E(x+1) = 2^{x+1} \cdot E(0)$$

如何来定义 $E(0)$ 的值呢？因为 $e^0 = 1$，与其相对应的 $E(0)$ 也应该为 1。综上所述，指数函数 $f(x) = e^x$ 所对应的函数 $E(x)$ 就可以被定义为以下形式。

$$E(x) = 2^x$$

由此，我们就能得出以下对应关系。

解答 6-3 （指数函数）

$$\begin{array}{ccc} \text{连续函数的世界} & \longleftrightarrow & \text{离散函数的世界} \\ e^x & \longleftrightarrow & 2^x \end{array}$$

因此，离散函数世界中的指数函数就是 2 的幂次方。

6.4 在两个世界中往返的旅行

“我们思考了‘微分 ↔ 差分’的对应关系之后，接下来该考虑‘积分 ↔ 和分’的对应关系了。这里我们就直接写结论吧。”

$$\begin{array}{rcl} \displaystyle\int 1 = x & \longleftrightarrow & \displaystyle\sum 1 = x \\ \displaystyle\int t = \frac{x^2}{2} & \longleftrightarrow & \displaystyle\sum t = \frac{x^{\underline{2}}}{2} \\ \displaystyle\int t^2 = \frac{x^3}{3} & \longleftrightarrow & \displaystyle\sum t^{\underline{2}} = \frac{x^{\underline{3}}}{3} \\ \displaystyle\int t^{n-1} = \frac{x^n}{n} & \longleftrightarrow & \displaystyle\sum t^{\underline{n-1}} = \frac{x^{\underline{n}}}{n} \\ \displaystyle\int t^n = \frac{x^{n+1}}{n+1} & \longleftrightarrow & \displaystyle\sum t^{\underline{n}} = \frac{x^{\underline{n+1}}}{n+1} \end{array}$$

这里，如果假设所有的$\int$都是$\int_0^x$，所有的$\sum$都是$\sum_{t=0}^{x-1}$，那么还可以进行以下对比。

$$\begin{array}{ccc} \mathrm{d} & \longleftrightarrow & \Delta \\ \displaystyle\int & \longleftrightarrow & \displaystyle\sum \end{array}$$

如果将$\int$想象成罗马字 S，将$\sum$想象成希腊字母 S 的话，就更有意思了。那就是连续函数的世界在罗马，离散函数的世界在希腊，是不是啊？

我回想着米尔嘉的话。以连续函数的知识为基础，我们在离散函数的世界中摸索了一遍。与其说这是个求证严密定义的过程，倒不如说这是个求证确切定义的过程。我们先思考了与微分相对应的差分，然后又在此基础上思考了与 x^n 相对应的下降阶乘幂$x^{\underline{n}}$ 。接着，我们没有运用微分方程式，而是运用差分方程式求出了与 e^x 相对应的 2^x。

这是一次在两个世界中的来回旅行。真说不出这是一种什么样的感觉。

我边听着米尔嘉的话边想：我即使不能在离她“很近很近的地方”，至少也希望能够一直在她旁边。

先暂且不说这些……

“米尔嘉，刚才我说的那个女孩，她今后还会来问我问题。”

“哪个女孩？”米尔嘉似乎不记得那个女孩是谁。

“就是我的学妹。”我说。

“她叫什么呀？”她问道。

“叫泰朵拉。她可能以后还会来问我问题。”

“所以你想说‘你以后不要坐在我旁边了’，对吗？”米尔嘉一边说一边在笔记本上写着什么，没有看我。

“啊？不是不是，我不是这个意思。米尔嘉，你可以随时坐我身边，无论做什么都可以。我想说的是，只是请你以后不要再把椅子踢飞了。”

“我知道了。”米尔嘉抬起头，打断了我的话。不知道为什么，她笑了笑，说，“在图书室问数学题，你的学妹，名字叫泰朵拉，好，我已经记住了，你放心吧。”

嗯，到底让我放心什么呀？

“我们还回到刚才的话题吧。对了，你接下来准备思考什么问题？”米尔嘉问道。

第7章
卷 积

这个方法虽然看上去很完美，没有任何瑕疵，
但究竟是怎么想出这个方法的呢？
这个实验虽然看上去很科学，并能反映出事实，
但究竟是怎么发现这个实验的呢？
我究竟该怎么做才能想出或发现方法呢？
——波利亚，《怎样解题》[1]

7.1 图书室

7.1.1 米尔嘉

那是高中二年级时的冬天。

放学后，我在图书室自己最喜欢的座位上坐着，正准备做计算题。这时，米尔嘉走过来问我：“这个问题你看过了吗？”她把一张纸放在我面前，两手撑着桌子站在那里。

“什么题呀？”我问。

“村木老师布置的题。”她答道。

问题 7-1

$$0+1=(0+1)$$

如果有 1 个加号的话，只有 1 种加法组合 ($C_1=1$)。

$$\begin{aligned}0+1+2&=(0+(1+2))\\&=((0+1)+2)\end{aligned}$$

如果有 2 个加号的话，有 2 种加法组合 ($C_2=2$)。

$$\begin{aligned}0+1+2+3&=(0+(1+(2+3)))\\&=(0+((1+2)+3))\\&=((0+1)+(2+3))\\&=((0+(1+2))+3)\\&=(((0+1)+2)+3)\end{aligned}$$

如果有 3 个加号的话，有 5 种加法组合 ($C_3=5$)。

那么 $0+1+2+3+\cdots+n=?$

也就是说，如果有 n 个加号的话，有几种加法组合呢？($C_n=?$)

“不知怎么的，我总觉得这个式子太长了，如果能直接点就好了。”我抬起头说。

“嗯……你是说内容要直接，式子要按照一定的格式来写，专业术语要先给出定义，用词不能模棱两可，要严肃，要……对吧？”

“嗯，正是如此。”我说。

“算了，先这样吧。刚才我已经算出递推公式了。”

“等下，米尔嘉，你是什么时候拿到这道题的啊？”我问道。

“是中午我去老师办公室的时候。你现在就在这里从零开始思考吧，我到那边去想，再见。”米尔嘉朝我挥挥手，优雅地移到窗边的座位上。

我的目光紧紧地追随着米尔嘉。透过窗户，可以看到凋零的梧桐树，梧桐树的上面是广阔的冬季的蓝天。虽然是个晴天，但是外面看上去还是很冷。

我是高中二年级的学生，米尔嘉和我同一个年级。我们有时会让数学老师村木给我们出题。村木老师很奇怪，但他却很喜欢我们。

米尔嘉擅长数学，我的数学虽然不算差，但是比不上米尔嘉。当我在图书室里沉浸在数学公式的展开时，米尔嘉有时候也会来，拿起自动铅笔，自说自话地在我的笔记本上边写边开始给我讲课。虽然听她讲课的时间也不是不快乐……

我喜欢听米尔嘉热情地说话，也喜欢远远地观望米尔嘉闭着眼睛思考的样子，她那金边眼镜和她很相配，脸的轮廓线条很清晰……

不，与其想这些还不如先做题。她已经在我对面开始思考了，她刚才说已经算出递推公式了是吗？我都不记得了。米尔嘉一定很快就能算出来吧。

我来整理一下要解的题目吧。

有 $0+1, 0+1+2, 0+1+2+3, \cdots$ 这样的式子，给它们加上括号进行加法组合计算。题目上写着：如果有 1 个加号的话，只有 1 种加法组合；如果有 2 个加号的话，有 2 种加法组合；如果有 3 个加号的话，就有 5 种加法组合。这是在计算**有几种加括号的方法**的问题。我们要求的是 $0+1+2+3+\cdots+n$ 这个式子有几种添加括号的方法。

n 表示什么呢？$0+1+2+3+\cdots+n$ 这个式子是从 0 开始计算的，所有加数的个数为 $n+1$。我们可以把 n 考虑成 $0+1+2+3+\cdots+n$ 这个式子中“加号的个数”。

添加括号时有什么规律可循吗？加号两边的式子称为项，两边各有一项。也就是说，诸如 $(0+1)$ 或者 $(0+(1+2))$ 这样的两项之和的结构（以及其加法组合）是可以的，但是诸如 $(0+1+2)$ 这样的三项之和的结构则不在考虑范围内。

我们先来看**具体例子**。题目中给了 n 为 1，2，3 时的结果，那我们

来看一下 n 为 4 时的情况。让我想想……哇，想不到组合还真多啊。

$$
\begin{aligned}
0+1+2+3+4 &= (0+(1+(2+(3+4)))) \\
&= (0+(1+((2+3)+4))) \\
&= (0+((1+2)+(3+4))) \\
&= (0+((1+(2+3))+4)) \\
&= (0+(((1+2)+3)+4)) \\
&= ((0+1)+(2+(3+4))) \\
&= ((0+1)+((2+3)+4)) \\
&= ((0+(1+2))+(3+4)) \\
&= (((0+1)+2)+(3+4)) \\
&= ((0+(1+(2+3)))+4) \\
&= ((0+((1+2)+3))+4) \\
&= (((0+1)+(2+3))+4) \\
&= (((0+(1+2))+3)+4) \\
&= ((((0+1)+2)+3)+4)
\end{aligned}
$$

竟然一共有 14 种组合啊！也就是说“如果题中有 4 个加号的话，共有 14 种加法组合”。

在写这些式子的过程中，我也逐渐找到了规律。能找出规律就意味着离求出递推公式不远了。

接下来，我们将具体的例子进行**一般化**演变。在刚才的题目中，有 n 个加号时，有 C_n 种添加括号的方式。刚才计算的是加号有 4 个的情况，也就是说 $C_4=14$。到现在为止，我们知道 $C_1=1, C_2=2, C_3=5, C_4=14$。啊，对了，我们还可以算上加号为 0 个时的情况，即 $C_0=1$。我们可以用表格表示。

n	0	1	2	3	4	$\cdots$
C_n	1	1	2	5	14	$\cdots$

C_5 一定会变得还要大吧。那么接下来一步就是“求出关于 C_n 的递推公式”，这才是真正要思考的问题。最终目标为“将 C_n 用含有 n 的有限项代数式来表示”。

那么，这就来求递推公式吧。我正准备计算时，有一个女孩从图书室门口快步走了进来。

是泰朵拉。

7.1.2　泰朵拉

“啊！学长您在啊。”泰朵拉走到了我的身边，很紧张地问我，“学长您已经开始学习了吗？我是不是来晚了？”

泰朵拉是高中一年级的学生，是我的学妹。她像小松鼠小狗小猫那样跟我很亲近，有时候会来问我数学题。她问的不只是她不明白的数学题，有时候还会向我倾诉一些她内心的烦恼。

“嗯，你急吗？”我问。

“不急不急，没关系，您忙您忙。我问题很少。”泰朵拉边朝我摆手边往后退了几步说，“打扰您了真不好意思，那我还是等您回去的时候再问您吧……今天放学之前您都在图书室吧？”

“是啊。我想我会计算到管理员催我回家。一起回家吗？”我问。

我朝窗边瞄了一眼，米尔嘉端坐在桌边，好像一直在盯着纸看。因为她背对着我，我看不到她的表情如何。她一动不动地坐着。

“好的，一定一定。那么我先走了。”泰朵拉脚跟靠拢，朝我小心翼翼地敬了个礼，然后向右转，她的动作很夸张，就这样径直走出了图书室，她在走出图书室的那一刻朝米尔嘉的方向瞟了一眼。

7.1.3　递推公式

好了，还是回到计算有几种添加括号的方式的递推公式上来吧。

从 0 加到 4，一共有 5 个数字。在这 5 个数字之间共有 4 个加号。仔细一想，因为现在要求的是有几种添加括号的方式，所以实际上是哪几个数字相加与题目没什么关系。

也就是说，我们将 $((0+1)+(2+(3+4)))$ 这个式子用 $((\mathrm{A}+\mathrm{A})+(\mathrm{A}+(\mathrm{A}+\mathrm{A})))$ 来代替也可以。

要求出表示各项间关系的递推公式，我们有必要清楚“添加括号”背后的结构，并找出其背后结构的规律性。这个式子有 4 个加号，我们把它整理成加号为 3 个以下时的情况看看。

$$\underbrace{((\mathrm{A}+\mathrm{A})+(\mathrm{A}+(\mathrm{A}+\mathrm{A})))}_{\text{有 4 个加号}}$$

我们用下面这种方法来理解。

$$(\underbrace{(\mathrm{A}+\mathrm{A})}_{\text{有 1 个加号}}+\underbrace{(\mathrm{A}+(\mathrm{A}+\mathrm{A}))}_{\text{有 2 个加号}})$$

嗯，好像能看出些什么了。我们来关注最后一个加号，这里所说的“最后一个加号”不是位置上最靠后的加号，而是最后一次进行加法运算的加号。以上式为例，左数第二个加号就是最后一个加号，将这个加号的位置按照从左到右的顺序挪动的话，就形成了排他性的网状分类。也就是说可以进行**分类**。当加号有 4 个时，可以归类为 4 种形式。我们把最后一个加号都用圆圈标记出来，如下所示。

$$((\mathrm{A})\oplus(\mathrm{A}+\mathrm{A}+\mathrm{A}+\mathrm{A}))$$
$$((\mathrm{A}+\mathrm{A})\oplus(\mathrm{A}+\mathrm{A}+\mathrm{A}))$$
$$((\mathrm{A}+\mathrm{A}+\mathrm{A})\oplus(\mathrm{A}+\mathrm{A}))$$
$$((\mathrm{A}+\mathrm{A}+\mathrm{A}+\mathrm{A})\oplus(\mathrm{A}))$$

$(\mathrm{A}+\mathrm{A}+\mathrm{A}+\mathrm{A})$ 这个式子的括号还没有添加完，因为它包含了 3 项以上的和。但是，这样的式子还可以整理成加号个数更少的情况。嗯，这样一来就能求出递推公式了。

有 4 个加号时，也就是说 (A + A + A + A + A) 这个形式，可以进行以下分类。

分别与(A 模式)相对的(A + A + A + A 模式)
分别与(A + A 模式)相对的(A + A + A 模式)
分别与(A + A + A 模式)相对的(A + A 模式)
分别与(A + A + A + A 模式)相对的(A 模式)

如果假设有 n 个加号时，有 C_n 种添加括号的方式的话，这里我们应该能求出关于 C_n 的递推公式。

“分别与……相对的”这个说法相当于“各种情况的乘积”。比如 n 为 4 的时候，我们用式子来表示 C_4。C_4 是以下 4 项的和。

$$C_0 \times C_3,\ C_1 \times C_2,\ C_2 \times C_1,\ C_3 \times C_0$$

总而言之，C_4 可以写成以下形式。

$$C_4 = C_0C_3 + C_1C_2 + C_2C_1 + C_3C_0$$

据此可以写出一般形式。

$$C_{n+1} = C_0C_{n-0} + C_1C_{n-1} + \cdots + C_kC_{n-k} + \cdots + C_{n-0}C_0$$

这真是个漂亮的式子啊！然后再用 $\sum$ 来表示，就更容易看清这个式子的结构了。

$$\begin{aligned} C_0 &= 1 \\ C_{n+1} &= \sum_{k=0}^{n} C_kC_{n-k} \quad (n \geqslant 0) \end{aligned}$$

由此我们便可得出表示各项间关系的递推公式。

趁热打铁，这就来代入验算一下。

$$
\begin{aligned}
C_0 &= 1 \\
C_1 &= \sum_{k=0}^{0} C_k C_{0-k} = C_0C_0 = 1 \\
C_2 &= \sum_{k=0}^{1} C_k C_{1-k} = C_0C_1 + C_1C_0 = 1+1 = 2 \\
C_3 &= \sum_{k=0}^{2} C_k C_{2-k} = C_0C_2 + C_1C_1 + C_2C_0 = 2+1+2 = 5 \\
C_4 &= \sum_{k=0}^{3} C_k C_{3-k} = C_0C_3 + C_1C_2 + C_2C_1 + C_3C_0 = 5+2+2+5 = 14
\end{aligned}
$$

$1, 1, 2, 5, 14$，这几个数字都和例题中计算的个数吻合。

米尔嘉还说递推公式很快就能做出来呢！做到这步真是花了我不少时间。

“放学时间到了。”图书管理员瑞谷老师来催我了。瑞谷老师一直穿着紧身裙，戴着一副看上去像太阳镜那样的深色镜片的眼镜。平时她待在图书室里屋的管理员办公室，一到放学时间，她就会悄然无声地走到图书室中央，然后催大家回家。瑞谷老师就像个准时的闹钟。

啊。这么说来，米尔嘉去哪里了？

我环视了一周，米尔嘉已经不在图书室了。

C_n 的递推公式

$$
\begin{cases}
C_0 = 1 \\
C_{n+1} = \displaystyle\sum_{k=0}^{n} C_k C_{n-k} \quad (n \geqslant 0)
\end{cases}
$$

7.2 在回家路上谈一般化

“对了，学长，‘一般化’是指什么啊？”泰朵拉声音响亮地问我。她的那双大眼睛同往常一样炯炯有神。

我和泰朵拉并排着一起走向电车车站。放学后我虽然找过米尔嘉，但没能找到她，她的包也不在图书室了，估计她先回家了吧。我总有种很奇怪的感觉，她是不是已经解出村木老师出的题目了呢。如果她要回去的话也可以跟我打声招呼的嘛。

天色渐渐昏暗下来，街上的路灯还没有亮。我们穿过居民区那条复杂的小路，这是从学校到电车车站最近的一条路。泰朵拉平时走路行色匆匆，可唯独在回家的路上她走路的速度不可思议的慢。我只能和着她的脚步走。

“我来举个例子吧。就拿数学公式来说，假如数学公式中包含 2、3 等具体的数字，那么将这个式子变成关于任意整数 n 都成立的数学公式就是很典型的‘一般化’。”我说。

“关于任意整数 n 都成立的数学公式……是这样吗？”她问。

我说：“是的，是这样。关于 2 啊 3 啊之类的具体数字的式子不叫公式。因为整数是无限多的，不可能将关于 $2, 3, 4, \cdots$ 的公式一一举出。啊，不对，如果要举几个例子是没有问题的，但是要把所有的例子都一一举出就不可能了。因此，我们要构造含有变量 n 的公式来代替一一举例。而且要保证无论将什么整数代入变量 n，这个公式都成立。这就是‘关于任意整数都成立的数学公式’，也可以说是‘关于所有整数都成立的公式’。”

“变量 n……”她若有所思。

“进行一般化时，会经常出现新的变量。”我说。

这时，泰朵拉打了个很大的喷嚏。

“你冷吗？原来你没戴围巾啊！”我问。

“嗯。因为今天早上出门时太匆忙了……”她擤了擤鼻涕。

“那么，我把我的围巾借给你吧。如果你不介意，请戴我的吧。”我把自己的围巾递给她。

“啊，太感谢你了。——哇，好暖和啊！——但是这样一来，学长您就冷了。”

“我没关系，没关系。”

“不好意思。可惜我不能把围巾分一半给您。”

“……你的想法真是大胆啊。”

“啊？哎呀，不是的，不是的，我不是这个意思。”她紧张地上下摆动着手。我窃笑。

“哦，对了，刚才说到‘关于任意整数都成立的数学公式’，您再详细说说吧……”泰朵拉又回到了原来的话题。

“好吧好吧。不能边走边写，所以解释起来比较困难。如果你有时间的话，我们到名叫‘豆子’的咖啡店去说吧。”我邀请她道。

“我有时间，我有时间的。”泰朵拉突然加快了脚步，开始跟上我的步伐。脖子上围着一层一层围巾的泰朵拉真是可爱啊。

“学长，快走啊——”泰朵拉转过头催我，她说话时呵出的都是白气，天真冷啊。

7.3 在咖啡店谈二项式定理

在电车车站前那家店名叫“豆子”的咖啡店，我们边喝咖啡，边把数学公式展开。

比如说，有一个这样的公式。

$$(x+y)^2 = x^2 + 2xy + y^2$$

“是的。嗯……这是关于 x 和 y 的恒等式。”

嗯，这个式子表示将 $x+y$ 平方后所变成的形式。以下为 $x+y$ 的三次方的形式。

$$(x+y)^3 = x^3 + 3x^2y + 3xy^2 + y^3$$

虽然算到这里就可以了，但我们还是试着将这个指数进行一般化看看。也就是说，不是光算平方、三次方之类的数学公式，而是计算“n 次方的数学公式”，也就是求 $(x+y)^n$ 的展开式。

问题 7-2

设 n 为正整数，将以下式子展开。

$$(x+y)^n$$

首先，在进行一般化之前，先整理一下自己所掌握的具体知识吧。我们先列出一些**具体例子**，观察一下其结果。这么做还可以确认自己是否真正理解了题目的意思。“举例是理解的试金石”嘛。将 n 为 $1, 2, 3, 4$ 的情况分别代入 $(x+y)^n$ 进行计算，得到下面的式子。

$$\begin{aligned}
(x+y)^1 &= x + y \\
(x+y)^2 &= x^2 + 2xy + y^2 \\
(x+y)^3 &= x^3 + 3x^2y + 3xy^2 + y^3 \\
(x+y)^4 &= x^4 + 4x^3y + 6x^2y^2 + 4xy^3 + y^4
\end{aligned}$$

然后，进入到**一般化**的步骤。现在我们要求的是以下式子。

$$(x+y)^n = x^n + \cdots + y^n$$

我们知道 x^n 和 y^n 这两项一定会出现。接着只要在 x^n 与 y^n 之间省略号的地方填上恰当的项就可以了。

“我背不出来，不好意思啊。”泰朵拉说。

啊？不是，不是靠背的哦。不是让你回想背过的公式，而是让你思考。思考怎么推导出公式。

我们来这样思考。

$$\begin{aligned}
(x+y)^1 &= (x+y) \\
(x+y)^2 &= (x+y)(x+y) \\
(x+y)^3 &= (x+y)(x+y)(x+y) \\
(x+y)^4 &= (x+y)(x+y)(x+y)(x+y) \\
&\vdots \\
(x+y)^n &= \underbrace{(x+y)(x+y)(x+y)\cdots(x+y)}_{n\text{ 个}}
\end{aligned}$$

“这个我可以理解。$(x+y)^n$ 就是将 n 个 $(x+y)$ 相乘后所得的式子。”泰朵拉说。

是的。另外顺便说一句，将 n 个 $(x+y)$ 相乘的时候，因为是一个个 $(x+y)$ 的式子，问题也就变为选择 x 或 y 中的某一个分别进行乘法计算了。比如说，运算三次方的时候，分别从三个并排的 $(x+y)$ 之中选择 x 或 y 中的某一个进行乘法计算。为了考虑到所有可能的选择方式，我们将选中的 x 和 y 用圆圈圈出来。

$$
\begin{aligned}
(ⓧ+y)(ⓧ+y)(ⓧ+y) &\rightarrow xxx=x^3\\
(ⓧ+y)(ⓧ+y)(x+ⓨ) &\rightarrow xxy=x^2y\\
(ⓧ+y)(x+ⓨ)(ⓧ+y) &\rightarrow xyx=x^2y\\
(ⓧ+y)(x+ⓨ)(x+ⓨ) &\rightarrow xyy=xy^2\\
(x+ⓨ)(ⓧ+y)(ⓧ+y) &\rightarrow yxx=x^2y\\
(x+ⓨ)(ⓧ+y)(x+ⓨ) &\rightarrow yxy=xy^2\\
(x+ⓨ)(x+ⓨ)(ⓧ+y) &\rightarrow yyx=xy^2\\
(x+ⓨ)(x+ⓨ)(x+ⓨ) &\rightarrow yyy=y^3
\end{aligned}
$$

这样就罗列出了所有乘法组合的可能性。把这些项都加起来。

$$
\begin{aligned}
&xxx+xxy+xyx+xyy+yxx+yxy+yyx+yyy\\
=&x^3+x^2y+x^2y+xy^2+x^2y+xy^2+xy^2+y^3
\end{aligned}
$$

即

$$x^3+3x^2y+3xy^2+y^3$$

这就是所要求的式子。$(x+y)(x+y)(x+y)$ 这个“先相加再相乘”的式子变成了 $x^3+3x^2y+3xy^2+y^3$ 这个“先相乘再相加”的式子。这就是公式的展开。反过来将“先相乘再相加”的式子变成“先相加再相乘”的式子就是因式分解了。

“嗯，我明白了。$xxx, xxy, xyx, \cdots, yyy$ 这几项在排列上好像也有一定的规律啊。”她说。

嗯，确实是，泰朵拉真是一针见血啊。

她害羞地嘿嘿笑着，吐了吐舌头。

那么，我们再往下计算吧。从 n 个 $(x+y)$ 中选择 x 或者 y 中的一个。

如果“全都选择 x 进行相乘”的话，有几种组合的可能性呢？

“嗯，因为全都选择 x，所以只有一种组合的可能性吧。”她答道。

是啊。如果“选择 $n-1$ 个 x，一个 y 进行相乘”的话，会有几种组合的可能性呢？

“嗯，我们可以从最右边的一个式子中选择 y，剩下的其他式子都选择 x；我们也可以从右数第二个式子中选择 y，剩下的其他式子都选择 x……以此类推都可以，一共有 n 种组合的可能性。”她说。

对的，完全正确！接着，我们进行一般化。如果“选择 $n-k$ 个 x，k 个 y 进行相乘”的话，会有几种组合的可能性呢？

“让我想想哦。嗯，n 是指 n 个 $(x+y)$ 相乘吧，k 是指什么呢？”她问道。

问得好！k 是为了进行一般化计算而引入的变量，表示选择的 y 的个数。k 是整数，满足 $0 \leqslant k \leqslant n$ 这个条件。刚才我就问了当 $k=0$（全部选择 x 进行相乘）时的情况和 $k=1$（选择 $n-1$ 个 x，一个 y 进行相乘）时的情况。

“哈哈。那么这就是从 n 个东西中选择 k 个时所有情况的个数吧。因为选择的顺序是已经规定好的，所以就要进行组合，是这样吧？”她说。

嗯，是的，就是组合。选择 k 个 y，$n-k$ 个 x 时，可以用以下式子来表示这个组合。

$$\binom{n}{k} = \frac{(n-0)(n-1)\cdots(n-(k-1))}{(k-0)(k-1)\cdots(k-(k-1))}$$

这个数字就是 $x^{n-k}y^k$ 的系数。

“学长，我有问题。”泰朵拉把右手举得高高的，“$\binom{n}{k}$ 是什么呀？组合是指 C_n^k 吧。如果是这样的话，我是明白的。”

啊，$\binom{n}{k}$ 和 C_n^k 完全一样。我经常看到数学书中把组合写成 $\binom{n}{k}$ 的形式。对了，矩阵和向量也用和 $\binom{n}{k}$ 相似的形式来表示，虽然它们和组合毫无关系。

“嗯，我明白了。我还有一个问题，我记得组合的公式是

$$C_n^k = \frac{n!}{k!(n-k)!}$$

这个式子和学长所写的式子有所出入啊。”

没有，将 $(n-k)!$ 的部分进行约分后你就会发现，其实这两个式子是一样的。比如你考虑一下从 5 个东西中选出 3 个时的组合情况……

$$\begin{aligned}
C_5^3 &= \frac{5!}{3!(5-3)!} \\
&= \frac{5!}{3! \cdot 2!} \\
&= \frac{5 \cdot 4 \cdot 3 \cdot 2 \cdot 1}{3 \cdot 2 \cdot 1 \cdot 2 \cdot 1} \\
&= \frac{5 \cdot 4 \cdot 3 \cdot \cancel{2 \cdot 1}}{3 \cdot 2 \cdot 1 \cdot \cancel{2 \cdot 1}} \\
&= \frac{5 \cdot 4 \cdot 3}{3 \cdot 2 \cdot 1} \\
&= \binom{5}{3}
\end{aligned}$$

你看，是一样的吧。

在表示组合时使用**下降阶乘幂**的话，式子会变得更简单。下降阶乘幂是指将含有 $x^{\underline{n}}$ 的式子改写成沿着 n 阶阶梯逐步下降的乘积形式，也就是可以变成这样的形式。

$$x^{\underline{n}} = \underbrace{(x-0)(x-1)(x-2)\cdots(x-(n-1))}_{n\text{ 个因式}}$$

可以将普通的阶乘 $n!$ 写成下面这样的下降阶乘幂形式。

$$n! = n^{\underline{n}}$$

运用了下降阶乘幂后，$\binom{n}{k}$ 就可以写得更漂亮些了。

$$\binom{n}{k} = \frac{n^{\underline{k}}}{k^{\underline{k}}}$$

从 n 个东西中选出 k 个时组合的个数

$$\begin{aligned} C_n^k &= \binom{n}{k} \\ &= \frac{n!}{k!(n-k)!} \\ &= \frac{(n-0)(n-1)\cdots(n-(k-1))}{(k-0)(k-1)\cdots(k-(k-1))} \\ &= \frac{n^{\underline{k}}}{k^{\underline{k}}} \end{aligned}$$

“嗯……”泰朵拉好像不太明白。

啊，对不起。我岔开话题了，言归正传。我们刚才快求到 $(x+y)^n$ 的展开式了吧。为了更容易看出其中的规律，我们将式子写得具体一些，可能会有点冗长。

$$
\begin{aligned}
(x+y)^n &= (\text{选 } 0 \text{ 个 } y) \\
&\quad + (\text{选 } 1 \text{ 个 } y) \\
&\qquad + \cdots \\
&\qquad\quad + (\text{选 } k \text{ 个 } y) \\
&\qquad\qquad + \cdots \\
&\qquad\qquad\quad + (\text{选 } n \text{ 个 } y) \\
&= \binom{n}{0} x^{n-0} y^0 \\
&\quad + \binom{n}{1} x^{n-1} y^1 \\
&\qquad + \cdots \\
&\qquad\quad + \binom{n}{k} x^{n-k} y^k \\
&\qquad\qquad + \cdots \\
&\qquad\qquad\quad + \binom{n}{n} x^{n-n} y^n
\end{aligned}
$$

我们关注一下各项中变形的部分，如果用 $\sum$ 来表示，就可以得到以下式子，这个式子称为**二项式定理**。

解答 7-2　$(x+y)^n$ 的展开式（二项式定理）

$$(x+y)^n = \sum_{k=0}^{n} \binom{n}{k} x^{n-k} y^k$$

最初我看到这个展开式，怎么都背不下来。但是，当我亲手把这个公式推导出来后，我发现要背出这个公式也并不困难。如果平时练习自己推导公式的话，在不知不觉中就会记住这些公式，一旦有紧急情况，就没有推导的必要，可以直接写出公式了。我觉得这种说法虽然是一种反论，但还是非常有意思的。

“学长……有$\sum$这个符号后，我突然觉得变难了。”

如果你觉得这么写让你感到不安，可以将用$\sum$来表示的项一一列举出来。这个方法很重要，一直写到自己习惯为止。

“嗯，话虽如此，‘组合’竟然是在这种情况下出现的啊。在学习概率的时候，选择白球和红球的组合问题，我记得我算了很多乘法运算呢，好像是进行了约分的练习。但是，像这样进行公式展开，然后算出组合数的方法我还从不知道。”泰朵拉说。

好了，接下来就是验算了。我们先思考具体例子，然后进行了一般化计算。一般化后一定需要验算。如果不验算的话不可以哦。这里我们就用 $n = 1, 2, 3, 4$ 代入验算吧。

$$\begin{aligned}(x+y)^1 &= \sum_{k=0}^{1} \binom{1}{k} x^{1-k} y^k \\ &= \binom{1}{0} x^1 y^0 + \binom{1}{1} x^0 y^1 \\ &= x + y\end{aligned}$$

$$\begin{aligned}(x+y)^2 &= \sum_{k=0}^{2} \binom{2}{k} x^{2-k} y^k \\ &= \binom{2}{0} x^2 y^0 + \binom{2}{1} x^1 y^1 + \binom{2}{2} x^0 y^2 \\ &= x^2 + 2xy + y^2\end{aligned}$$

$$
\begin{aligned}
(x+y)^3 &= \sum_{k=0}^{3}\binom{3}{k}x^{3-k}y^k \\
&= \binom{3}{0}x^3y^0+\binom{3}{1}x^2y^1+\binom{3}{2}x^1y^2+\binom{3}{3}x^0y^3 \\
&= x^3+3x^2y+3xy^2+y^3
\end{aligned}
$$

$$
\begin{aligned}
(x+y)^4 &= \sum_{k=0}^{4}\binom{4}{k}x^{4-k}y^k \\
&= \binom{4}{0}x^4y^0+\binom{4}{1}x^3y^1+\binom{4}{2}x^2y^2+\binom{4}{3}x^1y^3+\binom{4}{4}x^0y^4 \\
&= x^4+4x^3y+6x^2y^2+4xy^3+y^4
\end{aligned}
$$

泰朵拉把数字代入式子一一确认后频频点头，说："我看到公式中出现了那么多字母，一开始想'哇，这么麻烦啊'，但一想到这就是一般化后的结果，不知道怎么的就觉得还能接受。增加那么多字母也是没有办法的。"

嗯，比起准备无数个具体的公式，我们只要准备一个引入 n 这个变量的公式就好了。这就是一般化的公式。各项也引入了 k 这个变量来表示一般化的公式。

"是啊，但是……$n-k$ 啦 k 啦这样的变量乱七八糟的，背起来好像很困难。"她说。

不要把 $n-k$ 和 k 分开来考虑，而是要把它们想成是"它们的和为 n"。然后，这个和的平衡点由 0 到 n 进行变化。开始的时候 x 的指数为 n，指数最大，这时 y 的指数为 0，指数最小。x 的指数每次减少 1，y 的指数就每次增加 1。到最后，x 的指数变为了 0，指数最小，y 的指数变为了 n，指数最大。我是这样考虑的。k 就是现在平衡点的位置。

$$
\begin{array}{ll}
k=0 & x\ \ x\ \ x\ \ x\ \ x\ \ x\,| \\
k=1 & x\ \ x\ \ x\ \ x\ \ x\,|\,y \\
k=2 & x\ \ x\ \ x\ \ x\,|\,y\ \ y \\
k=3 & x\ \ x\ \ x\,|\,y\ \ y\ \ y \\
k=4 & x\ \ x\,|\,y\ \ y\ \ y\ \ y \\
k=5 & x\,|\,y\ \ y\ \ y\ \ y\ \ y \\
k=6 & |\,y\ \ y\ \ y\ \ y\ \ y\ \ y
\end{array}
$$

“哈哈，这个平衡点就这样从 x 开始一点一点地朝 y 的方向移动吧？”她问。

正是如此。指数全部加起来为 n 次方，然后分别分摊到 x 和 y 的指数上，就像把围巾分成两半。

“学……学长！我们回到原来的话题吧。”泰朵拉提醒道。

7.4 在自己家里解生成函数

深夜。家人都已经入睡，家中很安静。我一个人在自己房间里，毫无顾忌地思考问题。

C_n 的递推公式已经求出，如下所示。

$$
\begin{aligned}
C_0 &= 1 \\
C_{n+1} &= \sum_{k=0}^{n} C_k C_{n-k} \quad (n \geqslant 0)
\end{aligned}
$$

我准备接着思考另一个问题，关于如何解生成函数的问题。

米尔嘉曾经和我一起求过斐波那契数列。那时，米尔嘉把数列和生成函数对应起来进行了计算。我们在两个王国——“数列的王国”和“生成函数的王国”漫步穿梭。

我打开笔记本，一边回忆一边开始写。

当我们得到数列 $\langle a_0, a_1, a_2, \cdots, a_n, \cdots\rangle$ 这个条件时，我们将数列的各项变为函数的系数，得到了 $a_0 + a_1x + a_2x^2 + \cdots + a_nx^n + \cdots$ 这个形式，我们考虑的就是这种形式的幂级数。这就叫作生成函数。然后，我们考虑了以下的对应关系。

$$\begin{array}{ccc} \text{数列} & \longleftrightarrow & \text{生成函数} \\ \langle a_0, a_1, a_2, \cdots a_n, \cdots\rangle & \longleftrightarrow & a_0 + a_1x + a_2x^2 + \cdots + a_nx^n + \cdots \end{array}$$

如果这样考虑对应关系的话，就可以只用一个生成函数来表示无限持续下去的数列。接着，如果将生成函数表示为有限项的式子，就可以得到数列的通项有限项公式。

米尔嘉和我运用生成函数求得了斐波那契数列的通项公式。我们亲手将支离破碎的数列用生成函数这条线串了起来。

我现在想用上次的解法来试着解这道题。

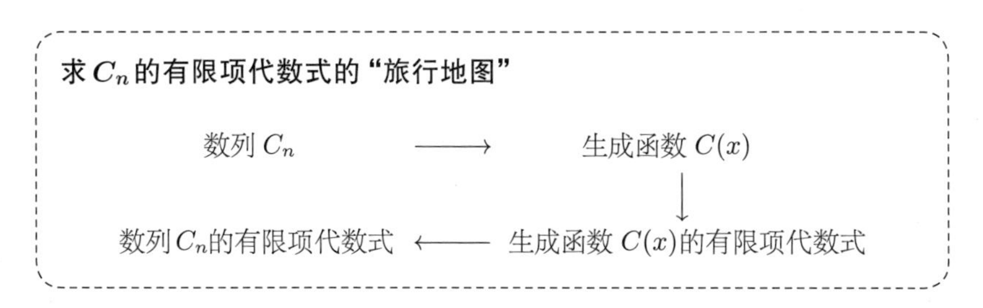

对于有 n 个加号的式子，假设为其添加括号的方式有 C_n 种，下面我们来考虑数列 $\langle C_0, C_1, C_2, \cdots, C_n, \cdots\rangle$。

然后，将这个数列的生成函数用 $C(x)$ 来表示。为了不让数列变得混乱，我们引入 x 这个变量，x^n 的指数 n 与 C_n 的下标 n 相对应，这样 $C(x)$ 就可以用以下形式来表示。

$$C(x) = C_0 + C_1x + C_2x^2 + \cdots + C_nx^n + \cdots$$

以上就是生成函数的定义。到此为止，我自己还没有动过脑子。是啊，在生成函数的王国徘徊还是比较简单的。

真正要动脑子的是接下来的部分。

现在我手中的武器就只有 C_n 的递推公式。下一步就是运用递推公式求出 $C(x)$ 的**有限项代数式**。那么，我来求一下 $C(x)$ 的“关于 x 的有限项代数式”吧。这个式子中应该不会出现 n。

但是这次的递推公式并不像斐波那契数列的递推公式那样简单。在求斐波那契数列的递推公式时，我们把生成函数乘以 x 后，为了使上下式子 x 的次数对齐，将各项系数都向左或向右挪一格，然后只要进行加减运算，就能把 n 抵消。

但是，这次的递推公式$C_{n+1} = \sum_{k=0}^{n} C_kC_{n-k}$真是不好对付。$C_kC_{n-k}$这个乘积形式前再加上$\sum$，就是复杂的“先相乘后相加”的形式了。

嗯？

先相乘后相加……是这样说的吗？

还是说 C_k 和C_{n-k}的“下标和为 n”呢？

呵呵，我想起了自己对泰朵拉说的台词。

“不要把 $n-k$ 和 k 分开来考虑，而是要把它们想成是‘它们的和为 n’。然后，这个和的平衡点由 0 到 n 进行变化。”

在这次的递推公式中出现的$\sum_{k=0}^{n} C_kC_{n-k}$和上次我对泰朵拉所说的情况很相似。$C_k$ 和C_{n-k}的下标和为 n，然后 k 从 0 开始变化到 n，使这个和的平衡点发生变化。

我想起现在手上的递推公式$C_{n+1}=\sum_{k=0}^{n}C_kC_{n-k}$主要表示这样的意思：如果能够形成$\sum_{k=0}^{n}C_kC_{n-k}$这样的“先相乘后相加”的形式，那么这个式子就可以被 C_{n+1} 这个简单形式的项所代替。

什么情况下才能够形成“先相乘后相加”这个形式呢？

……$(x+y)(x+y)(x+y)$ 这个“先相加再相乘”的形式可以变成 $x^3+3x^2y+3xy^2+y^3$ 这个“先相乘后相加”的形式，也就是公式的展开……

也就是说，“先相加后相乘”的形式展开后可以变成“先相乘后相加”的形式。

好，题目的关键就是要形成乘积的形式。我来试着推导一下**生成函数的乘积形式**吧。自己亲自动手计算，一定能够发现什么。

因为生成函数只是 $C(x)$，所以将它平方后，可能会出现什么吧。生成函数是这样的。

$$C(x)=C_0+C_1x+C_2x^2+\cdots+C_nx^n+\cdots$$

将生成函数平方后得到这样的形式。

$$C(x)^2=(C_0C_0)+(C_0C_1+C_1C_0)x+(C_0C_2+C_1C_1+C_2C_0)x^2+\cdots$$

常数项为 C_0C_0，x 的系数为 $C_0C_1+C_1C_0$，x^2 的系数为 $C_0C_2+C_1C_1+C_2C_0$。

那么，进行一般化的话——我脑海中浮现出了泰朵拉那双大眼睛——先把 $C(x)^2$ 中 x^n 的系数写出来吧。

写啊，写啊，写啊，只听得到自动铅笔在纸上的刷刷声。

啊，做出来了！这就是 x^n 的系数。

$$C_0C_n + C_1C_{n-1} + \cdots + C_kC_{n-k} + \cdots + C_{n-1}C_1 + C_nC_0$$

我们来关注一下下标。随着 C_kC_{n-k} 这个数字中左侧的下标 k 逐渐变大，右侧的下标 $n-k$ 就逐渐变小。k 在 0 到 n 的范围内变化。

如果再逐项写出来的话，反而让人觉得难以理解。我们就用$\sum$来表示。写成一般化的式子的话，x^n 的系数为

$$\sum_{k=0}^{n} C_kC_{n-k}$$

因为这是式子 $C(x)^2$ 中 "x^n 的系数"，所以式子 $C(x)^2$ 本身就变成了二重和的形式，是这么写的。

$$C(x)^2 = \sum_{n=0}^{\infty} \underbrace{\left(\sum_{k=0}^{n} C_kC_{n-k}\right)}_{x^n\text{的系数}} x^n$$

做出来了！

做出来了！

我终于做出了$\sum_{k=0}^{n} C_kC_{n-k}$这个"先相乘后相加"的形式。因为我求得了"先相乘后相加"的形式，余下部分如果利用递推公式，就应该能把公式变简单。递推公式为

$$\sum_{k=0}^{n} C_kC_{n-k}$$

这个递推公式能够被C_{n+1}这个简单的项所替换。

也就是说，将生成函数 $C(x)$平方后，式子能够变得非常简单。下面就将$\sum_{k=0}^{n} C_kC_{n-k}$用$C_{n+1}$来替换。

$$
\begin{aligned}
C(x)^2 &= \sum_{n=0}^{\infty} \underline{\left(\sum_{k=0}^{n} C_k C_{n-k} \right) x^n} \\
&= \sum_{n=0}^{\infty} \underline{C_{n+1}} x^n
\end{aligned}
$$

噢，二重和变成了一重和的形式了！

等一下，C_{n+1} 的下标和 x^n 的指数正好相差 1。

噢，对了，要去除这个偏差，我可以利用解斐波那契数列时的方法来解决，只要将相差 1 的部分乘以 x 就可以了。两边同时乘以 x。

$$
x \cdot C(x)^2 = x \cdot \sum_{n=0}^{\infty} C_{n+1} x^n
$$

将等式右边的 x 放入 $\sum$ 的式子中。

$$
x \cdot C(x)^2 = \sum_{n=0}^{\infty} C_{n+1} x^{n+1}
$$

为了让下标变成与指数相同的形式，将 $n = 0$ 的部分看作 $n + 1 = 1$。

$$
x \cdot C(x)^2 = \sum_{n+1=1}^{\infty} C_{n+1} x^{n+1}
$$

然后将所有 $n + 1$ 的式子用 n 来替换。

$$
x \cdot C(x)^2 = \sum_{n=1}^{\infty} C_n x^n
$$

好了，这下等式右边的 $\sum_{n=1}^{\infty} C_n x^n$ 几乎和生成函数 $C(x)$ 相等了，只剩下把 C_0 这部分减去就好了。

$$
x \cdot C(x)^2 = \sum_{n=0}^{\infty} C_n x^n - C_0
$$

这样一来，n 就消除了。

$$x \cdot C(x)^2 = C(x) - C_0$$

把 $C_0 = 1$ 代入上式并整理。

$$x \cdot C(x)^2 - C(x) + 1 = 0$$

因此，我们得到了关于 $C(x)$ 的**二次方程式**。假设 x 不等于 0，我们就可以求得方程的解。

$$C(x) = \frac{1 \pm \sqrt{1-4x}}{2x}$$

嗯，完成得很顺利。

根据生成函数的“先相乘后相加”这个特点，我们推导出了有限项代数式。真没想到生成函数的乘积有这么大的作用啊！

我并不知道为什么生成函数 $C(x)$ 会有带正负号的两个解，原本 $\sqrt{1-4x}$ 的部分该如何我也不知道，我觉得这个题真是越来越深奥了。

不管怎么样，n 被抵消掉了。

我终于求出了生成函数 $C(x)$ 的有限项代数式。

剩下只需把有限项代数式的幂级数展开就可以了。

7.5　图书室

7.5.1　米尔嘉的解

第二天放学后，在图书室，我旁边坐着米尔嘉。

“虽然我一开始建立了递推公式，”米尔嘉快言快语地说起来，“可算到一半时我改变了方法。”

“啊？你是说你没有解递推公式吗？”我问道。

“嗯，我不解递推公式。因为我找到了很微妙的对应关系。”她答道。

我一打开笔记本，米尔嘉就立刻开始写起来。

“比如说，当 n 为 4 的时候，我们可以以这个式子为例来考虑。

((0 + 1) + (2 + (3 + 4)))

仔细看这个式子，即使像下面这样去掉后括号，也能恢复原貌。

((0 + 1 + (2 + (3 + 4

能使后括号复原完全是因为‘加号连接着前后两项’这一限定条件。”她说。

“原来如此。在第二项出来的地方插入后括号就可以了吧。”我考虑片刻后回答道。我算到 $((\mathrm{A}+\mathrm{A})+(\mathrm{A}+(\mathrm{A}+\mathrm{A})))$ 这步就放弃了，原来还可以变得更简便。

米尔嘉微微咧开嘴笑了笑。

“再进一步，其实连写数字的必要都没有，写成这样就可以了。

((+ + (+ (+

这样也可以恢复原貌。在加号的左侧添上数字就可以了，只是最后的4会添加在加号的右侧。”

“原来如此。”

“也就是说，要求有几种添加括号的方式，只要求出‘前括号’和‘加号’有几种排列组合的可能就好了。就拿 n 为 4 的情况来说吧，问题就变成了求 4 个前括号和 4 个加号的排列组合的个数。比如说，用 $*$ 来表示这 8 个符号。

$$* * * * * * * *$$

然后，考虑将其中的哪 4 个 $*$ 变成前括号。

$$(\, (\, * \, * \, (\, * \, (\, *$$

接着，再将剩下的符号自动转换成加号。

$$(\, (\, + \, + \, (\, + \, (\, +$$

从这 8 个符号(分别有 4 个括号和加号)中选择 4 个符号变成前括号，可以形成 $\binom{8}{4}$ 这样的组合情况。当然这是在 n 为 4 的前提下所得出的结论。以一般化的形式说来，从 $2n$ 个符号(分别有 n 个括号和加号)中选择 n 个符号变成前括号，可以形成 $\binom{2n}{n}$ 这样的组合。这样的组合可以用下图来表示，这条弯曲的路线的最短路径的数值和组合的个数是等价的。路线从左下角的 S 开始，一直到达 G 这个终点。用箭头来表示路线的走向，也就是 ((+ + (+ (+ 这个符号的排列。”米尔嘉说。

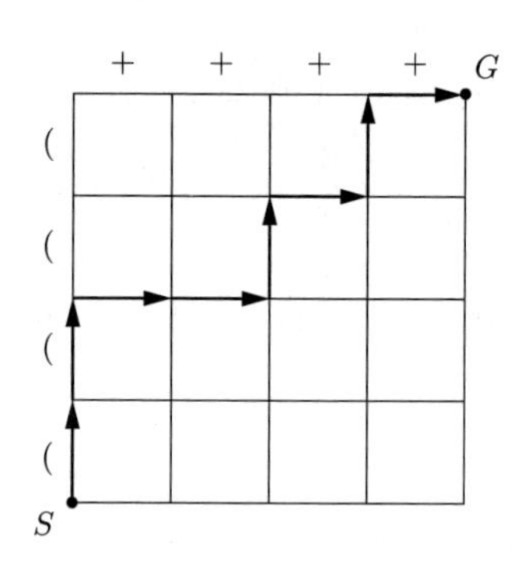

“所以呢，接下来是……”她接着说。

“等一下”，我打断了还要继续往下说的米尔嘉。

“米尔嘉，这样解实在太奇怪了。因为这不是从 8 个符号中任意选择 4 个。比如说，无论 4 个括号和加号如何排列，下面这种排列方式都是不可以的，不是吗？

((+ + + + ((

画出 ((+ + + + ((这样的路径一看你就明白了。在这个图中，凡是经过〇的路径都不可以计算在内。”

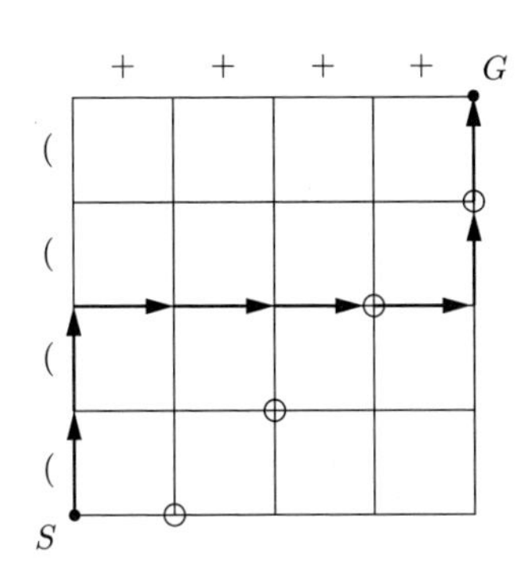

“你还没说完吗？”被我中途打断的米尔嘉气鼓鼓地说。

我确实是还没说完。在排列括号和加号的过程中，有这样一个限制条件：加号的个数绝对不可以超过括号的个数。

什么时候会出现加号的个数超过括号的个数的情况呢？正如你所说的，是通过上图中的圆圈〇的时候。如果不通过圆圈〇，从 S 到 G 的路线数量和 C_n 是相等的。

如果不考虑这个限制条件，从 S 到 G 的路线的个数就是 $\binom{2n}{n}$。

那么，如果在从 S 到 G 的过程中穿过一次圆圈〇的话，情况会变成什么样呢？

假设第一个穿过的圆圈〇的地方为 P，从 P 开始前进的方向都将发生反转。将这几个圆圈〇用虚线连接后，你会发现它们形成一条斜线，可以将这条斜线考虑成一面镜子。从 P 到 G 的过程中，原本向右水平移动的话就转变为向上移动，原本向上移动的话就变为向右水平移动。于是，我们得到了点 G'，而不是点 G。

点 G' 也就是 G 通过镜子的反射得到的点。也就是说，((+ + + + ((这个组合形式就变成了 ((+ + + (+ + 的形式。

这么一想，通过圆圈〇的所有情况的个数和从 S 到 G' 的线路的个数一一对应。从纵横共有 $2n$ 根短线中选择 $n+1$ 根横线路径，进行路线组合，也就是 $\binom{2n}{n+1}$。

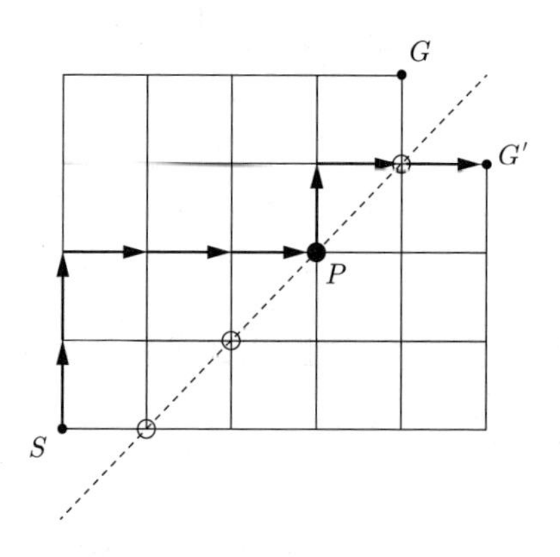

这么说来，以下式子就成立了。

$$C_n = (\text{从} S \text{到} G \text{的路径数}) - (\text{从} S \text{到} G' \text{的路径数})$$

接下来就是计算了。快算快算，将下降阶乘幂快速运转起来吧。

$$\begin{aligned}
C_n &= \binom{2n}{n} - \binom{2n}{n+1} \\
&= \frac{(2n)^{\underline{n}}}{(n)^{\underline{n}}} - \frac{(2n)^{\underline{n+1}}}{(n+1)^{\underline{n+1}}} && \text{运用了} \binom{n}{k} = \frac{n^{\underline{k}}}{k^{\underline{k}}} \\
&= \frac{(n+1)\cdot(2n)^{\underline{n}}}{(n+1)\cdot(n)^{\underline{n}}} - \frac{(2n)^{\underline{n}}\cdot(n)}{(n+1)\cdot(n)^{\underline{n}}} && \text{通分}
\end{aligned}$$

通分的第二项有点难以理解呢。但思考一下下降阶乘幂的意义就会自然明白，在这里我来做一下补充说明。

分子是这样变形的。展开并提取 (n) 这个“小尾巴”。

$$\begin{aligned}(2n)^{\underline{n+1}} &= (2n)\cdot(2n-1)\cdot(2n-2)\cdots(n+1)\cdot(n)\\ &= (2n)^{\underline{n}}\cdot(n)\end{aligned}$$

接着，分母可以这样变形。这次提取 $(n+1)$ 这个“头部”。

$$\begin{aligned}(n+1)^{\underline{n+1}} &= (n+1)\cdot(n)\cdot(n-1)\cdots2\cdot1\\ &= (n+1)\cdot(n)^{\underline{n}}\end{aligned}$$

所以，我们再来计算一下 C_n 的数值，从通分之后的步骤开始。

$$\begin{aligned}C_n &= \frac{(n+1)\cdot(2n)^{\underline{n}}-(2n)^{\underline{n}}\cdot(n)}{(n+1)\cdot(n)^{\underline{n}}}\\ &= \frac{((n+1)-(n))\cdot(2n)^{\underline{n}}}{(n+1)\cdot(n)^{\underline{n}}} && \text{分子部分提取了}(2n)^{\underline{n}}\text{这个公因式}\\ &= \frac{1}{n+1}\cdot\frac{(2n)^{\underline{n}}}{(n)^{\underline{n}}} && \text{整理}\\ &= \frac{1}{n+1}\binom{2n}{n} && \text{运用了}\tfrac{n^{\underline{k}}}{k^{\underline{k}}}=\tbinom{n}{k}\end{aligned}$$

因此，给有 n 个加号的式子添加括号的方式的个数就是这样的。

$$C_n = \frac{1}{n+1}\binom{2n}{n}$$

好了，这下就完成了一部分工作。那么，我来验算看看。

◎　◎　◎

看到米尔嘉如此简便的解法，我一边暗自佩服一边开始计算。

$$
\begin{aligned}
C_1 &= \frac{1}{1+1}\binom{2}{1} = \frac{1}{2}\cdot\frac{2}{1} &&= 1 \\
C_2 &= \frac{1}{2+1}\binom{4}{2} = \frac{1}{3}\cdot\frac{4\cdot 3}{2\cdot 1} &&= 2 \\
C_3 &= \frac{1}{3+1}\binom{6}{3} = \frac{1}{4}\cdot\frac{6\cdot 5\cdot 4}{3\cdot 2\cdot 1} &&= 5 \\
C_4 &= \frac{1}{4+1}\binom{8}{4} = \frac{1}{5}\cdot\frac{8\cdot 7\cdot 6\cdot 5}{4\cdot 3\cdot 2\cdot 1} &&= 14
\end{aligned}
$$

“哇，太厉害了！确实答案是 $1, 2, 5, 14$ 啊！”我惊叹道。

米尔嘉听了我的话，满脸笑容。

解答 7-1

$$C_n = \frac{1}{n+1}\binom{2n}{n}$$

“那我下次听你说！”我说。

7.5.2 研究生成函数

虽然我掉入了米尔嘉的圈套，但她那完美的解答真是令我非常吃惊。我考虑通过生成函数来解题固然没有错，但我只是算到很复杂的有限项代数式那步，好像就无法再往下计算了。我甚至怀疑自己是不是挑战了与自己实力不相符的题目。我求出生成函数那一刻的喜悦顿时被吹得烟消云散了。

真是遗憾啊！我心中有点不服气。

米尔嘉的脸上却露出为难的表情。“哎呀，算了，先说说看吧。算出了递推公式后，接下来该怎么做呢？”她催问我。

我将自己想试着运用生成函数的解法，建立生成函数的乘积关系，然后算出“先相乘后相加”这个形式，最后努力建立一元二次方程式，并终于计算出了生成函数的有限项代数式……一股脑儿地告诉了米尔嘉。能够到生成函数的王国漫步固然很好，但是我却不能再从生成函数的王国返回到数列的王国了。

我真的非常遗憾，感到很不服气。

“喂，你算出的到底是什么式子啊？”米尔嘉问我。

我沉默了。

“嗯？到底是什么式子呀？”她打量着我的脸。

没办法，我只能在笔记本上写出式子。

$$C(x) = \frac{1 \pm \sqrt{1-4x}}{2x}$$

“嗯，难点好像有两个吧。一个是正负号的部分，另一个是 $\sqrt{1-4x}$ 的部分。”她说。

“这些我当然知道啦。我就是被这两点卡住，算不下去了。”我着急地说。

对于我发急的声音米尔嘉并不理会，很平静地接着说：“首先，我们从正负号开始思考。”

米尔嘉看了一会儿数学公式，闭上眼，低下头。然后，她举起右手食指，朝着天空比划着圈圈。她划着 0，划着 0，划着无穷大，突然她睁开了眼睛，说：“我们回到定义看看吧。生成函数 $C(x)$ 的定义是这样的吧。”

$$C(x) = C_0 + C_1x + C_2x^2 + \cdots + C_nx^n + \cdots$$

“这么说来，当 x 为 0 的时候，包含 x 的项都被抵消了，所以生成函数就变成了 $C(0) = C_0$，于是，我们再回到你计算出的有限项代数式。”

$$C(x)=\frac{1\pm\sqrt{1-4x}}{2x}$$

“这时的 $C(0)$ 会变成怎样呢？”她问道。

“不可以哦。如果分母为 0 的话，除以 0 后，$C(0)$ 就变成无穷大了。”我答道。我已经渐渐平静下来了。我对米尔嘉发急有什么用呢，听她的话又有什么用呢。

“没有，可不是这样的。”米尔嘉缓缓地摇摇头，“一个数是变成了无穷大，而另一个数则不是。$C(x)$ 的两个带有正负号的数字中，我们把那个带正号的数字称为 $C_+(x)$，把那个带负号的数字称为 $C_-(x)$，这样就可以变形为以下形式。”

$$C_+(x)=\frac{1+\sqrt{1-4x}}{2x}$$
$$C_-(x)=\frac{1-\sqrt{1-4x}}{2x}$$

“为了不使它们除以 0，我们将分母移项后去掉看看。”

$$2x\cdot C_+(x)=1+\sqrt{1-4x}$$
$$2x\cdot C_-(x)=1-\sqrt{1-4x}$$

“当 x 为 0 时，上面两个式子的左边都为 0，但一个式子的右边 $1+\sqrt{1-4x}$ 为 2，而另一个式子的右边 $1-\sqrt{1-4x}$ 是 0。这说明了什么呢？”她问道。

“至少说明 $C_+(x)$ 不正确吧。”

“嗯。虽然不能说不用再深入对生成函数进行研究了，但至少可以说我们没必要再对 $C_+(x)$ 刨根问底了。为了求得最后的公式，我们把目标锁定在生成函数 $C_-(x)$ 上。接下来的目标，你认为是什么呢？”她问道。

“对 $\sqrt{1-4x}$ 该怎么处理呢？”我问道。

看着我重新调整了心态，米尔嘉嫣然一笑。

生成函数 $C(x)$ 的有限项代数式

$$C(x)=\frac{1-\sqrt{1-4x}}{2x}$$

7.5.3 围巾

这时，我突然发现泰朵拉站在图书室门口，正望着我和米尔嘉。她两手拎着一只小纸袋，一动不动地站在那里。她是什么时候站在那里的呀？

我朝泰朵拉轻轻地举了下手，示意我看到她了。她却和往常不同，缓缓地走向我们，一点都没有加快脚步，一脸严肃的样子。

“学长，昨天真是谢谢您了。”泰朵拉轻轻向我道谢，低下头，手指向那个纸袋子。里面整整齐齐地叠放着昨天我借给她的那条围巾。

“啊，没关系，不用客气。你没感冒吧？”我问道。

“嗯，我没关系。多亏您昨天借给我围巾，又和我一起喝了热饮。”泰朵拉边说边朝米尔嘉瞟了瞟。我也随着泰朵拉的目光朝米尔嘉看了看。米尔嘉握着自动铅笔的手停了下来，随后她抬起头，朝小纸袋瞥了一眼，之后便把目光停留在泰朵拉身上。两个女孩就这样沉默着，互相对视着。

谁都不说话。

就这样沉默了几秒钟。

泰朵拉“呼”地吐了口气，又重新将目光转向我，说：“今天真是打扰了。你以后可要再教我数学哦。”泰朵拉朝我点了下头，然后就走开了，当她走到图书室门口时又回头朝我微微致意。

这时，米尔嘉已经把头转向了草稿纸，开始写起了数学公式。

“你想到什么了吗？”我问她。当然，是关于 $\sqrt{1-4x}$ 的。

米尔嘉头也没抬，边写算式边回答我。

“信。”她说。

“什么？”我不明白。

米尔嘉没有停笔，回答我说：“里面有封信。”

我打开包看了看，把手伸进去摸索，围巾下似乎藏着什么。拿出来一看，是张很高级的白色贺卡。为什么米尔嘉会注意到里面有张贺卡呢？贺卡上写着短短的一行字，是泰朵拉的字迹。

谢谢您借给我围巾。围巾很温暖。

泰朵拉

PS：下次我们还去那家叫“豆子”的咖啡店吧。

7.5.4　最后的要塞

我们又回到了原来的问题。

我们已经求得了如下生成函数 $C(x)$ 的有限项代数式。

生成函数 $C(x)$ 的有限项代数式

$$C(x)=\frac{1-\sqrt{1-4x}}{2x}$$

接下来的问题就是 $\sqrt{1-4x}$ 会变成什么形式。

“我跟不上你解题的速度，米尔嘉。求得了 $C(x)$ 的有限项代数式后，接下来该怎么办呢？在求斐波那契数列的通项公式时，我们是怎么做的？”我问道。

“可以利用 $C(x)$ 的有限项代数式来计算出 x^n 的系数。也就是说，需要展开幂级数。”米尔嘉说。

“但是 $\sqrt{1-4x}$ 真是麻烦啊。该怎么处理它呢？”我低声嘀咕着。

“所以只能将幂级数展开了吧。比如说，将系数的数列称为 $\langle K_n \rangle$，可以进行这样的展开。”米尔嘉边说边写出式子。

$$\begin{aligned}\sqrt{1-4x} &= K_0 + K_1x + K_2x^2 + \cdots + K_nx^n + \cdots \\ &= \sum_{k=0}^{\infty} K_kx^k\end{aligned}$$

“生成函数 $C(x)$ 是这样的。

$$C(x) = \frac{1-\sqrt{1-4x}}{2x}$$

所以，为了去除分母，我们将分母移项。

$$2x \cdot C(x) = 1 - \sqrt{1-4x}$$

因为 $C(x) = \sum_{k=0}^{\infty} C_kx^k, \sqrt{1-4x} = \sum_{k=0}^{\infty} K_kx^k$，替换后可得到下式。

$$2x\sum_{k=0}^{\infty} C_kx^k = 1 - \sum_{k=0}^{\infty} K_kx^k$$

将等式左边的 $2x$ 放入 $\sum$ 这个符号里，右边将 $k=0$ 这一项移出来。

$$\sum_{k=0}^{\infty} 2C_kx^{k+1} = 1 - K_0 - \sum_{k=1}^{\infty} K_kx^k$$

将等式左边调整为从 $k=1$ 开始。

$$\sum_{k=1}^{\infty} 2C_{k-1}x^k = 1 - K_0 - \sum_{k=1}^{\infty} K_k x^k$$

把带有$\sum$符号的项都归纳到左边。

$$\sum_{k=1}^{\infty} 2C_{k-1}x^k + \sum_{k=1}^{\infty} K_k x^k = 1 - K_0$$

因为这个等式是无穷级数，所以为了改变和的先后次序，必须把条件说明清楚。但现在利用这个等式只是为了有所发现，所以我们就直接往下算吧。

$$\sum_{k=1}^{\infty}(2C_{k-1} + K_k)x^k = 1 - K_0$$

以上等式是关于 x 的恒等式，比较两边的系数，可以得到 K_n 和 C_n 的关系式。

$$\begin{array}{rll}
0 = 1 - K_0 & & \text{比较 } x^0 \text{的系数} \\
2C_0 + K_1 = 0 & & \text{比较 } x^1 \text{的系数} \\
2C_1 + K_2 = 0 & & \text{比较 } x^2 \text{的系数} \\
\vdots & & \\
2C_n + K_{n+1} = 0 & & \text{比较 } x^{n+1} \text{的系数} \\
\vdots & &
\end{array}$$

整理这些式子后可以得到下式。

$$\begin{cases} K_0 & = & 1 \\ C_n & = & -\frac{K_{n+1}}{2} \qquad (n \geqslant 0) \end{cases}$$

也就是说，如果求出了 K_n 的话，我们也就自然而然地求得了 C_n。最后的要塞就是 $\sqrt{1-4x}$ 的展开了。”

7.5.5 攻陷

米尔嘉迫不及待地说：“那么，我就来攻陷最后的要塞吧。现在，假设$K(x)=\sqrt{1-4x}$，可得

$$K(x)=\sum_{k=0}^{\infty} K_k x^k$$

这时$\langle K_0, K_1, \cdots, K_n, \cdots\rangle$成了所求的目标。从哪里开始下手为好呢？”

“从一看就能明白的地方下手吧。”我说。

“嗯，那 K_0 该怎么处理才能让人一看就懂呢？”米尔嘉问。

“那就试试 $x=0$ 喽。”我立刻回答道，“如果这样的话，$\sum_{k=0}^{\infty} K_k x^k$ 中常数项之外的项就都消失了”。也就是说，$K(0)=K_0$。”

“是啊，那接着该怎么办呢？”米尔嘉问我。

“你是问该拿 x 怎么办吗？”我反问道。

“不是。我们得快点使用函数解析的基本方法哦。”米尔嘉似乎有些急不可待。

“那是什么？”我问。

“是**微分**啊。对 x 求导 $K(x)$，然后数列转换，就能求出常数项 K_1。

$$\begin{array}{llllllll}
K(x)= & K_0 + & K_1x^1 + & K_2x^2 + & K_3x^3 + & \cdots & + K_nx^n & + \cdots \\
 & \swarrow & \swarrow & \swarrow & \swarrow & & \swarrow & \swarrow \\
K'(x)= & 1K_1 + & 2K_2x^1 + & 3K_3x^2 + & \cdots & + nK_nx^{n-1} & + & \cdots
\end{array}$$

所以可得

$$K'(0)=1K_1$$

你知道为什么这个1要这么明确地写出来吧？这是为了抓住求导后指数下降这个模式。走到这一步接下来可就轻松了。再接着求导 $K'(x)$。

$$K''(x) = 2 \cdot 1K_2 + 3 \cdot 2K_3x^1 \cdots + n \cdot (n-1)K_nx^{n-2} + \cdots$$

所以，当 x 为 0 时，可求得下式。

$$K''(0) = 2 \cdot 1K_2$$

接下来，反复重复此操作，进行 n 次 $K(x)$ 的求导运算。假设 $K(x)$ 经过 n 次求导运算后用 $K^{(n)}(x)$ 来表示。

$$\begin{aligned} K^{(n)}(x) = {} & n(n-1)(n-2)\cdots 2 \cdot 1K_n \\ & + (n+1)n(n-1)(n-2)\cdots \quad \text{真是太麻烦了……} \end{aligned}$$

再写下去就太冗长了，我们就用下降阶乘幂来表示吧。

$$\begin{aligned} K^{(n)}(x) = {} & n^{\underline{n}}K_n \\ & + (n+1)^{\underline{n}}K_{n+1}x^1 \\ & + \cdots \\ & + (n+k)^{\underline{n}}K_{n+k}x^k \\ & + \cdots \end{aligned}$$

所以当 x 为 0 时，就变成如下形式。

$$K^{(n)}(0) = n^{\underline{n}}K_n$$

也就是说，可以用 $K^{(n)}(0)$ 的形式来表示 K_n，也就是泰勒展开式。

$$K_n = \frac{K^{(n)}(0)}{n^{\underline{n}}}$$

到这里我们的工作就告一段落了。”

米尔嘉歇了口气。

我说："嗯，但是接下来好像就无法进展了，感觉像走到死胡同里来了。"

"为什么这么说呢？现在我们用幂级数的形式求得了 $K(x)$。接下来我们用普通的函数形式来表示 $K(x)$ 看看吧。"米尔嘉说。

"用普通的函数形式来求？"我疑惑不解。

"就是用求函数解析式的基本方法来做，又要用到微分哦。"米尔嘉边说边朝我眨了下眼睛。这可能是她第一次这么调皮地朝我眨眼睛吧。

"回想一下 $K(x)$ 的定义……

$$K(x) = \sqrt{1-4x}$$

平方根也就是 $\frac{1}{2}$ 次方，所以可以变形为这样。

$$K(x) = (1-4x)^{\frac{1}{2}}$$

我们应该边注意观察出现的式子类型，边反复进行微分运算。

$$\begin{aligned}
K(x) &= (1-4x)^{\frac{1}{2}} \\
K'(x) &= -2 \cdot (1-4x)^{-\frac{1}{2}} \\
K''(x) &= -2 \cdot 2 \cdot (1-4x)^{-\frac{3}{2}} \\
K'''(x) &= -2 \cdot 4 \cdot 3 \cdot (1-4x)^{-\frac{5}{2}} \\
K''''(x) &= -2 \cdot 6 \cdot 5 \cdot 4 \cdot (1-4x)^{-\frac{7}{2}} \\
&\vdots \\
K^{(n)}(x) &= -2 \cdot (2n-2)^{\underline{n-1}} \cdot (1-4x)^{-\frac{2n-1}{2}} \\
K^{(n+1)}(x) &= -2 \cdot (2n)^{\underline{n}} \cdot (1-4x)^{-\frac{2n+1}{2}}
\end{aligned}$$

将 $x=0$ 代入后，我们可以求得最后的式子是这样的。

$$K^{(n+1)}(0) = -2 \cdot (2n)^{\underline{n}}$$

我们再回头看刚才我们用幂级数求得的式子，也就是你说算到那步走到死胡同里的式子，我们把其中的 n 用 $n+1$ 来替换。

$$K_{n+1} = \frac{K^{(n+1)}(0)}{(n+1)^{\underline{n+1}}}$$

通过这两个式子可得到下式。

$$K_{n+1} = \frac{-2 \cdot (2n)^{\underline{n}}}{(n+1)^{\underline{n+1}}}$$

这样，我们可以求得 K_{n+1}，并不是走到死胡同里了哦。你还记得 K_n 和 C_n 的关系吗？

$$C_n = -\frac{K_{n+1}}{2}$$

接下来就是用手运算的体力劳动了。

$$\begin{aligned} C_n &= -\frac{K_{n+1}}{2} \\ &= \frac{(2n)^{\underline{n}}}{(n+1)^{\underline{n+1}}} \end{aligned}$$

这个式子的分母 $(n+1)^{\underline{n+1}}$ 可以变形为 $(n+1) \cdot n \cdot (n-1) \cdots 1 = (n+1) \cdot n^{\underline{n}}$ 的形式。

$$\begin{aligned} &= \frac{(2n)^{\underline{n}}}{(n+1) \cdot n^{\underline{n}}} \\ &= \frac{1}{n+1} \cdot \frac{(2n)^{\underline{n}}}{(n)^{\underline{n}}} \\ &= \frac{1}{n+1} \cdot \binom{2n}{n} \end{aligned}$$

因此，我们可以求得 C_n。

$$C_n = \frac{1}{n+1}\binom{2n}{n}$$

好了，这下我们算是完成了一部分运算，求得了同一个公式。我们终于从生成函数的王国回到数列的王国啦。”

于是，米尔嘉露出了笑容，说：“欢迎你回来。”

7.5.6 半径是0的圆

“我回来了！——噢，与其说这个倒不如说一声谢谢。”我说。

“真是非常有意思哦，是次快乐的旅行吧。”她立刻竖起食指。

我看着米尔嘉，想着她这个人真是……虽然有些粗鲁，但人还是很温柔的，外表看上去很沉着冷静，内心其实很火热。我对米尔嘉其实还是……

米尔嘉眯了下眼睛，站起身来，说：“为表纪念，我好想跳舞哦。”

我也站起身。

（这到底是怎么回事？）

米尔嘉突然朝我伸出左手，我伸出右手，小心翼翼地牵起米尔嘉雪白的手指，就像是害怕惊动小鸟一样。

（真暖和。）

我们的手就这样牵着，缓步移向书架前的宽阔场地。

米尔嘉绕着我划圈，慢慢地移动着舞步。

一步。

又一步。

放学后的图书室。除了我们之外没有其他人。

图书室里只听得到她那轻轻的脚步声。

“米尔嘉，你和我一直保持着相同的距离，就是在圆周上吧，算是单位圆吧。”我说。

真是的，我到底在说些什么呀。

米尔嘉“嗯”了一声，停下舞步，答道：“单位圆的前提可是我们的手臂长之和为 1 哦。”说着，她闭上了眼睛。

我突然想起来了。

……即使不能在米尔嘉身边“很近很近的地方”，但至少要在她“旁边”吧……

我正想着这些话的时候，米尔嘉睁开了眼睛。

“半径如果为零的话也……”她边说边用力拉我到身边，她力气大得让我吃惊。

“如果半径为零的话也要保持一定距离吗？”说着，米尔嘉把脸斜靠近我，我们俩的眼镜就要碰到了。

我什么话都说不出，米尔嘉也是，什么都没有说。

半径即使为零，圆仍旧是圆。但这是一个特殊的圆点。

然后我就……我们就……就这样沉默着，渐渐地靠近脸……

“放学时间到了。”图书室传来了瑞谷老师的声音。

我们俩的距离一下子又从零拉开了，一直拉到两人手臂长之和为止。

No.

Date . . .

我的笔记

我和米尔嘉推导出通项公式的数列 $\langle C_n\rangle$ 为 $\langle 1,1,2,5,14,\cdots\rangle$，这个数列被称为卡塔兰数列。另外，我考虑的“先相乘后相加的形式”被称为卷积。

将数列和生成函数相对应后，就可以将“卷积后的数列”与“和原生成函数相乘后得到的函数”一一对应起来。也就是说，数列 $\langle a_n\rangle$ 和 $\langle b_n\rangle$ 的卷积形式可以表示为 $\langle a_n\rangle * \langle b_n\rangle$，也就形成了以下的对应关系。

$$
\begin{aligned}
\text{数列} \quad &\leftrightarrow \quad \text{生成函数} \\
\langle a_n\rangle = \langle a_0,a_1,\cdots,a_n,\cdots\rangle \quad &\leftrightarrow \quad a(x)=\sum_{k=0}^{\infty} a_k x^k \\
\langle b_n\rangle = \langle b_0,b_1,\cdots,b_n,\cdots\rangle \quad &\leftrightarrow \quad b(x)=\sum_{k=0}^{\infty} b_k x^k \\
\langle a_n\rangle * \langle b_n\rangle = \left\langle \sum_{k=0}^{n} a_k b_{n-k} \right\rangle \quad &\leftrightarrow \quad a(x)\cdot b(x)=\sum_{n=0}^{\infty}\left(\sum_{k=0}^{n} a_k b_{n-k}\right) x^n
\end{aligned}
$$

半夜，我独自在自己的房中兴奋地思考着这些对应关系。“数列王国”中的“卷积”就是“生成函数王国”中的“乘积”。

这真是美妙的对应啊！

第8章
调和数

巴赫把音乐的各个声部想象成一起聊天的好朋友。
比如有三个声部，它们会偶尔沉默，
去倾听旁人的话语，
同时也会去表达自己想说的话。
——Forkel，《巴赫传》

8.1 寻宝

8.1.1 泰朵拉

“学——长——”

放学后，我正在校门口站着，泰朵拉走了过来。

“原来您在这里呀。刚才我去图书室找您，没找到，还在想怎么了呢。我准备回家了，一起走吗？咦？那是什么呀？”泰朵拉问道。

我把手中的卡片递给她，她接过卡片，目不转睛地看着。

我的卡片

$$H_\infty = \sum_{k=1}^{\infty} \frac{1}{k}$$

泰朵拉是高中一年级的学生，是比我小一届的学妹。不知道为什么，她总是像小狗一样跟随在我身边。有时候她和我一起在图书室自习，成为了我的好朋友。她话很多，给人不够沉稳的感觉，但是她有时候也会很严肃认真，甚至认真得让我透不过气来。她留着一头短发，有一双炯炯有神的大眼睛，很是可爱。

“这是什么呀？”泰朵拉抬起头问我。

“嗯，是研究课题。这个课题是以这个式子为起点，看你能否发现一些‘有趣的东西’。”我说。

“嗯？”她好像不太明白的样子。

“这个式子就好比藏着宝藏的森林一样，就看你是否能从中挖掘出宝藏。这张卡片是村木老师给我的。”我说。

“挖掘出宝藏……”泰朵拉又看了一遍我给她的卡片。

“嗯，也就是说以这张卡片为出发点，自己提出问题，自己解答。”我说。

“原来如此。学长，那么这么说来你已经从这个数学公式里发掘到宝藏了吗？”泰朵拉问道。

“没有，还没呢。但是，一看到这张卡片，就明白了一些东西。这个公式是H_∞的定义式，右边的$\sum_{k=1}^{\infty}\frac{1}{k}$是……”

“啊——”我还没说完，只听泰朵拉大叫起来，她的尖叫声吓了我一跳。她双手捂住嘴巴，脸涨得通红。

“对……对不起啊。学长，请您什么都不要说哦。我也许能挖掘出‘宝藏’噢。”她说。

“怎么一回事呀？”我问道。

“关于这个研究课题，我说不定也能发现些什么呢。因为关于这样的研究我还从来没有做过，所以想尝试做做看。我会努力争取把‘宝藏’挖掘出来的。”她边说边做出用铁铲挖洞穴的样子。

“好啊，当然可以。如果发现什么有趣的东西的话，写成小论文拿去给村木老师看就好了。”

“啊，这样真是太恐怖了。”她一个劲地摇头表示自己不行。她还是那样一如既往，活力十足。

“那么这张卡片就给你了哦。明天到图书室里再听你说。你先自己考虑看看。”

“好！我会努力的！”泰朵拉那双大眼睛放着光，双手紧紧握在一起。

“学长……学长是我的……”

泰朵拉看了看我身后，突然停下不说了，然后又小声说了声“啊呀”。

我回头一看，发现米尔嘉就站在我身后。

8.1.2 米尔嘉

“让你久等了。”米尔嘉冲我微微一笑。

就这样，我在校门口被两个女孩夹攻了。

米尔嘉是高中二年级的学生，也是我的同班同学。她是一个美女，有着一头飘逸的长发和一副合适的眼镜。她的数学很好，经常不征得我同意就随意在我的笔记本上计算，或者突然开始给我讲课，完全不顾别人是不是有空……

泰朵拉突然变得慌张起来，说：“原来您和她是约在这里见面呀。我打扰您了吧。啊呀，真不好意思，我走了。”她低下头，后退了半步。

“呃……”

米尔嘉慢慢地看了看泰朵拉，又看了看我，然后又看了看泰朵拉。她眯起眼睛，微笑着柔声说道：“没关系，泰朵拉。我一个人回去好了。”

米尔嘉伸出右手，轻轻拍了拍泰朵拉的脑袋，挤到了我和泰朵拉之间。

泰朵拉因为突然被拍了拍头，不由得缩了缩脖子，眨了眨大眼睛。接着，她的目光就一直追随着米尔嘉那凛然的背影而去了。

渐渐离去的米尔嘉没有再回头朝我这里看，只是轻轻地挥了挥右手，就好像在跟目送着她的泰朵拉打招呼致意一般。她转了个弯，便看不到她了。

刚才，我一直忍着没有叫出声来，因为米尔嘉踩了下我的脚趾，而且，很用力。

——真的很痛。

8.2 图书室里的对话

第二天放学后，图书室里人很少。

“怎么样？”我问道。

泰朵拉一脸哭相，摊开了笔记本。笔记本上只写着一行数学公式。

$$\sum_{k=1}^{\infty} \frac{1}{k} = \frac{1}{1} + \frac{1}{2} + \frac{1}{3} + \cdots$$

“学长……看来我数学确实很烂。”她说。

“没有没有，你抓住了原式所要表达的意思啊。这个式子并没有错哦。”我鼓励她。

“可是学长，我完全不知道该从何开始做起，虽然我想从中发现一些有趣的东西……”她泄气地说。

“这种无限持续下去的式子总让人有种已经掌握了的感觉，但真要认真分析时，又觉得非常困难。泰朵拉，你的挑战精神真的很令人佩服哦。接下来的步骤我们一起来完成吧。”

“啊，不好意思哦，又要浪费您宝贵的时间了。”她充满歉意地说。

“没有，没关系的。我们一点点做吧。”

8.2.1 部分和与无穷级数

“我们先来看看题目中的式子 $\sum_{k=1}^{\infty} \frac{1}{k}$，这个式子中难以理解的是 ∞

这部分吧。”我说。

“嗯，无穷大的数字是……”泰朵拉说。

“∞ 不是‘数字’，至少一般它不作为数字来用。比如，实数中就不包括 ∞。”我说。

“啊，是吗？”她不敢相信。

“是啊。一看到 $\sum_{k=1}^{\infty} \frac{1}{k}$ 这个式子，人们就会觉得这个是‘k 由 1 变化到无穷大，然后将这些 $\frac{1}{k}$ 相加起来的和’。但是，寻找无穷大的数到底在哪里，然后把 k 给算出来的方法是不正确的。无穷级数 $\sum_{k=1}^{\infty} \frac{1}{k}$ 是部分和 $\sum_{k=1}^{n} \frac{1}{k}$ 的极限，可以定义为以下的式子。”

$$\sum_{k=1}^{\infty} \frac{1}{k} = \lim_{n\to\infty} \sum_{k=1}^{n} \frac{1}{k}$$

“不好意思，lim 是什么呢？”她问。

“是 limit，也就是指**极限**。如果用数学上的定义来解释的话，可能一时半会儿解释不完，那现在我就简单说说。假设有数列 $a_0, a_1, a_2, \cdots$，$\lim_{n\to\infty} a_n$ 这个式子就表示当 n 非常大的时候 a_n 的值到底是什么。将 n 增大的时候，a_n 可能会变得越来越大，也可能会一会儿变大一会儿变小，还可能会变得趋向于某一个定值。而 $\lim_{n\to\infty} a_n$ 这个式子就可以定义成 a_n 趋向的那个定值。也就是说，$\lim_{n\to\infty} a_n$ 这个数学式表示了 a_n 所到达的‘最终目的地’。确定到达的最终目的地称为**收敛**。”我答道。

“嗯……真是好难啊。但是关于 n 变得很大很大的时候 a_n 到底会怎样，这一点我倒是听懂了……”她说。

“嗯，是挺难的。也难怪，用日常生活中的语言来表示确实很难，我们还是用数学公式来表示吧。首先，我们先将‘最终目的地是被定义出来的东西’这一点牢记在心。虽说是被定义出来的东西，但也并不一定是靠直觉就能理解的。我们不应该直接求无穷级数的数字，而应该考虑部分和之后再思考从 n 变到无穷大的极限，这才是正确的方法。”

“对……对不起。我不太明白无穷级数和部分和的区别……”她打断我的话问道。

“这就是无穷级数，也可以称为级数。”

$$\sum_{k=1}^{\infty}(\text{使用了}\,k\,\text{的式子})$$

“而这个就是部分和。”

$$\sum_{k=1}^{n}(\text{使用了}\,k\,\text{的式子})$$

“你能发现它们的区别吗？”我问她。

“嗯，一个是 ∞，一个是 n。但是，因为 n 是个变量，而 ∞ 也是吧，这样一来不就是相同了吗？”她疑惑不解。

“不是啊，这可有很大的不同。的确，n 虽然是个变量，但它表示有限大的数字。而 ∞ 不是数字，不能代入 n。将 n 理解为是有限大的数字，就意味着 $\sum^{n}$ 中有有限个项。也就是说，计算结果肯定是能够求得的。但是，像 $\sum^{\infty}$ 这样有无限个项相加的式子的话，就不一定能求得计算结果了。刚才我稍稍提到过‘变得越来越大’和‘一会儿变大一会儿变小’等状况，那种情况下要到达的最终目的地是无法确定的吧。不确定的数值是不能被当作数字来处理的。不能确定要到达的最终目的地称为**发散**。所以在处理无限个项的时候，会碰到这种比较危险的状况。”

“是的……我知道了，我们在处理无限时要格外小心。是叫发散吧，一旦和无限有牵连，即使写出了数学公式也可能无法确定具体数值吧。”泰朵拉说。

“接下来是写法上需要注意的地方。下面两个式子中出现了省略号($\cdots$)，表示无限的 $\cdots$ 是式(1)和式(2)中的哪个呢？”我问道。

$$\frac{1}{1}+\frac{1}{2}+\frac{1}{3}+\cdots+\frac{1}{n} \qquad (1)$$

$$\frac{1}{1}+\frac{1}{2}+\frac{1}{3}+\cdots \qquad (2)$$

“表示无限的 $\cdots$ 是不是第(2)个式子呢?”泰朵拉不确定地问。

“正是。式(1) $\frac{1}{1}+\frac{1}{2}+\frac{1}{3}+\cdots+\frac{1}{n}$ 中出现的 $\cdots$ 并不是表示无限的 $\cdots$。这里只是因为地方不够写不下了，才用 $\cdots$ 来表示的。这个式子只表示有限个项，必定有一个确定的数值，这并不可怕。但是式(2) $\frac{1}{1}+\frac{1}{2}+\frac{1}{3}+\cdots$ 中出现的 $\cdots$ 表示无限。这个式子中隐藏着 lim，也就暗示着‘有可能会有不确定的数值’。有限项的 $\cdots$ 和无限项的 $\cdots$ 意思完全不相同，可要注意了哦。”我提醒道。

“原来即使看上去相同的 $\cdots$ 意思也不同啊!”泰朵拉感叹道。

8.2.2 从理所当然的地方开始

“啊呀，我们又陷入无限这个话题了。在求无穷级数之前，首先必须习惯计算有限项的和。为了习惯 $\sum$，我们把 n 为 $1,2,3,4,5$ 的情况分别代入式子计算一下看看。”我说。

$$\sum_{k=1}^{1}\frac{1}{k}=\frac{1}{1}$$

$$\sum_{k=1}^{2}\frac{1}{k}=\frac{1}{1}+\frac{1}{2}$$

$$\sum_{k=1}^{3}\frac{1}{k}=\frac{1}{1}+\frac{1}{2}+\frac{1}{3}$$

$$\sum_{k=1}^{4}\frac{1}{k}=\frac{1}{1}+\frac{1}{2}+\frac{1}{3}+\frac{1}{4}$$

$$\sum_{k=1}^{5}\frac{1}{k}=\frac{1}{1}+\frac{1}{2}+\frac{1}{3}+\frac{1}{4}+\frac{1}{5}$$

我又说道:“那么接下来我们研究一下部分和吧。首先，要求$\sum_{k=1}^{n}\frac{1}{k}$的值，$n$ 的值是关键，所以就要先关注 n 为何值。比如用 H_n 来表示也可以，这就是 H_n 的定义式了。”

$$H_n=\sum_{k=1}^{n}\frac{1}{k}\qquad(H_n\text{的定义式})$$

“啊，等……等一下。我不太明白‘n 的值是关键’这一点。”泰朵拉打断我说。

“嗯，像你这样有不懂的地方就问出来是很好的习惯噢。‘n 的值是关键’就是说，只要确定了 n 的具体数值，比如 5 或 1000，那么$\sum_{k=1}^{n}\frac{1}{k}$这个式子的数值也就能确定了。所以，以 n 为下标，可以写出 H_n 这个式子。这样一来，我们就可以将式子写成 H_5 或者 H_{1000} 了，也就等于给它们命了名字。”

“那为什么要以 H 来命名呢？”她不解。

“因为卡片上写着H_∞，所以我将其部分和写成了 H_n。”我解释道。

“啊，原来是这样。对了，写成 H_n 的话，虽然剩下了 n，但是 k 为什么消失了呢？”她问道。

“$\sum_{k=1}^{n}\frac{1}{k}$中的 k 只是在 Σ 的过程中起作用的变量，这从外边是看不出来的。像 k 这样的变量称为**约束变量**，也就是被约束在 Σ 的过程中的意思。其实也未必需要将这个变量取名为 k，随便取个自己喜欢的字母就可以了。i,j,k,l,m,n 等也是经常被使用的。但是 i 也用来表示虚数 $\sqrt{-1}$，所以为了不使人混淆，还是避免取名为 i。另外，本来将约束变量取名为 n 也是可以的，但是在这里不可以，因为 n 在这里代表别的意思。如果将$\sum_{k=1}^{n}\frac{1}{k}$写成$\sum_{n=1}^{n}\frac{1}{n}$的话，式子的意思就变得很奇怪了。”

“嗯，我明白了。不好意思，我刚才打断了您的话。”她表示歉意。

“没关系的。有什么不懂的地方就问，那很好啊。”说着，我们俩都笑了。

8.2.3 命题

“那么，我们来列举一下根据$H_n = \sum_{k=1}^{n} \frac{1}{k}$所能得到的信息。正所谓‘举例是理解的试金石’嘛！下面的这种说法是正确的吗？”我问道。

如果 $n = 1$，则 $H_n = 1$。

“嗯，正确啊。因为 H_1 等于 1，但是这不是理所当然的吗？——噢，我知道了，‘我们要从理所当然的地方开始思考问题’。”泰朵拉说。

“对啊对啊，你记得很牢嘛。那么，下面的这种说法是否成立呢？”我又问。

对于所有的正整数 n，H_n 都大于 0。

“嗯，成立啊。”她答道。

“像这样可以判断是否成立的数学论题就称为**命题**。命题可以用文字表述，也可以用数学公式来表示。那么，下面这个命题是否成立呢？”我问。

对于所有的正整数 n，当 n 增大时，H_n 也随之增大。

“嗯……是成立的吧。n 逐渐增大就意味着加上去的数字越来越多吧。”她答道。

“对对对，如果正数相加的话就会变大吧。‘当 n 增大时，H_n 也随之增大’这个命题用数学公式来表示的话也是可以的。用数学式子表示会显得更严密。”我说。

对于所有的正整数 n，$H_n < H_{n+1}$。

“的确，这个命题是成立的。但是，比起‘当 n 增大时，H_n 也随之增大’，‘$H_n < H_{n+1}$’这种说法更加严密。严密……嗯。”泰朵拉陷入了沉思。

在泰朵拉思考的时候，我一直默默地等着。

“啊，我明白了。这就是‘增大’这个动作性的表现方式与使用不等号来表示‘大’这个叙述性的表现方式的差别吧。就好比英语中一般动词和 be 动词的差别。”她说道。

“啊？”听了泰朵拉的话，我有点吃惊。“增大”和“大”的区别？“一般动词”和“be 动词”的区别？——啊，原来如此，可能确实是这样。曾几何时，村木老师也说过这样的话。就像观察数列的变化情况和通过关系式把握数列的各项间的关系……

“学长，您怎么了？”泰朵拉问。

“没什么，听你这么一说，我刚才在想，原来还有你这样的想法啊。其实我只是想说‘比起日常生活中的语言，用数学式子来表示显得更严密’罢了。话虽如此，泰朵拉你究竟是什么人呀？”我说道。

“啊？什么意思？”泰朵拉突然睁大眼睛，歪了歪脑袋。

“没什么。我们继续往下看。下面这个命题是否成立呢？”我问。

对于所有的正整数 n，$H_{n+1} - H_n = \dfrac{1}{n}$ 成立。（？）

“嗯，成立。因为我们将 H_n 定义为分数的和，所以前后两个数字相减结果得到分数也是理所当然的。”

“很可惜，这次错了。$H_{n+1} - H_n = \frac{1}{n}$ 这个式子不成立。右边的分母不正确。分母不该是 n，如果是 $n+1$ 的话就成立了。”

对于所有的正整数 n，$H_{n+1} - H_n = \dfrac{1}{n+1}$ 成立。

“咦？奇怪了。啊，这样啊。学长，您给我陷阱让我跳，真过分啊。”泰朵拉嘀嘀咕咕地抱怨。

“对不起对不起。但是，你不仔细确认就下结论，这样可不行哦。”我说道。

“虽说如此……”她不满地撅起了小嘴。

"对了，$H_{n+1} - H_n$ 应该是什么，这个从 H_n 的定义式中就能求出来了。你做做看。"我说。

"好的，嗯……"泰朵拉开始算起来。

$$H_{n+1} - H_n = \sum_{k=1}^{n+1} \frac{1}{k} - \sum_{k=1}^{n} \frac{1}{k}$$

这就是 H_n 的定义式。接下来将 $\sum$ 具体展开。

$$= \left(\frac{1}{1} + \frac{1}{2} + \cdots + \frac{1}{n} + \frac{1}{n+1}\right) - \left(\frac{1}{1} + \frac{1}{2} + \cdots + \frac{1}{n}\right)$$

好了，完成了。接下来再将各项的顺序调整一下。

$$= \left(\frac{1}{1} - \frac{1}{1}\right) + \left(\frac{1}{2} - \frac{1}{2}\right) + \cdots + \left(\frac{1}{n} - \frac{1}{n}\right) + \frac{1}{n+1}$$

这下好了吧，学长。

$$= \frac{1}{n+1}$$

"嗯，做得不错。泰朵拉你从中发现了什么命题吗？"我问道。

"嗯……因为出现了 $H_{n+1} - H_n$，那么这个命题怎么样呢？"她边思考边写下。

对于所有的正整数 n，当 n 增大时，$H_{n+1} - H_n$ 的值变小。

"厉害厉害。不错，如果用数学式子来表示的话是什么样呢？"我问道。

"是这样吧。"她说。

对于所有的正整数 n，$H_{n+1} - H_n > H_{n+2} - H_{n+1}$ 成立。

“正是如此。非常好。”我赞许道。

“$\frac{1}{2}, \frac{1}{3}, \frac{1}{4}, \cdots$，相加下去的数字在逐渐‘变小’，这里就是用‘小’这个数学公式来表现这种‘变小’的情况的吧。”她补充道。

8.2.4　对于所有的……

“泰朵拉，像这样把数学公式写出来可是很重要的哦。即使是理所当然的内容也没关系，先把它们都写下来看看。这就是练习使用数学公式来表达的好方法噢。”我说。

“嗯。我想起来了，学长以前也说过‘要把数学公式像揉捏黏土一样玩弄’。”泰朵拉一边说着“玩弄”，一边用手摆弄起揉捏黏土的动作，“啊……但是‘对于所有正整数 n’这部分不是数学公式吧？”她又问道。

“嗯，不是。但是如果将正整数的集合用 $\mathbb{N}$ 来表示的话，就可以用这样的数学公式来表达。”

$$\forall n \in \mathbb{N} \quad H_{n+1} - H_n > H_{n+2} - H_{n+1}$$

“这个数学公式怎么读啊？”她问。

“‘$\forall n \in \mathbb{N} \cdots$’可以读作‘For all n in $\mathbb{N} \cdots$’，翻译过来就是‘对于所有的正整数 n 都……’或者‘对于任意正整数 n 都……’吧。$\forall$ 就是将 All 这个单词中的 A 倒过来写。”我答道。

“$\mathbb{N}$ 和普通的 N 有所不同吧。”她说。

“确实不一样。如果写成 N 的话，给人的感觉像是普通的数字。而写成 $\mathbb{N}$ 就是为了表示‘这不是数字，而是集合’。”我说。

“$\in$ 这个符号又表示什么呢？”泰朵拉问。

“$\in$ 这个符号其实是利用了**元素 $\in$ 集合**这个形式，表示‘这是集合中的元素’。写成 $\forall n \in \mathbb{N} \cdots$ 这个形式的话，就表示‘无论从集合 $\mathbb{N}$ 中选择哪个元素 n 都……’的意思。”我回答。

“就是说无论选择哪个数字都可以吧！学长，不知道为什么，我觉得这像是在用数学语言写作文似的。这不叫英语作文，叫数学作文吧？”泰朵拉笑着说。

“数学作文……确实，数学也有这一方面的功能吧。用数学公式来表示的话，经常能大大精简语言。所以，在解读写有数学公式的地方时，我们还是慢慢地来比较好。”我说。

“数学公式就像浓缩果汁一样吧。一口气喝下不妥吧？”她问。

“好了，我们把数学式子 H_n 一个一个地写出来看看。”

$$
\begin{aligned}
H_1 &= \frac{1}{1} \\
H_2 &= \frac{1}{1} + \frac{1}{2} \\
H_3 &= \frac{1}{1} + \frac{1}{2} + \frac{1}{3} \\
H_4 &= \frac{1}{1} + \frac{1}{2} + \frac{1}{3} + \frac{1}{4} \\
H_5 &= \frac{1}{1} + \frac{1}{2} + \frac{1}{3} + \frac{1}{4} + \frac{1}{5}
\end{aligned}
$$

“按顺序观察这些式子，我们来关注一下变量，也就是 $H_{n+1} - H_n$ 这部分。”我说。

$$
\begin{aligned}
H_2 - H_1 &= \frac{1}{2} \\
H_3 - H_2 &= \frac{1}{3} \\
H_4 - H_3 &= \frac{1}{4} \\
H_5 - H_4 &= \frac{1}{5} \\
H_6 - H_5 &= \frac{1}{6}
\end{aligned}
$$

“就像这样，$H_{n+1} - H_n$ 的数值在逐渐变小。正如泰朵拉你刚才所说的那样。”我说。

“嗯。”泰朵拉应声道。

“虽然 $H_1, H_2, H_3, H_4, H_5, \cdots$ 这些数本身是逐渐增大的，但是它们‘增大的部分’，也就是‘增加的数量’是逐渐变小的。渐渐地，这些数字就只是增大一点点，于是……”

我还没说完，泰朵拉就抢着说道：“啊，请等一下。那个‘增加的数量逐渐变小’这个说法就可以用我刚才所写的数学公式来表示吧。嗯……就是这个。”

对于所有的正整数 n，$H_{n+1} - H_n > H_{n+2} - H_{n+1}$ 成立。

“对对，正是如此。增加的数量逐渐变小这一说法有点模棱两可，如果像这样用数学公式来表达的话，意思就清晰明朗了。也就是说，让人更容易理解了。也有人可能会认为数学公式很复杂，让人难以理解，但是如果不用数学公式来表达，反而变得让人更加难以理解。数学公式就是语言。如果能够很好地利用的话，不仅能帮助自己理解，还能帮助自己把自己想说的话表达出来。”我说。

“嗯。那么，我们将现在的命题用数学公式来写写看……这样可以吗？”她问道。

$$\forall n \in \mathbb{N} \quad H_{n+1} - H_n > H_{n+2} - H_{n+1}$$

“嗯，很不错哦。正是如此。”我赞许她道。

听了我的赞美，泰朵拉看上去很高兴。

8.2.5 存在……

“好了，我们逐渐可以看出问题了。这是最初的宝藏。”我说。

“什么呢？”泰朵拉不解。

“到目前为止，我们把 H_n 定义为 $\sum_{k=1}^{n} \frac{1}{k}$。如果 n 逐渐变大的话，那

么 H_n 本身也逐渐增大。但是，H_n 增加的数量却在逐渐变小。那么，只要 n 不断增大的话，H_n 就会一直增大下去吗？还是说，即使 n 变得很大很大，H_n 也不会比某一个特定数字大？”我提问道。

“这个问题也就是说，下面的式子是一直增大下去呢，还是大到一定程度就停止了呢。对吧？”泰朵拉用手撑着头，问道。

$$\frac{1}{1}+\frac{1}{2}+\frac{1}{3}+\frac{1}{4}+\frac{1}{5}+\cdots$$

“嗯，是的。从那张纸片中可以非常自然地想到这个问题。也就是说，我们要研究它是发散还是收敛。我们用数学公式来表达。”

问题 8-1

如果将实数的集合用 $\mathbb{R}$ 来表示，正整数的集合用 $\mathbb{N}$ 来表示，那么下面的式子是否成立呢？

$$\forall M \in \mathbb{R} \quad \exists n \in \mathbb{N} \quad M < \sum_{k=1}^{n} \frac{1}{k}$$

“这是日语片假名ヨ吗？”泰朵拉指着式子中的一个符号问。

“不是哦，$\exists$ 是把 Exists 中的 E 倒过来写的符号。”我回答说。

“是表示‘存在’的意思吗？也就表示‘For all M in $\mathbb{R}$, n exists in $\mathbb{N}\cdots$’的意思吧？”泰朵拉说道。

“泰朵拉你英语发音真标准啊。既可以说是‘n exists’，也可以说是‘there exists n’。再补充上 such that 的话，更容易让人理解。”

For all M in $\mathbb{R}$, there exists n in $\mathbb{N}$ such that $M < \sum_{k=1}^{n} \frac{1}{k}$.

“学长，如果用语言来表达的话该怎么说呢？”泰朵拉问我。

“如果一定要用语言来表达的话，可以这样说。”我回答。

对于任意实数 M，存在正整数 n 使式子 $M < \sum_{k=1}^{n} \frac{1}{k}$ 成立。

“虽然很复杂……但不管怎么样，我还是明白了。”泰朵拉说。

“下面(a)和(b)两个数学公式表达的是两种完全不同的意思，你知道吗？”我在笔记本上写下两个数学公式。

$$\forall M \in \mathbb{R} \quad \exists n \in \mathbb{N} \quad M < \sum_{k=1}^{n} \frac{1}{k} \qquad \text{(a)}$$

$$\exists n \in \mathbb{N} \quad \forall M \in \mathbb{R} \quad M < \sum_{k=1}^{n} \frac{1}{k} \qquad \text{(b)}$$

“这两个式子有点长，为了让你更容易理解，我加上括号给你看看吧。”我边说边加上括号和解说。

$$\forall M \in \mathbb{R} \quad \underbrace{\left[\exists n \in \mathbb{N} \quad \underbrace{\left[M < \sum_{k=1}^{n} \frac{1}{k} \right]}_{n \text{ 的约束范围}} \right]}_{M \text{ 的约束范围}} \qquad \text{(a)}$$

$$\exists n \in \mathbb{N} \quad \underbrace{\left[\forall M \in \mathbb{R} \underbrace{\left[M < \sum_{k=1}^{n} \frac{1}{k} \right]}_{M \text{ 的约束范围}} \right]}_{n \text{ 的约束范围}} \qquad \text{(b)}$$

“如果用英语来表示的话……”我又接着写道。

For all M in $\mathbb{R}$, there exists n in $\mathbb{N}$ such that $\quad M < \sum_{k=1}^{n} \frac{1}{k}$. (a)

There exists n in $\mathbb{N}$, such that for all M in $\mathbb{R}$ $\quad M < \sum_{k=1}^{n} \frac{1}{k}$. (b)

泰朵拉口中轻轻反复念着这段英语，考虑了片刻。

“我觉得自己应该是明白了。顺序很重要。式(a)是先决定 M，然后再探寻 n。在探寻 n 的时候，M 是不变的。但是，式(b)是先决定 n，然后再根据 n 来探寻所有的 M 吧？”泰朵拉说。

“嗯，对哦。式(a)是先选择 M 然后再寻找 n，主张对于所有的 M 都能找到相对应的 n。每选一个 M，n 都可以有所改变。但是式(b)是首先寻找 n。这个 n 究竟是一个什么样的数字呢？它是关于所有的实数 M 都能使不等式成立的伟大的 n。在式(b)中，选择 M 的时候 n 不变。这次例题 8-1 的主张是式(a)，能理解吗？”我说。

“嗯，勉强能懂。”泰朵拉说。

“式(a)和式(b)意思上的不同是很难用语言来表达的。但是，如果用数学公式来表达的话，却非常清楚明朗。——当然也要在你正确解读的基础上。”我说道。

“的确，如果用语言来描述它们的区别的话太难了。对了，这个不等式中出现的 M 原本应该是什么呢？”泰朵拉问。

“泰朵拉，那你认为是什么呢？”我反问道。

“嗯……噢，这个数字是不是很大啊？”她问。

“嗯，是这种感觉吧。与其说是‘一直变大下去’，倒不如给任意实数取上 M 这个名字，然后说‘比 M 还要大’，这个表达方法也更清晰。如果不管 M 取哪个数，都能找到像例题 8-1 中那样与 M 对应的 n 的话，就可以说 H_n 一直变大下去。但是，如果对于某个数 M，与之相对应的 n 不存在的话，那么就不能说 H_n 是一直变大下去的。”

“原来如此……虽然我们绕了个大圈子，但是意思总算是表达清楚了。”泰朵拉喘了口气。

“嗯，你累了吧？”我说道。

“没有没有。——有一点累吧。但是，多亏听了学长的讲解，不知怎么的，我觉得自己‘数学作文的词汇量’增大了呢。”

“你也很努力啊，泰朵拉。今天就说到这里吧。快到图书管理员瑞谷老师出现的时候了。明天放学后我们再一起打开百宝箱的盒子吧。”我提议道。

“好的！学长，我……我很开心！”泰朵拉说。

“嗯，是啊，数学是很有意思的哦。使用数学公式这个新型语言，可以让表达不再模棱两可，还可以整理思路。”

“嗯，特别是我和学长一起……嗯，是啊，是这样的。明天也请多多关照啰！”她说。

8.3 螺旋式楼梯的音乐教室

第二天午休时间，在音乐教室。

经过音乐教室的学生们都被里面传出的钢琴声所吸引，朝里张望。

有两个美女在三角钢琴旁四手连弹。

一个美女是才女米尔嘉，还有一个是喜欢琴键的美女盈盈，她是钢琴爱好者协会“最强音”的会长。她现在也是高中二年级，虽然和我是一个年级的，但是与我和米尔嘉不在一个班。

米尔嘉和盈盈一起弹奏着以上升音阶为基调的变奏曲。两个人的呼吸节奏协调，一同快速弹奏了好几遍相似的音乐段子，每重复一遍音阶就上升一次。咦？我觉得这样下去要超过钢琴的音域了……但那是不可能的吧。当我突然意识到这点的时候，不知不觉中音调已经开始下降了。但是，是什么时候开始下降的呢？不知道怎么的，我总有种特别不可思议的感觉——朝无限阶梯向上爬的感觉。如果有很大的翅膀，那么可以一下子飞得很高，但是现在只能螺旋式地一步一步往上攀登，真是令人急不可待啊！无限上升的无限音阶，永远都在变奏的音乐。她们能弹奏这样的钢琴曲真是令人吃惊啊!

从我站立的位置，能够清楚地看到米尔嘉那灵活修长的手指(那温暖的手指)。嗯，这么一看确实能发现手回到左边的低音部时需要一定的时间间隔。但是，我只听到音阶在逐步上升。

曲终，音乐声渐渐变弱，然后就消失了，大家发出了雷鸣般的掌声和欢呼。米尔嘉和盈盈站起身，向大家行礼致谢。

“有趣吗?”米尔嘉问我。

“真是不可思议啊! 虽然钢琴的键盘是有限的，但是它弹奏出的曲子却给人无限上升的感觉。”

“这就好比朝着正的无穷大发散下去，很有趣。虽然有限和发散是矛盾的两个概念。”米尔嘉坏坏地笑了。

“你使用了差八度的音阶吧?”我问。

“嗯，是的。我将差八度的几个音平行提升，这样一来，音调是升高了，但是音量却变小了。当琴声在高音阶的地方消失时，我用很轻的音量弹奏起低音部分。中音的区域也就是音量最大的地方。这样一来，人的耳朵就会被琴声所欺骗，认为那音调是在无限上升。一个人弹总会有极限，但我们是两个人在四手联弹。”米尔嘉说。

“把我们的老底都说出来那可不行啊。”盈盈走过来说，“我们作曲可是很难的。如果是单纯的音阶岂不是很无聊吗? 我们增快弹奏的速度是为了不让听众觉得厌烦。虽说如此，不把曲子简化，就不能觉察到曲子的不可思议。真是难啊! 真是多亏米尔嘉的手指灵活啊，真是帮了大忙了。”

“是啊。下次我们希望能够弹莫比乌斯带状的和声。”米尔嘉微笑着说。

“这是什么样的曲子啊! 算了，我们以后再玩哦。”盈盈苦笑着，回到了自己的教室。

米尔嘉一边用食指划着圈，一边哼着小调，和我一起朝教室走，心情很好的样子。

8.4　令人扫兴的ζ函数

午休过半，米尔嘉一边嚼着代替午饭的奇巧巧克力，一边坐到我前面的位子。

“村木老师的这个，你看到了吗？”米尔嘉边说边在我面前放了张卡片。

（米尔嘉的卡片）

$$\zeta(1)$$

（咦？和我的不一样啊。）

米尔嘉还没等我回答就开始说起来。

“虽说是要研究 $\zeta(1)$，但是 $\zeta(1)$ 本身就以向正的无穷大发散而有名，证明它也是很快就能完成的。我觉得倒不如研究其他节奏的式子，于是就想到了这些。首先……”

我听着米尔嘉那开机关枪式的快速解说，心想：原来是这样啊，老师这次给了米尔嘉一张和我不同的卡片啊。ζ 函数我也听说过，它应该是与时代最前端的数学问题相联系的。原来如此，这才是与才女米尔嘉实力相符的难解的课题啊。

这么说来，泰朵拉已经解出昨天的问题了吧。泰朵拉，那个做事急吼吼的女孩到底是什么人呀？我认为她虽然并不是很擅长数学，但是她观察力敏锐。虽然连她自己本人都没发现这一点长处。

最初我在教泰朵拉数学的时候总是站在指导后辈的角度与她交谈。但是，最近的情况却有点不同了。在和她交谈的过程中，不知道为什么，我的思路也感觉像是被重新整理了一遍。一开始主要是我在说，泰朵拉在听，像这样来来回回几次，我觉得我们在一步一个台阶地向上攀登。现在是泰朵拉在说，我在听，哈哈，有点像递推公式的感觉呢。一点一点逐步变化下去，然后再一步一步验证。而且我还能看到泰朵拉睁着大眼睛认真的表情，真是……

"喂。"米尔嘉叫我。

米尔嘉面无表情地盯着我看。

完了，我刚才一直在开小差，没有听见她说什么……这下惨了。

这时，上课铃响了。

米尔嘉就这样一言不发地站起身，回到自己的座位上，再也没有朝我这里看。

真是令人扫兴啊。

8.5 对无穷大的过高评价

今天是图书室整理图书的日子，所以不能去图书室自修。于是，我和泰朵拉决定去教学辅楼的休息室"神乐"继续计算。我们占了角落里的位子。

"打扰了。"泰朵拉朝我恭敬地鞠了一躬，坐到了我身边。她来晚了一会儿，但身上的香味依旧。不知什么地方有人在练习着长笛的二重奏。

我沉默着开始写起了数学公式，是昨天问题的解答。

问题 8-1

如果将实数的集合用 $\mathbb{R}$ 来表示，正整数的集合用 $\mathbb{N}$ 来表示，那么下面的式子是否成立呢?

$$\forall M \in \mathbb{R} \quad \exists n \in \mathbb{N} \quad M < \sum_{k=1}^{n} \frac{1}{k}$$

泰朵拉在旁边看我写。

$$
\begin{aligned}
H_8 &= \sum_{k=1}^{8} \frac{1}{k} \\
&= \frac{1}{1}+\frac{1}{2}+\frac{1}{3}+\frac{1}{4}+\frac{1}{5}+\frac{1}{6}+\frac{1}{7}+\frac{1}{8} \\
&= \frac{1}{1}+\underbrace{\left(\frac{1}{2}\right)}_{1\text{个}}+\underbrace{\left(\frac{1}{3}+\frac{1}{4}\right)}_{2\text{个}}+\underbrace{\left(\frac{1}{5}+\frac{1}{6}+\frac{1}{7}+\frac{1}{8}\right)}_{4\text{个}} \\
&\geqslant \frac{1}{1}+\left(\frac{1}{2}\right)+\left(\frac{1}{4}+\frac{1}{4}\right)+\left(\frac{1}{8}+\frac{1}{8}+\frac{1}{8}+\frac{1}{8}\right) \\
&= \frac{1}{1}+\left(\frac{1}{2}\times 1\right)+\left(\frac{1}{4}\times 2\right)+\left(\frac{1}{8}\times 4\right) \\
&= \frac{1}{1}+\frac{1}{2}+\frac{1}{2}+\frac{1}{2} \\
&= 1+\frac{3}{2}
\end{aligned}
$$

“好，先到这里，我们歇口气。算到中途要变形成不等式，这个你知道吧。为了方便一般化的变形，不用算到最后，算到$1+\frac{3}{2}$即可。现在我们只是考虑了 H_8 的结果，如果计算 $H_1, H_2, H_4, H_8, H_{16}, \cdots$，就会是这样哦。”

$$
\begin{aligned}
H_1 &\geqslant 1+\frac{0}{2} \\
H_2 &\geqslant 1+\frac{1}{2} \\
H_4 &\geqslant 1+\frac{2}{2} \\
H_8 &\geqslant 1+\frac{3}{2} \\
H_{16} &\geqslant 1+\frac{4}{2} \\
&\vdots
\end{aligned}
$$

“将它们进行一般化变形并不难。假设 m 是大于等于 0 的整数，以下式子成立。”

$$H_{2^m} \geqslant 1 + \frac{m}{2}$$

“但是，这个是不等式吧。如果不是等式的话，就无法准确地求出 H_{2^m} 的值吧。”泰朵拉问道。

“我们现在的目的不是准确求出 H_{2^m} 的值，而是弄清 H_{2^m} 究竟可以变大到什么程度。上式中的 m 如果很大的话，情况会变得如何呢？你想想看。”

突然，泰朵拉兴奋地说：“啊！我知道了，我知道了！会一直无限变大下去！如果 m 变大的话，$1 + \frac{m}{2}$ 会一直无限变大下去！所以，嗯，考虑到不等号的因素，如果 m 无限变大的话，那么 H_{2^m} 也会一直无限变大下去！”

“嗯，不要激动。我们从问题这里出发一步一步做做看。思考一下当给定 M 时能够使 $M < \sum_{k=1}^{n} \frac{1}{k}$ 成立的 n 是什么。”我说。

“嗯，我已经知道了。对于无论多大的数 M，将 m 扩大到很大的话，就能够找到使

$$M < 1 + \frac{m}{2}$$

成立的 m。比如，只要取 m 为大于等于 $2M$ 的整数就可以了。如果找到了 m 的话，接下来就可以求 $n = 2^m$ 了。也就是说，利用 m 来求 n，这个 n 也就是所要求的 n。”她说。

$$M < 1 + \frac{m}{2} \leqslant H_{2^m} = H_n = \sum_{k=1}^{n} \frac{1}{k}$$

“是啊，所以昨天问题 8-1 的解答是……”

解答8-1

如果将实数的集合用 $\mathbb{R}$ 来表示，正整数的集合用 $\mathbb{N}$ 来表示，那么下面的式子成立。

$$\forall M \in \mathbb{R} \quad \exists n \in \mathbb{N} \quad M < \sum_{k=1}^{n} \frac{1}{k}$$

“这样啊，用不等式表示是可以的喽。即使不求出准确的数值，也可以从小的数值开始逼近准确值……”泰朵拉像在做排球的托球姿势那样举起双手说。

“嗯，这样我们就找到了一块宝物。$\sum_{k=1}^{n} \frac{1}{k}$ 可以无限变大下去。”我说。

“真是不可思议啊，学长。有了 $1 + \frac{m}{2}$ 这个逐渐变大的数字，一下子就可以推出 H_{2^m} 的数值。为了逼近准确的数值我们使用了不等式。虽然到此为止没有什么问题……可是这个式子加上的是逐渐变小的 $\frac{1}{k}$，但是总和 $\sum_{k=1}^{n} \frac{1}{k}$ 却可以无限变大下去，真是不可思议啊。”泰朵拉不住地点头。

“嗯，我们将‘无限变大下去’这一说法用数学公式来表示看看。这里，为了简单起见，我们来考虑所有项都大于0的数列。”我边说边在笔记本上写了起来。

“所有项都大于0的数列就可以表示成 $a_k > 0 \ (k = 1, 2, 3, \cdots)$，对于部分和 $\sum_{k=1}^{n} a_k$，如果

$$\forall M \in \mathbb{R} \quad \exists n \in \mathbb{N} \quad M < \sum_{k=1}^{n} a_k$$

成立的话，$\sum_{k=1}^{n} a_k$ 中的 n 趋向于无穷大，$\sum_{k=1}^{n} a_k$ 称为**向正的无穷大发散**。这就是定义。然后将它表示为

$$\sum_{k=1}^{\infty} a_k = \infty$$

$a_k = \frac{1}{k}$ 的时候正好符合问题8-1。现在如果利用‘向正的无穷大发散’这句话的话，可以表示为这样。”我说。

“无穷级数 $\sum_{k=1}^{\infty} \frac{1}{k}$ 向正的无穷大发散。”

泰朵拉一直盯着我的笔记本，认真地思考着，说：“无论是什么正数，只要无限往上加，总会变得很大很大吧，这应该就是所谓的无穷大吧？”

“嗯？刚才你说了很奇怪的理论哦。那么，接下来的题目怎么样呢？”我问。

问题 8-2

如果将实数的集合用 $\mathbb{R}$ 来表示，正整数的集合用 $\mathbb{N}$ 来表示，$\forall k \in \mathbb{N}$ $a_k > 0$，那么下面的式子成立吗？

$$\forall M \in \mathbb{R} \quad \exists n \in \mathbb{N} \quad M < \sum_{k=1}^{n} a_k$$

“嗯，我认为能够成立。但是……将很多个 a_k 这个正数相加的话，也就是说将 n 扩大，那么和就会变大吧。然后，总有一天和 $\sum_{k=1}^{n} a_k$ 要比 M 大。”泰朵拉答道。

“嗯，我理解你的心思，但你过分夸大了无穷大的作用。虽然我这种说法本身也很奇怪。”

“嗯？会有无论加上多少个正数都不会比 M 大的情况吗？”泰朵拉问。

“当然啰。比如，数列 a_k 的通项公式为

$$a_k = \frac{1}{2^k}$$

的时候将会怎么样呢？”我提示道。

“嗯？”泰朵拉不太明白。

我解释道：“这种情况下，对于所有的正整数 k 来说，$a_k > 0$ 都成立。但是，$\sum_{k=1}^{n} a_k$ 并不能变得很大很大，因为……”

$$\sum_{k=1}^{n} a_k = \sum_{k=1}^{n} \frac{1}{2^k}$$

这就是 a_k 的定义式。接下来，我们把 $\sum$ 具体展开。

$$= \frac{1}{2^1} + \frac{1}{2^2} + \cdots + \frac{1}{2^n}$$

接下来，为了运算方便，我们先加上一个 $\frac{1}{2^0}$，然后再把它减去。

$$= \left(\frac{1}{2^0} + \frac{1}{2^1} + \frac{1}{2^2} + \cdots + \frac{1}{2^n}\right) - \frac{1}{2^0}$$

这样一来就可以利用等比数列的求和公式了。

$$= \frac{1 - \frac{1}{2^{n+1}}}{1 - \frac{1}{2}} - 1$$

如果去除分子部分的 $-\frac{1}{2^{n+1}}$ 的话，我们可以得到以下不等式。

$$< \frac{1}{1 - \frac{1}{2}} - 1$$

接下来就只剩计算了。

$$= 2 \qquad (?)$$

“嗯，不好意思……最后的计算，$\frac{1}{1-\frac{1}{2}} - 1$ 的计算结果不是 2 吧？”泰朵拉问。

“嗯？——啊，是真的呢，最后计算结果是 1。最终下面这个式子应该成立吧。”

$$\sum_{k=1}^{n} \frac{1}{2^k} < 1$$

“也就是说，无论 n 有多大，式子 $\sum_{k=1}^{n} a_k = \sum_{k=1}^{n} \frac{1}{2^k}$ 都不可能比 1 大。无论相加多少项，由于 $\frac{1}{2^k}$ 迅速趋向于 0，所以总和都不会比 1 还要大。如果 $M < 1$ 的话，n 虽然是存在的，但是如果 $M \geqslant 1$ 的话，这样的 n 就不存在了。所以把 $a_k = \frac{1}{2^k}$ 作为题目的**反例**，问题 8-2 就迎刃而解了。”我说。

解答 8-2

如果将实数的集合用 $\mathbb{R}$ 来表示，正整数的集合用 $\mathbb{N}$ 来表示，$\forall k \in \mathbb{N}$ $a_k > 0$，那么下面的式子不一定成立。

$$\forall M \in \mathbb{R} \quad \exists n \in \mathbb{N} \quad M < \sum_{k=1}^{n} a_k$$

“原来如此。当 n 变大的时候，有两种情况吧，一种是部分和也无限变大下去，另一种是部分和不无限变大下去。对了，学长也有计算失误的时候呀。”泰朵拉说。

“我当然也有错误的时候啊。不过，刚才的计算错误并不影响证明的过程。”我说。

泰朵拉不放过我刚才的错误，模仿着我的口气说：“但是，不仔细确认那可不行哦。您是这么说过的吧，学长。”

一瞬间，空气凝固了，我和她互相看了一眼，笑出声来。

8.6　在教室中研究调和函数

放学后的教室中，我向正沉默着准备回家的米尔嘉招呼了一声："喂，米尔嘉，上一次，我因为自己在发呆，没有听清你说的话，嗯……真是对不起。关于昨天的 $\zeta(1)$ 的话题，我对于 ζ 函数不是很了解，能不能给我说说关于 $\zeta(1)$ 朝着正的无穷大发散的问题？"

"嗯……"米尔嘉似乎觉得这个也太难于口头表达了。

于是，米尔嘉拿起一支粉笔，开始在黑板上写起来。

"这个是 **ζ 函数** $\zeta(s)$ 的定义。是**黎曼的 ζ 函数**。"

$$\zeta(s)=\sum_{k=1}^{\infty}\frac{1}{k^s}\qquad (\zeta\text{函数的定义式})$$

米尔嘉接着写数学公式。

"$\zeta(s)$ 使用了无穷级数的形式来定义。这里，当 $s=1$ 的时候，就是**调和级数**了。也可以用 Harmonic Series 的首字母 H，写成 H_∞ 的形式。"她说。

$$H_\infty=\sum_{k=1}^{\infty}\frac{1}{k}\qquad (\text{调和级数的定义式})$$

"换句话说，ζ 函数中 $s=1$ 时的式子和调和级数 H_∞ 是等价的。"她说。

"噢，这样啊。那么，我和泰朵——我思考过的无穷级数 $\sum_{k=1}^{\infty}\frac{1}{k}$ 是和 $\zeta(1)$ 相同的吧。"我说。

村木老师给我和米尔嘉出的课题原来是相同的啊？H 原来就是 Harmonic 的首字母啊？

米尔嘉没有理会我的话，继续往下说："下面的部分和 H_n 称为**调和数**。"

$$H_n = \sum_{k=1}^{n} \frac{1}{k} \qquad \text{（调和数的定义式）}$$

“也就是说，n 趋向于无穷大的时候，调和数 H_n 也就趋向于调和级数 H_∞ 了。”米尔嘉说。

教室里回响着米尔嘉用粉笔写字的声音。

$$H_\infty = \lim_{n\to\infty} H_n \qquad \text{（调和级数和调和数的关系）}$$

“调和数 H_n 在 n 趋向于无穷大时，朝正的无穷大发散。”

$$\lim_{n\to\infty} H_n = \infty$$

“换句话说，调和级数朝正的无穷大发散。”

$$H_\infty = \infty$$

“也就是说，$\zeta(1)$ 朝正的无穷大发散。”

$$\zeta(1) = \infty$$

“为什么说调和级数朝着正的无穷大发散呢？是因为……”说到这里，米尔嘉才斜眼看了我一下，这是她今天第一次看我，然后就咧开嘴笑了，和以往的米尔嘉一样。

不知道为什么，我觉得松了口气，说起了向泰朵拉展示过的证明过程。就是利用“假设 m 是大于等于 0 的整数，则 $H_{2^m} \geqslant 1 + \frac{m}{2}$ 成立”这一点所做的证明。

“对对对。你所做的证明和 14 世纪奥里斯姆做证明时使用的方法相同哦。”米尔嘉说。

ζ函数、调和级数、调和数

$$\zeta(s)=\sum_{k=1}^{\infty}\frac{1}{k^s}\qquad\text{（ζ函数的定义式）}$$

$$H_\infty=\sum_{k=1}^{\infty}\frac{1}{k}\qquad\text{（调和级数的定义式）}$$

$$H_n=\sum_{k=1}^{n}\frac{1}{k}\qquad\text{（调和数的定义式）}$$

写到这里，米尔嘉闭上眼睛，手指划起了字母L状，像是在指挥一样，接着又睁开了眼睛。

“嗨，你还记得我们曾在离散函数的世界里寻找指数函数吗？”她说。

“嗯，我记得啊。”好像是建立了差分方程式，然后求得解的。

“那么，你看看这个问题该怎么做吧。在离散函数的世界里寻找‘指数函数的反函数’——也就是寻找对数函数。”她说。

问题8-3

请定义与连续函数世界里的对数函数 $f(x)=\log_e x$ 相对应的离散函数世界里的函数 $L(x)$。

连续函数的世界	$\longleftrightarrow$	离散函数的世界
$\log_e x$	$\longleftrightarrow$	$L(x)=?$

“好了，那么我先回家了哦。你慢慢思考吧。”米尔嘉说。

米尔嘉擦了擦沾有粉笔灰的手指，就朝教室门口走去。走到门口又回头说：“我事先提醒你哦，你的弱点是不肯画图。仅仅反复玩弄公式并不是数学。”

8.7　两个世界、四种运算

晚上。

我在自己的房间打开笔记本，开始思考米尔嘉给我布置的问题。

问题是在离散函数的世界里寻找与对数函数 $f(x)=\log_{\mathrm{e}} x$ 相对应的函数。

以前，在寻找指数函数的时候，是利用 $\mathrm{d}\mathrm{e}^x=\mathrm{e}^x$ 和 $\Delta E(x)=E(x)$ 相对应的关系把问题解决的。微分方程式和差分方程式是相对应的。

这次也从与对数函数 $f(x)=\log_{\mathrm{e}} x$ 相对应的微分方程式开始做起吧。

求对数函数 $f(x)=\log_{\mathrm{e}} x$ 的微分的方法我在书上看到过。

$$
\begin{gathered}
f(x)=\log_{\mathrm{e}} x \\
\downarrow \text{微分} \\
f'(x)=\frac{1}{x}
\end{gathered}
$$

将“微分后得 $\frac{1}{x}$”这一性质考虑成对数函数满足的微分方程式看看。因为 $\frac{1}{x}$ 还可以写成 x^{-1} 的形式，所以我们也可以说“微分后得 x^{-1}”。米尔嘉过去将微分的运算符号用 d 来表示，我现在也这么用，那么就可以得到以下式子。

$$\mathrm{d}\log_{\mathrm{e}} x=x^{-1} \qquad \text{对数函数满足的微分方程式}$$

从这里开始推，与 $\log_{\mathrm{e}} x$ 相对应的离散函数世界中的函数 $L(x)$ 就可以考虑成是满足如下差分方程式的式子。一般来说，可以使用下降阶乘幂 $\underline{-1}$ 次方来代替 -1 次方。

$$\Delta L(x)=x^{\underline{-1}} \qquad \text{函数 } L(x) \text{ 满足的差分方程式}$$

但是，过去和米尔嘉讨论的时候，我们只考虑了在 n 大于 0 的范围内的下降阶乘幂$x^{\underline{n}}$，如下所示。

下降阶乘幂的定义（n为正整数）

$$x^{\underline{n}} = \underbrace{(x-0)(x-1)\cdots(x-(n-1))}_{n\text{ 个}}$$

也就是说，必须考虑当 n 小于等于 0 的时候将$x^{\underline{n}}$定义成什么比较妥当。

当 $n = 4, 3, 2, 1$ 的时候，$x^{\underline{n}}$分别如下。

$$\begin{aligned}
x^{\underline{4}} &= (x-0)(x-1)(x-2)(x-3) \\
x^{\underline{3}} &= (x-0)(x-1)(x-2) \\
x^{\underline{2}} &= (x-0)(x-1) \\
x^{\underline{1}} &= (x-0)
\end{aligned}$$

仔细观察以上式子，我们可以得到以下结论。

- 将$x^{\underline{4}}$除以$(x-3)$我们可以得到$x^{\underline{3}}$。
- 将$x^{\underline{3}}$除以$(x-2)$我们可以得到$x^{\underline{2}}$。
- 将$x^{\underline{2}}$除以$(x-1)$我们可以得到$x^{\underline{1}}$。

如果继续延伸下去，我们还可以得到以下结论。

- 将$x^{\underline{1}}$除以$(x-0)$我们可以得到$x^{\underline{0}}$。
- 将$x^{\underline{0}}$除以$(x+1)$我们可以得到$x^{\underline{-1}}$。
- 将$x^{\underline{-1}}$除以$(x+2)$我们可以得到$x^{\underline{-2}}$。
- 将$x^{\underline{-2}}$除以$(x+3)$我们可以得到$x^{\underline{-3}}$。

换句话说，我们可以得到以下结论。

$$
\begin{aligned}
x^{\underline{0}} &= 1 \\
x^{\underline{-1}} &= \frac{1}{(x+1)} \\
x^{\underline{-2}} &= \frac{1}{(x+1)(x+2)} \\
x^{\underline{-3}} &= \frac{1}{(x+1)(x+2)(x+3)}
\end{aligned}
$$

下降阶乘幂的定义（n 为整数）

$$
x^{\underline{n}} = \begin{cases} (x-0)(x-1)\cdots(x-(n-1)) & (n>0\text{ 时}) \\ 1 & (n=0\text{ 时}) \\ \frac{1}{(x+1)(x+2)\cdots(x+(-n))} & (n<0\text{ 时}) \end{cases}
$$

好了，我们再回到对数函数上，目标是解出以下这个差分方程式。

$$
\Delta L(x) = x^{\underline{-1}}
$$

首先来看左边，根据 Δ 的定义，可以得到 $L(x+1)-L(x)$。

再来看右边，根据 $x^{\underline{-1}}$ 的定义，可以得到 $\frac{1}{x+1}$。所以差分方程式就可以变为以下形式。

$$
L(x+1)-L(x) = \frac{1}{x+1} \qquad L(x)\text{ 的差分方程式}
$$

接下来如果能求出 $L(x)$ 就好了。咦？怎么回事呀？

$L(x+1)-L(x)=\frac{1}{x+1}$ 和我之前和泰朵拉说过的式子不是正好一样吗？嗯，就是这个式子。

$$H_{n+1} - H_n = \frac{1}{n+1} \qquad \text{调和数} H_n \text{的递推公式}$$

$L(x)$ 的差分方程式和调和数 H_n 的递推公式相同！如果是这样的话，我们将 $L(1)$ 定义为 1。这样一来，就可以得到以下非常简单的关系式了。

$$L(x) = \sum_{k=1}^{x} \frac{1}{k}$$

如果使用调和数 H_n 这个表示方法的话，我们可以得到以下式子。

$$L(x) = H_x \qquad x \text{为正整数}$$

到此为止，我们可以解出问题 8-3 了。

解答 8-3

$$\begin{aligned} L(x) &= \sum_{k=1}^{x} \frac{1}{k} \\ &= H_x \qquad \text{（调和数）} \end{aligned}$$

所以，我们可以得到以下对应关系。

对数函数和调和数的关系

$$\begin{array}{ccc} \text{连续函数的世界} & \longleftrightarrow & \text{离散函数的世界} \\ \log_e x & \longleftrightarrow & H_x = \sum_{k=1}^{x} \frac{1}{k} \end{array}$$

但是，不知道怎么的一下子就是想出不来啊。对数函数原来和调和数是如此紧密地联系在一起的啊！

稍微等一下。在说“微分和差分”的时候，米尔嘉最后提到了“积分与和分”。“连续函数的世界”与“离散函数的世界”是两个世界。微分、差分、积分、和分是四种运算……好吧，我用图示来整理一下。

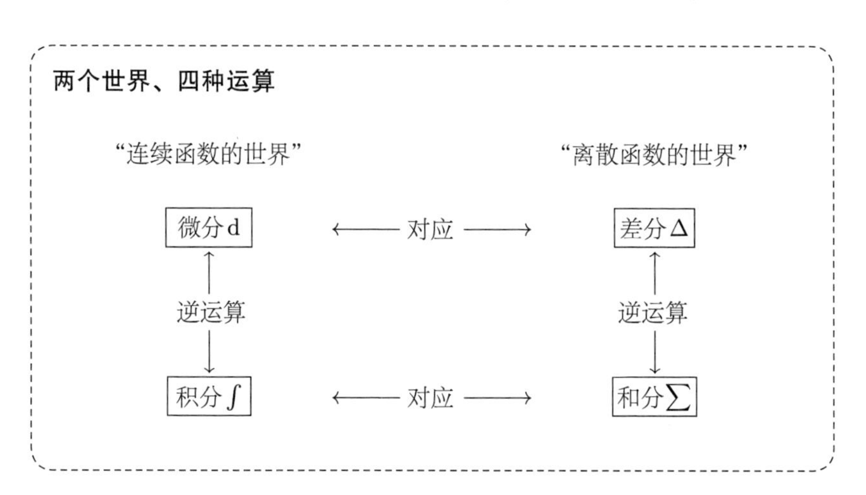

嗯，我归纳得很不错啊。在这个图中，我可以将“调和数”写在右下方的“和分 $\sum$”的位置。也就是说，当它回到连续函数的世界中时……啊，对了！ $\log_e x$ 进行微分后可得 $\frac{1}{x}$ 的话，也就是说将 $\frac{1}{x}$ 积分后就可以得到 $\log_e x$ 了。因为写成了 $\log_e x$，所以我一下子没想出来。如果写成 $\int_1^x \frac{1}{t}$ 的话就好了。

对数函数和调和数的关系

连续函数的世界 $\longleftrightarrow$ 离散函数的世界

$$\log_e x = \int_1^x \frac{1}{t} \quad \longleftrightarrow \quad H_n = \sum_{k=1}^{n} \frac{1}{k}$$

这样一来就可以接受了。

连续函数世界中的积分用 $\mathrm{d}t$ 来表示是可以的吧。那么，离散函数世界中的和分就有必要表示成 δk 吧。啊，假设 δk 为 1 的话，就可以前后相呼应了。

$$\int_1^x \frac{1}{t}\mathrm{d}t \qquad \longleftrightarrow \qquad \sum_{k=1}^{n} \frac{1}{k}\delta k$$

嗯，很完美地总结了出来。数学公式真是让人神清气爽啊！

“你的弱点是不肯画图。”

呜呜，被米尔嘉这样直白地指出自己的弱点，真是难过啊！比被人踩了一脚还疼。

好吧，就照米尔嘉所说的，我来画图看看。我把表示积分与和分的面积的图都画出来就可以了吧。

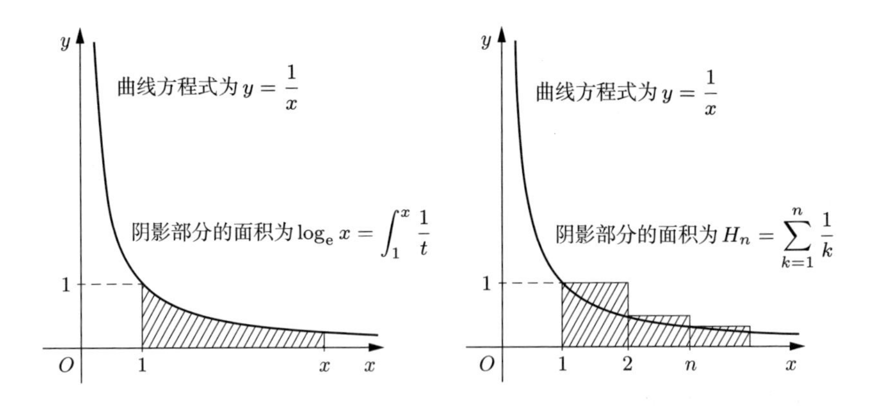

啊，“连续函数的世界”与“离散函数的世界”之间的对应关系从图像上看果然是一目了然。真是让我大吃一惊啊！

8.8 已知的钥匙、未知的门

“所以，我了解了‘连续函数世界中的对数函数’与‘离散函数世界中的调和数’的对应关系。”

还是那条回家的路。我和泰朵拉并排走在前往电车站的路上，一边走我一边告诉她米尔嘉给我布置的问题和我所得到的成果。

“这么一想，如果我们仔细讨论奥里斯姆的证明的话，当时应该就能发现的。你看，在证明$\sum_{k=1}^{\infty}\frac{1}{k}$朝正的无穷大发散的时候，1 个，2 个，4 个，8 个，……，我们将各项以 2^m 个为一组进行了分组对吧！也就是说，集合起来的项的个数是呈指数函数形式增加的。那个时候我们如果能发现调和数与指数函数的反函数，也就是对数函数有相似的可能性就好了。”我说。如果那个时候就画个图的话，我就可能在米尔嘉出题之后立即回答出来了。一而再再而三的计算真是绕了个大圈子，米尔嘉说的真是一点没错。

泰朵拉听着我的话，虽是一副很有兴趣的样子，但是她突然站住了，脸上露出无精打采的神色。

“学长，虽然我曾经很得意地吹嘘自己‘也想研究一下课题’，但是最后的结果却是没能发现任何‘有意思的东西’，后来全都是学长教我的。我的数学果然是不行啊。”泰朵拉垂头丧气地说。

“泰朵拉，你自己也曾尽力思考过吧？这才是最最重要的。即使什么都没有发现也没有关系，只要自己认真思考过了，之后再听我讲解，就能够立马理解了。可不能忘记这一点哦。”我鼓励她。

泰朵拉一直听着我说话。

我又继续说道：“你总是试着在自己理解数学公式吧。光这一点就很了不起哦。很多人只要一看到数学公式思维就停止了。在思考数学公式之前，他们自己不首先进行独立思考。当然，数学公式太难了，不能理解的情况也很多。但是，即使不能全部理解，也应该认识到‘到这里为止我明白了，接下来我就不明白了’。如果你自己都认为自己‘不行’，那你就不会去尝试理解了，也就不会思考了。有人会嚷嚷着说学习数学真是一点好处都没有。但是，在你嚷嚷的时候，你的思想就会从‘因为学数学没好处，所以就不用理解了’变为‘即使学数学有好处我也不能理解’。将数学认为是酸葡萄那可不行哦。一直在挑战着的泰朵拉你可是很厉害的哦。”

“但是……我看学长您出题目，解题目，虽然能够理解，但是如果让我自己来做，我觉得自己肯定不行。我该怎么办才能自己解题呢？应该从哪个思路着手才好呢？我很困惑。”

“但是呢，我自己也不是根据题目意思就能立刻想到新颖的解题思路哦。在什么地方看到过的方法啦，过去解出来的结果等才是我解题的基础。上课时练习过的习题、自己思考过的课题、书本上有过的例题、和朋友们讨论过的解法等，都是我寻找宝物、挖掘宝藏的武器。”我说。

我开始走起来，泰朵拉也开始并排和我走起来。我又继续说道：“解出题目时那种心跳的感觉就和使用不等式判断数学式子大小的感觉相似。通过等式不一定能一下子求出答案，这时我们就可以考虑‘根据目前已经得到的结论来判断，答案应该比这个数字大，比那个数字小……’以自己手中掌握的结论为线索，一点一点朝正确答案逼近。如果不能一下子求出答案，就可以从已经知道的地方开始着手，插上楔子，然后再用千斤顶把岩石撬开。用已知的钥匙去开未知的门。”

听了这些话后，泰朵拉的双眼开始发亮。

“泰朵拉，你可以慢慢地去体验那种通过学习使自己恍然大悟的感觉。即使自己想不出来也没有关系，看了别人巧妙的证明后能够为之感动，这也是很重要的。”

“嗯嗯，我明白。在学习英语的时候，听到本地人那漂亮的发音，我也曾想过如果自己能有那么漂亮的发音就好了。不过，听了学长的话，我感到精神百倍。我……我……我真的……”泰朵拉边说边放慢了脚步。她一直是那么充满活力，可唯独在回家的路上走得很慢。

我们沉默着行走了片刻。

“啊，对了，这个周六，我们去看天象仪吧？”我提议道。

“嗯……和学长一起吗？去看天象仪？我？”泰朵拉用食指指着自己的鼻子问道。

“我从都宫那里拿到了免费入场券，发现还比较有观看价值。你不喜欢吗？”我问道。

“我很喜欢！我去！哇！我真是太开心了学长。——啊！不过，您不邀请‘那个人’没关系吗？那个……米尔嘉。”她说。

“啊，对哦。如果泰朵拉没时间去的话我就叫她。”我说。

泰朵拉连忙说：“没……没有！我有空的！我一定会去！”

8.9 如果世界上只有两个质数

如果世界上只有两个人的话，人类的烦恼一定会大大减少。正因为人口过多，人和人之间一比较就会情绪低落，就会互相争斗。比如说，如果像亚当和夏娃那样只有两个人的话，那么就不会产生什么争执。不，即使只有亚当和夏娃两人，不也产生了争执吗？但是当时还有蛇呢。如果真的只有那两个人的话，也许就不会产生问题了吧。不，还是有可能会产生问题的。而且，即使最初只有两个人，但这两个人迟早会生出孩子，人口会增加的。这样一来，也可能会产生烦恼。

米尔嘉问：“你在想什么呢？”

我回答道：“我在想如果世界上只有两个人的话会怎么样。”

“嗯，这样啊，你打开着笔记本在想这个？那么，我们来说说‘如果世界上只有两个质数’的话题吧。”米尔嘉像往常一样，拿过我的笔记本，写起了数学公式。

8.9.1 卷积

“我们按照顺序来说吧。首先，我们考虑一下下列积的形式。”米尔嘉说。我沉默着听她说。

$$\left(2^0+2^1+2^2+\cdots\right)\cdot\left(3^0+3^1+3^2+\cdots\right)$$

“这个乘积朝着正的无穷大发散，所以可以称为形式上的积。但是，我们把开头的几项展开看看。”

$$2^0 3^0+2^0 3^1+2^1 3^0+2^0 3^2+2^1 3^1+2^2 3^0+\cdots$$

“根据指数的和进行分组后可以清楚地得到以下形式。”

$$\left(2^0 3^0\right)+\left(2^0 3^1+2^1 3^0\right)+\left(2^0 3^2+2^1 3^1+2^2 3^0\right)+\cdots$$

“也就是说，可以用以下二重和的形式来表示。”

$$\sum_{n=0}^{\infty}\sum_{k=0}^{n}2^k 3^{n-k}$$

我看着式子的展开，点了点头说：“米尔嘉，这个是卷积吧。外侧的 $\sum_{n=0}^{\infty}$ 中 n 由 $0,1,2$ 开始一点点增加。然后，在内侧的 $\sum_{k=0}^{n}$ 中，列举出分别与这些数字相对应的 2 和 3 的指数和为 n 的数字。也就是说，用 2 和 3 来划分指数。”

“用 2 和 3 来划分指数吗？——哦，确实可以这么说呢。那么，**只含有质因数 2 或 3 的正整数一定会在这个和的形式的某个地方出现吧**。为什么这么说呢？这是因为 2 和 3 的指数中，大于等于 0 的整数的任意组合一定会出现一次的。”米尔嘉说。

我回答说："哦，原来如此，确实如此。"

"虽说是只含有质因数 2 或 3，但也包含 1 这个数哦。"她补充道。

8.9.2 收敛的等比数列

米尔嘉继续说道："接下来，我们来考虑以下无穷级数的乘积。我们先把它取名为 Q_2 吧。"

$$Q_2 = \left(\frac{1}{2^0} + \frac{1}{2^1} + \frac{1}{2^2} + \cdots\right) \cdot \left(\frac{1}{3^0} + \frac{1}{3^1} + \frac{1}{3^2} + \cdots\right)$$

"刚才是朝正的无穷大发散的数字的乘积，这次不同了。为什么这么说呢？这是因为 Q_2 的两个因式的无穷级数是收敛的等比数列。用等比数列的公式来计算两个因式，Q_2 就变成了'积的形式'了。"米尔嘉说。

$$\begin{aligned} Q_2 &= \left(\frac{1}{2^0} + \frac{1}{2^1} + \frac{1}{2^2} + \cdots\right) \cdot \left(\frac{1}{3^0} + \frac{1}{3^1} + \frac{1}{3^2} + \cdots\right) \\ &= \left(\frac{1}{1-\frac{1}{2}}\right) \cdot \left(\frac{1}{1-\frac{1}{3}}\right) \qquad \text{“积的形式”} \end{aligned}$$

她又接着说："接下来，我们将 Q_2 从头开始展开看看，这样就能将 Q_2 变化成'和的形式'了，这样一来，分母中就出现了刚才的 $2^k 3^{n-k}$ 的形式。"

$$\begin{aligned} Q_2 &= \left(\frac{1}{2^0} + \frac{1}{2^1} + \frac{1}{2^2} + \cdots\right) \cdot \left(\frac{1}{3^0} + \frac{1}{3^1} + \frac{1}{3^2} + \cdots\right) \\ &= \underbrace{\left(\frac{1}{2^0 3^0}\right)}_{n=0} + \underbrace{\left(\frac{1}{2^0 3^1} + \frac{1}{2^1 3^0}\right)}_{n=1} + \underbrace{\left(\frac{1}{2^0 3^2} + \frac{1}{2^1 3^1} + \frac{1}{2^2 3^0}\right)}_{n=2} + \cdots \\ &= \sum_{n=0}^{\infty} \sum_{k=0}^{n} \frac{1}{2^k 3^{n-k}} \qquad \text{“和的形式”} \end{aligned}$$

“好了，我们用两种方法求得了 Q_2。所以，以下等式成立。”米尔嘉说。

$$\left(\frac{1}{1-\frac{1}{2}}\right)\cdot\left(\frac{1}{1-\frac{1}{3}}\right)=\sum_{n=0}^{\infty}\sum_{k=0}^{n}\frac{1}{2^k3^{n-k}}$$

我说：“左边是积，右边是和吧。”

8.9.3　质因数分解的唯一分解定理

“那么在此我们假设‘世界上只有 2 和 3 这两个质数’看看。这样一来，所有的正整数一定会在 $\sum_{n=0}^{\infty}\sum_{k=0}^{n}\frac{1}{2^k3^{n-k}}$ 的分母 2^k3^{n-k} 中出现一次。”米尔嘉说。

“嗯？米尔嘉，不是所有的整数都可以用 2^k3^{n-k} 的形式来表示的啊。加上 1 这个数字，只有含有 2 或者 3 这两个质因数的正整数吧。比如说 5、7、10 之类的数字就不能用此形式表示吧。”我反驳道。

“所以，我先假设了‘世界上只有 2 和 3 这两个质数’啊。如果世界上只有 2 和 3 这两个质数的话，就没有 5、7、10 之类的整数了。你还不明白我想说什么吗？”

“米尔嘉，你想说的是**质因数分解的唯一分解定理**吧。因为‘比 1 大的所有整数都可以用质数的乘积形式来表示’，所以你想说‘如果世界上只有 2 和 3 这两个质数的话，就没有 5 和 7 之类的整数吧’。不过，‘世界上只有两个质数’的话题就不要讨论了吧，事实上也不可能这样啊。”

“明白了。既然你这么说，那就不要讨论了。正因为只有两个质数，所以不可能。也对，因为只有两个质数这件事本身就不可能吧。那么，我们这样，假设世界上的质数只有 m 个。”米尔嘉浅浅地笑着说。

“不行，我都说了不行了。无论是 2 个还是 m 个，这不是一样的吗？如果做这样的假设的话，就把质数认定为有限个了啊。”真不知道米尔嘉到底在说什么。

“我就是假设‘质数有有限个’啊，你还没有发现吗？”米尔嘉说。

看着她的表情，我突然明白了。

“是反证法吧！”

8.9.4 质数无限性的证明

反证法是证明的基本方法。如果用一句话来概括反证法的话，就是‘先写出要证明的命题的否命题，然后找出矛盾’。但是，想写出自己要证明的命题的否命题真是一种比较难的方法，不擅长此方法的人很多。

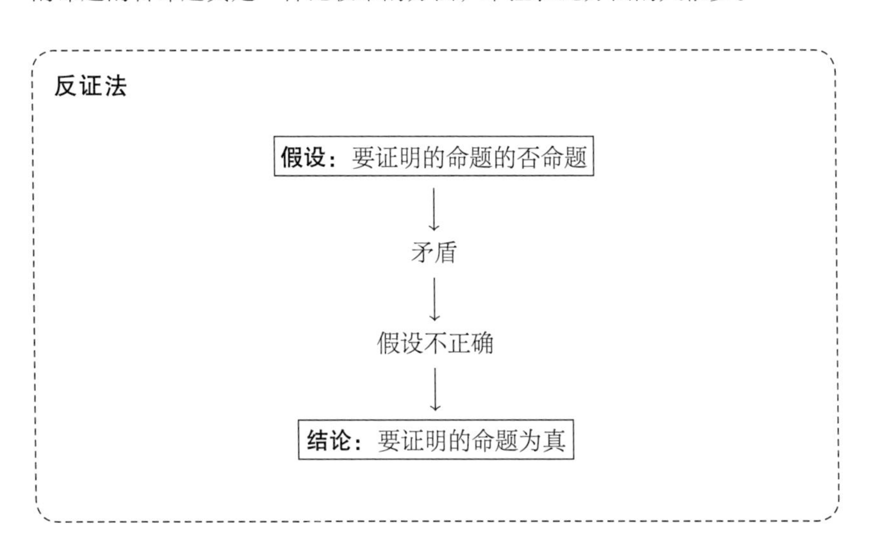

“那么我们就用反证法来证明一下**质数的个数有无限个**这个命题。”米尔嘉就这样宣战了，她摊开双手，就好像是要开始做手术的外科医生一样。

“对了，米尔嘉，要证明质数的无限性是不是用欧几里得的证明方法呢？假设质数的个数为有限个，那么所有的质数相乘后加上 1 的数也应该为质数……”我还没说完，米尔嘉在我面前摆摆手，示意我停下。

“假设质数的个数为有限个。”米尔嘉斩钉截铁地继续说道，“假设质数的个数有 m 个，这样一来，将所有的质数按照从小到大的顺序排列，

表示成

$$p_1, p_2, \cdots, p_k, \cdots, p_m$$

最初的三个数为 $p_1=2, p_2=3, p_3=5$。于是，我们可以思考一下无限和的有限积 Q_m。”

$$\begin{aligned} Q_m &= \left(\frac{1}{2^0}+\frac{1}{2^1}+\frac{1}{2^2}+\cdots\right)\cdot\left(\frac{1}{3^0}+\frac{1}{3^1}+\frac{1}{3^2}+\cdots\right) \\ &\qquad \cdots\cdots\left(\frac{1}{{p_m}^0}+\frac{1}{{p_m}^1}+\frac{1}{{p_m}^2}+\cdots\right) \\ &= \prod_{k=1}^{m}\left(\frac{1}{{p_k}^0}+\frac{1}{{p_k}^1}+\frac{1}{{p_k}^2}+\cdots\right) \\ &= \prod_{k=1}^{m}\frac{1}{1-\frac{1}{p_k}} \qquad \text{“积的形式”} \end{aligned}$$

“也就是说，我们将刚才 Q_2 中只有 2 个质数转变为了有 m 个质数。因为 m 是个有限数，所以 Q_m 也应该是个有限数。”米尔嘉补充道。

我边看着式子边思考。

“哈哈，原来如此。也是哦。因为质数 p_k 是大于等于 2 的数字，所以等比数列 $\frac{1}{{p_k}^0}+\frac{1}{{p_k}^1}+\frac{1}{{p_k}^2}+\cdots$ 收敛成 $\frac{1}{1-\frac{1}{p_k}}$。也就是说，是个有限的数值吧。”

“嗯，对，然后呢，从这里开始才比较有意思哦……”米尔嘉一边这么说着，一边吐出小舌头慢慢地舔了舔上嘴唇。

然后她继续说：“我们用刚才计算只有 2 和 3 两个质数时的方法来算有 m 个质数的情况。也就是说，先在脑海中放入有限个这个概念，然后再具体展开。如果照你的话来说，这次就不是用两个数来‘划分’指数，而是用 m 个数来‘划分’。”

$$\begin{aligned}Q_m &= \left(\frac{1}{2^0}+\frac{1}{2^1}+\frac{1}{2^2}+\cdots\right)\cdot\left(\frac{1}{3^0}+\frac{1}{3^1}+\frac{1}{3^2}+\cdots\right)\\ &\qquad\cdots\cdots\left(\frac{1}{{p_m}^0}+\frac{1}{{p_m}^1}+\frac{1}{{p_m}^2}+\cdots\right)\\ &= \underbrace{\left(\frac{1}{2^0 3^0 5^0\cdots p_m^0}\right)}_{\text{指数和为 0 的项}}+\underbrace{\left(\frac{1}{2^1 3^0 5^0\cdots p_m^0}+\cdots+\frac{1}{2^0 3^0 5^0\cdots p_m^1}\right)}_{\text{指数和为 1 的项}}+\cdots\\ &= \sum_{n=0}^{\infty}\underbrace{\sum\frac{1}{2^{r_1}3^{r_2}5^{r_3}\cdots p_m^{r_m}}}_{\text{指数和为 } n \text{ 的项}} \qquad \text{“和的形式”}\end{aligned}$$

米尔嘉说：“可以变成这样的形式。”

“嗯……最后这个式子的意思我不太明白。尤其是内侧的$\sum$上什么都没有写。”我说。

“虽然那个$\sum$上什么都没有写，但是只要满足 $r_1+r_2+\cdots+r_m=n$ 这个条件，取关于 $r_1,r_2,\cdots,r_m$ 的总和就可以了。”米尔嘉说。

“这就是你所说的‘指数和为 n 的所有组合’吧，米尔嘉。”我说。

“嗯，对的。也就是说这个 Q_m 是 $\frac{1}{\text{质数的乘积}}$ 这一形式的各项的总和哦。质数 p_k 的指数用 r_k 来表示，指数和为 n 的所有组合就是取 $\frac{1}{\text{质数的乘积}}$ 的和。那么，我们来关注一下分母，也就是‘质数的乘积’部分。就是这样的吧。”

$$2^{r_1}3^{r_2}5^{r_3}\cdots p_m^{r_m}$$

“接下来，根据反证法的假设，我们可以知道世界上只有 m 个质数。根据质因数分解的唯一分解定理，我们可以知道所有的正整数都可以质因数分解为 $p_1^{r_1}p_2^{r_2}p_3^{r_3}\cdots p_m^{r_m}$ 这种唯一的形式。也就是说，Q_m 展开后各项的 $\frac{1}{\text{质数的乘积}}$ 的分母中，所有的正整数一定会出现一次，而且只出现一次。”米尔嘉说。

“嗯……这和刚才讨论的只有 2 和 3 两个质数时的情况是相同的。”我说。

“分母中‘所有的正整数一定会出现一次，而且只出现一次’的说法无非就是要说明以下式子成立的意思。”

$$Q_m = \frac{1}{1} + \frac{1}{2} + \frac{1}{3} + \frac{1}{4} + \cdots$$

“啊！”我突然发现是调和级数。

“你好像发现了吧。”米尔嘉说。

“Q_m 照理应该是有限值，但如果是这样的话它就会发散下去。”我说。

“正是如此。利用收敛的无限等比数列，我们已经证明 Q_m 为有限值了。”米尔嘉说个不停。

$$Q_m = \prod_{k=1}^{m} \frac{1}{1 - \frac{1}{p_k}} \qquad \text{（有限值）}$$

“对了，接下来就把 Q_m 与调和级数 $\sum_{k=1}^{\infty} \frac{1}{k}$ 之间划上等号。”

$$Q_m = \sum_{k=1}^{\infty} \frac{1}{k} \qquad \text{（调和级数）}$$

“也就是说，可以写成以下这个等式关系。”

$$\prod_{k=1}^{m} \frac{1}{1 - \frac{1}{p_k}} = \sum_{k=1}^{\infty} \frac{1}{k}$$

“从质数的个数是有限的这一假设可以得出等式左边是‘有限值’，而等式右边因为是调和级数，所以‘朝正的无穷大发散’。左右两边是互相矛盾的。”米尔嘉说。

我惊讶得说不出话来。

“这样我们就从‘质数的个数是有限的’这一假设上找出了矛盾，所以假设不成立，它的否命题，也就是‘质数的个数是无限的’是成立的。Quod Erat Demonstrandum，证明结束。”米尔嘉突然竖起手指宣布说，“好了，到这里我们的工作就告一段落了。”

将调和级数的发散性和质数的无限性联系起来，这种解法真是让我大吃一惊。这真是个宝贝啊！

“这是从我们的老师那里套用的证明方法哦。”她说。

“我们的老师？”我不解。

“是 18 世纪最伟大的数学家——欧拉啊。”她目不转睛地看着我答道。

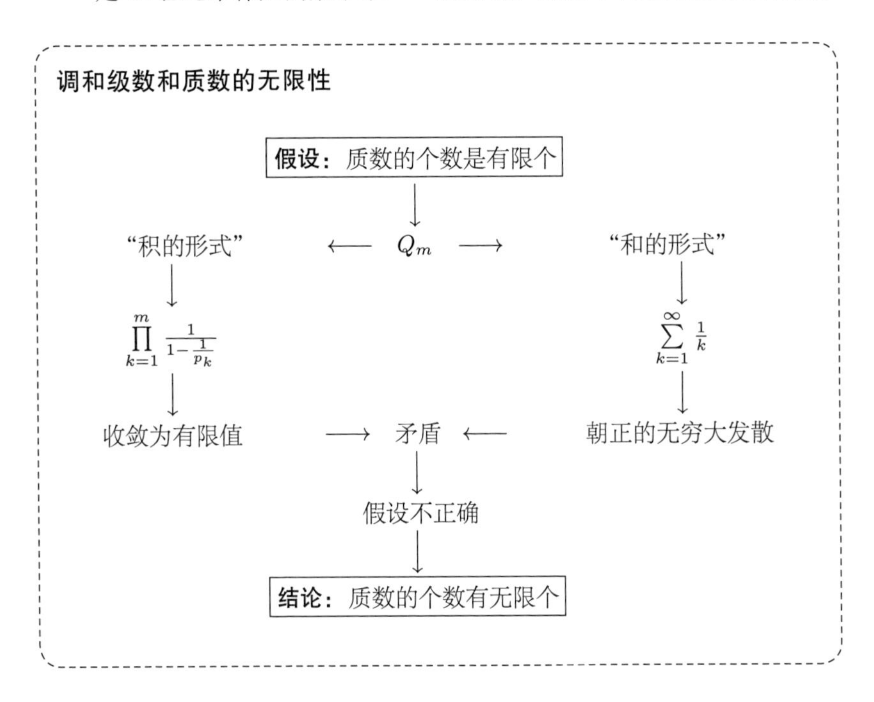

8.10 天象仪

周六，去看天象仪的人很多，有情侣，也有三口之家。我和泰朵拉并排坐在位子上。在半球形屋顶的中央有很多奇形怪状的黑色投影仪。

“和学长一起来看天象仪，我有点紧张，今天早上很早就起床了。呵呵。”泰朵拉挠挠头说。

过了一会儿，灯灭了，呈现出一片片火烧云的风景。随着太阳渐渐落下，星星一颗一颗地出来了，不知不觉间夜空中布满了大小各异的光点。

“哇，真漂亮！”坐在我身旁的泰朵拉轻声感叹道。确实很漂亮。

——接下来，让我们飞往北极点吧——

解说员的话音刚落，整个天空晃动起来，所有的星星开始飘动。真的有飘浮在空中的感觉，我们情不自禁地开始转动身子，一转眼就到达了北极点。

“是极光！”不知道从哪里传来小孩子兴奋的叫声。

原本微弱的光亮逐渐给人厚实的感觉，形成窗帘的形状。色调连绵起伏，感觉重重叠叠，把我们包围了起来。观众席上一片寂静，大家都沉浸在光的和谐之中。

我和泰朵拉脱离了往常的世界，脱离了往常的时间，一起到达了北极点，来到这个远离世界、远离时间的地方。我们一起抬头仰望宇宙，看着那满天繁星。星星应该是有限个的，但实在太多了，数也数不清。

就在那时——

我突然吓了一跳，因为我的右手手腕感受到了泰朵拉的重量。

她突然抱起我的胳膊肘，身体靠近我，让我感到了她身体的重量。和往常一样的甘甜香气越来越浓。

泰朵拉……

从北极点那里能看到星座……地轴的倾斜度……极昼……耳边一直传来解说的声音，可是我的脑袋一片空白，什么都没留下。

空中浮现出星星，而我心中却浮现出泰朵拉的身影。一叫她名字就会神采奕奕的泰朵拉，急急忙忙行事匆匆的泰朵拉，有着认真表情的泰朵拉，一直到自己能接受为止仔细思考的泰朵拉，但有时候也会犯一些低级错误的泰朵拉，一直活力充沛的泰朵拉。

这样的泰朵拉是不是对我有意思?

我究竟在想些什么呀，我自己也不知道。

即使我们两人不可能趣味相投，但是至少也可以朝着这个方向努力，无限逼近吧。如果这要花很多时间，我们也要像做递推公式那样步步逼近。

我们共同拥有的是有限的现在。能看到的东西真的是只有一点点，知道的东西也真的是只有一点点。但是，把我们已经找到的东西当作线索，把我们已经知道的东西当作千斤顶，我们就能抓住无限。我们没有翅膀，但是我们有语言。

就这么不知过了多长时间，终于天空中的极光消失了，解说员那平静的声音又把我拉回了现实。

——好了，大家玩得开心吗——

场内亮起了灯光。星星被明亮的灯光给吞噬了。到刚才为止还充满星星的光滑的天空现在变成了类似于多面体的凹凸不平的屏幕。

从幻想中回归现实的观众们似乎还恋恋不舍，但也松了一口气。有人咳嗽，有人伸懒腰，也有人准备回去。大家都各自回到了各自的日常生活中。

但是。

但是，我还被泰朵拉紧紧拽着。我们俩还停留在北极点，在那遥远的世界，在极光下。

嗯，我该怎么开口说好呢?我慢慢地转向她。

“咦，这是怎么回事?”泰朵拉靠着我竟然睡着了，而且她睡得很香。

No.

Date . . .

我的笔记

部分和 $$\sum_{k=1}^{n} a_k = a_1 + a_2 + a_3 + \cdots + a_n$$

无穷级数 $$\sum_{k=1}^{\infty} a_k = a_1 + a_2 + a_3 + \cdots$$

调和数 $$H_n = \sum_{k=1}^{n} \frac{1}{k} = \frac{1}{1} + \frac{1}{2} + \frac{1}{3} + \cdots + \frac{1}{n}$$

调和级数 $$H_\infty = \sum_{k=1}^{\infty} \frac{1}{k} = \frac{1}{1} + \frac{1}{2} + \frac{1}{3} + \cdots$$

ζ 函数 $$\zeta(s) = \sum_{k=1}^{\infty} \frac{1}{k^s}$$

ζ 函数和调和级数 $$\zeta(1) = \sum_{k=1}^{\infty} \frac{1}{k}$$

ζ 函数和欧拉乘积公式 $$\zeta(s) = \prod_{\text{质数}\,p} \frac{1}{1 - \frac{1}{p^s}}$$

第9章
泰勒展开和巴塞尔问题

为此增加了几章，
用于考察很多无穷级数的性质与和，
其中有些级数的和不用无穷分析是很难求出的。
——欧拉，《无穷分析引论》[25]

9.1 图书室

9.1.1 两张卡片

“学长，有信件！有信件！”

总是精力旺盛的泰朵拉跑过来，手里挥舞着卡片大声嚷道。她的音量也太……

“喂，泰朵拉，这里可是图书室！我们可是高中生！这里需要保持安静。能不能小点声呐！”

“噢，真是不好意思。”她对我点了一下头，然后不好意思地环视了一下四周。

还是和往常一样的图书室，还是和往常一样的放学后，还是和往常一样慌慌张张的小丫头，泰朵拉。

虽然图书室里只有我们几个人，但是太吵的话，惊动图书管理员瑞谷老师就不太好了。

“嗯，这张是学长的。”泰朵拉看了看手中的两张卡片，拿出一张递给我，“这张是我的。”说着，把另一张揣在胸前。

“村木老师的卡片，泰朵拉也拿到了吗？”

“哦，是的。我和村木老师说我正在让学长教我数学，然后老师就把卡片给了我，说一张是我的，另一张是给学长的。我，泰朵拉，今天就是邮递员啦。”

泰朵拉的脸上露出了无忧无虑的笑容。

我的卡片上面写着这样的式子。

我的卡片

$$\sum_{k=1}^{\infty} \frac{1}{k^2}$$

泰朵拉的卡片是这样子的。

（泰朵拉的卡片）

$$\sin x = \sum_{k=0}^{\infty} a_k x^k$$

“学长，我的卡片，就是研究课题吧？”又认真起来的泰朵拉坐在我的旁边说。

“是的，是研究课题。根据这张卡片自己想问题，自由地思考讨论。村木老师时常会给我们出这种问题……”

泰朵拉双手拿着自己的卡片，认真地看着，在思考式子表示何种意思。

“嗯，但是学长，像 $\sin x = \sum_{k=0}^{\infty} a_k x^k$ 这种方程式，我无论如何也解

不出来。”

“泰朵拉，这不是求 x 之类的问题。也就是说，这并不是方程式。”我一笑。

“这难道不是方程式？”

“是的。这不是方程式，而是恒等式。这卡片上的式子就像恒等式一样，即对于所有的 x 都成立。我想这是一个求数列 $a_0, a_1, a_2, \cdots$ 的问题。”

“哦……学长，能不能提示一下我啊？后面的主干问题我自己来解决，就提示一下最开始的一点点线索好吗？”

泰朵拉的手伸到了看不见的梯子上，通过这梯子，她一定能升到空中去。

一直到达无限的彼岸。

9.1.2 无限次多项式

“那我们来这样设定问题吧。”我一边说，一边在泰朵拉的卡片上开始写。

问题 9-1

假设函数 $\sin x$ 能展开成如下所示的幂级数。这时，求数列 $\langle a_k \rangle$ 的通项公式。

$$\sin x = \sum_{k=0}^{\infty} a_k x^k$$

“什么叫**幂级数**啊？”

“像这张卡片右边那样的无限次多项式就是幂级数。多项式——比如说，关于 x 的 2 次多项式你总知道吧。”

“比如这个式子。”她把笔记本摊开。

$$ax^2 + bx + c \qquad \text{二次多项式（？）}$$

“是的。但是严格来讲是错的。必须要添上$a \neq 0$。不然的话，比如$a=0, b \neq 0$时，就不是二次多项式了，就变成了一次多项式了。所以要把条件添上。”

“好。”

她马上回应，并记在了笔记本上。很乖。

$$ax^2+bx+c \qquad \text{二次多项式}(a \neq 0)$$

“学长，这样说的话，无限次多项式就应该这样写喽。但是，总觉得怪怪的。”

$$ax^{\infty}+bx^{\infty-1}+cx^{\infty-2}+\cdots \qquad \text{无限次多项式(？)}$$

哦，原来她是这样想的啊……

“不，那是乱来，泰朵拉。无限次多项式要从次数小的项开始写。无限次中的‘无限’可以用$\cdots$来表现。比较一下下面的式子就清楚了。”

$$\begin{array}{ll} a_0+a_1x+a_2x^2 & \text{二次多项式}\ (a_2 \neq 0) \\ a_0+a_1x+a_2x^2+\cdots & \text{无限次多项式(幂级数)} \end{array}$$

“啊，原来如此呀。先写x的指数小的那一项呀。不过想想也是应该这个样子的……但是为什么不用$a, b, \mathrm{c}, \cdots$而是用$a_0, a_1, a_2, \cdots$呢？”

“因为系数使用$a, b, \mathrm{c}, \cdots, z$的话，那后面的$x$的次数就只能用从0到25这些数字了。字母只有26个呀。而且，要是变量使用x的话，系数上就不能再使用x了。另外，像a_k那样使用k这个变量，也是出于比较容易写通项的缘故，也就是‘通过引入变量进行一般化’。那么在这里，我们不使用$\sum$，将问题9-1的式子改写试试看。”

$$\sin x = a_0+a_1x+a_2x^2+\cdots+\underbrace{a_kx^k}_{\text{一般项}}+\cdots$$

“到这里就求出了数列 $\langle a_k \rangle$ 了。”

“不对不对，这还是刚刚的问题 9-1，只是将 $\sum$ 具体写出来了而已。以 $\sin x$ 的变化为依据求数列 $\langle a_k \rangle$，这才是问题所在。也就是要找出 a_0, $a_1, a_2, \cdots$ 的实际的值。”

“实际的值能找到吗？ $a_0, a_1, a_2, \cdots$ 全部？”

“嗯，全部。把三角函数 $\sin x$ 画出来就是这样的曲线，即正弦波。看了图像，马上就能知道 a_0 的值了。”我一边绘图一边说道。

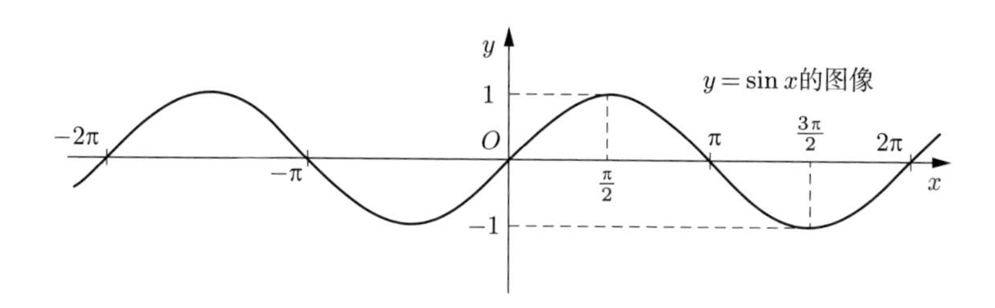

“上面图像中的 a_0 到底表示什么呢？能不能把 a_0 具体等于几说出来呢？”

“啊？我可能不知道哦。”

“你一定知道。你一定能思考出来。加油！再思考一下。”

泰朵拉认真地对比图像，开始探求 a_0 的值。

$$\sin x = a_0 + a_1 x + a_2 x^2 + a_3 x^3 + \cdots$$

她的表情非常丰富。开心之时，困惑之时，沉思之时，心情都直接反映在了脸上。光看着她这样，我的心情也都要随她一起波动起来。

嗯，大眼睛是她吸引人的地方。会动来动去的瞳孔、夸张的动作也让人感觉很不错。而且最重要的是她直来直去的性格……但是，解析那些东西很是无聊的啊。泰朵拉啊泰朵拉。

过了一会儿，她很高兴地抬起了头。

“学长。真简单，我弄出来了。答案是 0。a_0 应该等于 0，对吧？”

“嗯。正确。怎么得出来的呢？”

“因为通过图像可以知道，$\sin 0$ 的值等于 0。图像是经过 $x=0$，$y=0$ 这个点的。也就是说，如果 x 是 0 的话，按理来说式子 $a_0+a_1x+a_2x^2+\cdots$ 也应该等于 0，因为它是等于 $\sin 0$ 的。然后，如果把 $x=0$ 代入式子的话，剩下的就只有 a_0，因为 a_0 以外的各项都由于 $x=0$ 的关系消去了，所以只剩下 a_0，故 a_0 的值为 0！”

“确实如此，但是不准大声嚷嚷噢！”

“啊，不好意思。”

“那么往下一步进行吧。a_0 以外的值，你知道是多少吗？”

泰朵拉自从知道自己想出的 $a_0=0$ 是正确答案之后，眼睛睁得更大了，全神贯注地看着式子，开始计算。

嗯。平时手忙脚乱的泰朵拉一到关键时候，那种集中注意力的能量还真是令人敬佩。这个也是她吸引人的地方。

泰朵拉开始投入到问题 9-1 的解决之中去了。

我也开始去解决自己卡片上的问题 $\sum_{k=1}^{\infty}\frac{1}{k^2}$。打开笔记本，手握自动铅笔。首先从抓住具体的状态开始。

这里是图书室。我们是高中生。在安静的环境中开始学习了。

9.2 自学

在回家的路上，我和泰朵拉绕着小区弯弯曲曲的小路，向车站走去。像往常一样，我跟着泰朵拉的步伐慢慢走。

“$\sin x$ 的幂级数，你思考到哪里了？”

$$\sin x = a_0 + a_1x + a_2x^2 + a_3x^3 + \cdots$$

“把 $x=0$ 代进去可以知道 $a_0=0$，所以我就想把 $x=\frac{\pi}{2}$ 和 $x=\pi$ 代进去算算看。因为就我对 sin 的了解，也仅仅局限于知道 $\sin\frac{\pi}{2}=1$，$\sin\pi=0$ 而已。”

她伸了伸食指，小声地说着“波浪波浪波浪”，在空中用手示意了一下正弦波。

“原来如此。”我抑制不住微笑。

“但是，即便知道 $\sin\frac{\pi}{2}=1$，因为不知道关键的部分，也就是把 $x=\frac{\pi}{2}$ 代入右边的幂级数后是什么样，所以还是卡住了……”

“要不要我提示你一下？”

“嗯，好。”

“泰朵拉，你知道研究函数最强有力的武器是什么吗？”

“武器吗？”泰朵拉闭上左眼模仿着用枪打我的样子。

“研究函数最强有力的武器之一是**微分**。”

“微分？这个我还没有学呢。听倒是听说过的，学习的兴趣倒是有的。”

“如果去图书室和书店，有很多很多书吧？从学习参考书到专门的书，任意挑选。在学校跟老师学习时，学习的动机很重要。但是如果只是张着嘴等着老师从 1 到 10 教的话就太被动了。倘若说有兴趣的话。”

她有点困惑。可能是我说得有点严重了。

“泰朵拉因为很喜欢英语，所以会阅读外文书吧？”

“是的。我经常读 paperback。”

“如果有不懂的单词，难道就等学校老师教吗？”

“不。我会自己查字典来解决，我从来不等到老师在课堂上教，因为我总是迫不及待地想知道后面的内容……啊，我明白了，学长想要告诉我的是那个道理啊。”

“对。我们是因为喜欢才学习的。没有必要等老师，也没有必要等到上课，只要找一下书，问题就可以解决。只要去看一下书就行了。我们要广泛地、有深度地一直往下学习。”

“确实，读英语书的时候，我会不停地往下看下去，也总是期待着读下一本书。不是单单查查单词，而是用 thesaurus 来找 synonym。啊，原来如此啊，数学也应该像那样自己不断地学习下去对吧？想想这也是理所当然的事情……有时感到好像不可以自己随便先往下学习的样子，因为课堂上还没有教。”

“我们好像岔开话题了，刚才说到哪里了呢？”

“where were we？”

“呃……”

“嗯，学长，我们还去那家叫‘豆子’的咖啡店好吗？”

我没有力量抵抗泰朵拉的建议。

9.3 在那家叫“豆子”的咖啡店

9.3.1 微分的规则

和泰朵拉一起来到车站前那家名叫“豆子”的咖啡店，我已经不知道这是第几次了。不知不觉中，我们养成了并排坐的习惯。因为面对面的话，式子比较难阅读。坐下来后，我们马上就摊开了笔记本。

“现在开始讨论的内容中，如果不懂三角函数的微分和多项式的微分的话，多少有些困难。难的地方我会只讲一些重点，你就认为那是‘微分的规则’就好了。”

“没关系。我会加油的。”泰朵拉紧紧地握着双手。

“假设 $\sin x$ 用如下幂级数来表示。”

$$\sin x = a_0 + a_1 x + a_2 x^2 + \cdots$$

“$\sin x$ 能这样表示并不是一目了然的。虽然必须要严格地证明一下，但是现在不想深入。我们的目标是弄清无穷数列 $\langle a_k \rangle = a_0, a_1, a_2, \cdots$ 是一个怎样的数列。也就是要把 $\sin x$ 这个函数分解成 $\langle a_k \rangle$ 这个数列。这个就叫作函数的**幂级数展开**。到这里为止，你都听懂了吗？”

泰朵拉认认真真地点了点头。

“这当中，a_0 的值刚刚泰朵拉使用 $x = 0$ 找了出来。因为 $\sin 0 = 0$，所以以下式子成立。”

$$a_0 = 0$$

看着泰朵拉微微地点了点头，于是我继续说了下去。

“你还不懂微分的知识，但是现在没有时间，所以我们暂时先不讲那些微分的定义。你可以先把微分想成是单单的计算法则，把微分看作是‘根据函数造出函数的一种计算’。反正不管看作什么都行。”

“根据函数造出函数的一种计算？”

“是的。把函数 $f(x)$ 微分掉，就能得到别的函数。我们把得到的函数叫作 $f(x)$ 的**导函数**。$f(x)$ 的导函数写成 $f'(x)$，当然也有别的写法，但是 $f'(x)$ 是最经常使用的。”

$f(x)$	函数 $f(x)$
$\downarrow$ 微分	
$f'(x)$	函数 $f(x)$ 的导函数

“这里我列举几个微分的规则。虽然这些规则根据微分的定义能够严格证明，但是我们在此先往下进行下去。”

微分的规则（1）：常数的微分等于0。

$$(a)' = 0$$

微分的规则（2）：x^n 的微分等于 nx^{n-1}。

$$(x^n)' = nx^{n-1} \qquad \text{（指数下降）}$$

微分的规则（3）：$\sin x$ 的微分等于 $\cos x$。

$$(\sin x)' = \cos x$$

“这些微分的规则应该是从一开始就给定的吧？”泰朵拉问道。

“嗯，是这样的。那么，把这个式子的两边用 x 微分一下吧。”我在笔记本上写下式子。

$$\begin{aligned} \sin x &= a_0 + a_1x + a_2x^2 + a_3x^3 + a_4x^4 + \cdots \\ &\downarrow \\ (\sin x)' &= (a_0 + a_1x + a_2x^2 + a_3x^3 + a_4x^4 + \cdots)' \end{aligned}$$

“微分的结果就是如下形式，这里你应该可以理解吧？泰朵拉！”

$$\cos x = a_1 + 2a_2x + 3a_3x^2 + 4a_4x^3 + \cdots$$

她反复地比较着微分的规则和上面的式子。

“嗯……左边是微分的规则（3）对吧？把 $\sin x$ 微分掉就变成了 $\cos x$，

右边各项使用了微分的规则(2)。”

“是的。其实本应该把微分运算符的线性法则和对幂级数的适用性也证明一下的。”

“啊。但是 a_0 怎么不见了呢?”

“a_0 是和 x 没有关系的常数，所以适用微分的规则(1)——常数的微分等于 0。”

“我明白了，学长。我终于理解根据微分的规则能够得到以下式子了。”

$$\cos x = a_1 + 2a_2x + 3a_3x^2 + 4a_4x^3 + \cdots$$

9.3.2　更进一步微分

“看一下下面这个式子，泰朵拉你知道 a_1 的值是多少吗？如果有 $y = \cos x$ 的图像马上就能知道了。”

$$\cos x = a_1 + 2a_2x + 3a_3x^2 + 4a_4x^3 + \cdots$$

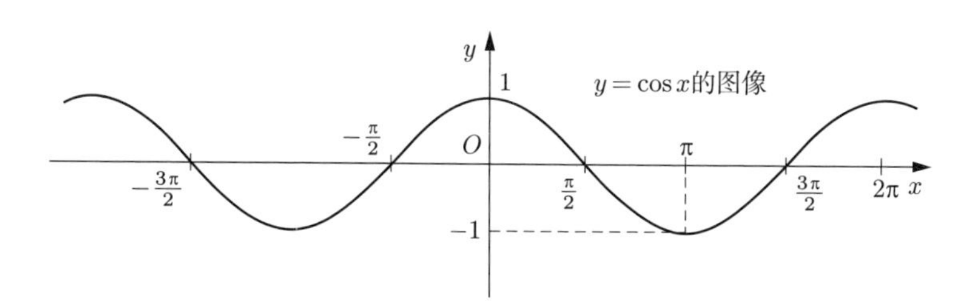

“嘿……和刚刚的问题是相同的道理吧？ $\cos x = \cdots$ 的式子中，用 $x = 0$ 代入就行了对吧？嘿……就是这样子的。”

$$\begin{aligned}\cos 0 &= a_1 + 2a_2 \cdot 0 + 3a_3 \cdot 0^2 + 4a_4 \cdot 0^3 + \cdots \\ &= a_1\end{aligned}$$

“根据图像可知 $\cos 0 = 1$，所以就得到了这个。”

$$a_1 = 1$$

“是的。”我点了点头。

泰朵拉脸上露出了笑容。

“学长！我知道后面应该是什么样子的了。接下来把 $\cos x$ 微分一下吧。”

“嗯。说得对！因此，如果有 $(\cos x)'$ 的计算法则就好办了，也就是 $\cos x$ 的‘微分的规则’。”

微分的规则（4）：$\cos x$ 的微分等于 $-\sin x$。

$$(\cos x)' = -\sin x$$

“也就是要把 $\cos x$ 微分一下……”

$$\begin{array}{c} \cos x = a_1 + 2a_2x + 3a_3x^2 + 4a_4x^3 + \cdots \\ \downarrow \\ (\cos x)' = (a_1 + 2a_2x + 3a_3x^2 + 4a_4x^3 + \cdots)' \end{array}$$

“现在就变成这样了。”泰朵拉脸蛋红红地说道。

$$-\sin x = 2a_2 + 6a_3x + 12a_4x^2 + \cdots$$

“嗯。对的。现在要求的系数是多少呢？”我问道。

“是 a_2。和平常一样，把 $x = 0$ 代进去。”泰朵拉急急忙忙地写在笔记本上。

$$\begin{aligned} -\sin x &= 2a_2 + 6a_3x + 12a_4x^2 + \cdots && \text{刚才得到的式子} \\ -\sin 0 &= 2a_2 && \text{把 } x = 0 \text{ 代进去} \\ a_2 &= 0 && \text{根据 } \sin 0 = 0 \text{ 整理} \end{aligned}$$

“这样 $a_2 = 0$ 就求出来了。好像在不断地用那个最强有力的武器啊。我好像找到感觉了。下一个‘微分的规则’是什么呢？”

“有没有都不要紧了。”

“可是这回不得不把 $-\sin x$ 微分掉啊……啊，我知道了！这个根据 $\sin x$ 的微分就可以知道了，对吧？”

“是的。剩下的就是反复重复。”

“反复重复？”

“把 $\sin x$ 微分一下就变成 $\cos x$，把 $\cos x$ 微分一下就变成了 $-\sin x$……这样就形成了‘周期是 4 的反复’。这是三角函数的微分的特征。”

三角函数的微分

$$\begin{array}{ccc} \sin x & \xrightarrow{\text{微分}} & \cos x \\ \text{微分}\uparrow & & \downarrow\text{微分} \\ -\cos x & \xleftarrow[\text{微分}]{} & -\sin x \end{array}$$

“我懂了。那么下面试着求 a_3。”

$$\begin{aligned} -\sin x &= 2a_2 + 6a_3x + 12a_4x^2 + \cdots && \text{刚才得到的式子} \\ (-\sin x)' &= (2a_2 + 6a_3x + 12a_4x^2 + \cdots)' && \text{两边微分} \\ -\cos x &= 6a_3 + 24a_4x + \cdots && \text{根据“微分的规则”} \\ -\cos 0 &= 6a_3 && \text{将 } x = 0 \text{ 代入} \\ a_3 &= -\frac{1}{6} && \text{根据 } \cos 0 = 1 \text{ 整理} \end{aligned}$$

“好，求出来了，$a_3 = -\frac{1}{6}$。接下来再求 a_4……”

“请稍等。这样一个一个地把系数求出来也是可以的，但是最好整体一起考虑。”

“嗯？——啊，我会了。”

9.3.3　$\sin x$ 的泰勒展开

我们喝下已经完全冷掉的咖啡，打开笔记本新的一页。我口头提示她，泰朵拉自己把式子写在笔记本上。

“现在我们要把 $\sin x$ 展开成幂级数。刚刚求出了 a_0, a_1, a_2, a_3 这 4 个系数，接下来要把系数整体一起求出来。先把 $\sin x$ 的幂级数展开式重新写一遍。”我说道。

“是，是这个对吧？”

$$\sin x = a_0 + a_1 x + a_2 x^2 + a_3 x^3 + a_4 x^4 + a_5 x^5 + \cdots$$

“嗯，是这样的。不过把 x 写成 x^1 更好些。”

$$\sin x = a_0 + a_1 x^1 + a_2 x^2 + a_3 x^3 + a_4 x^4 + a_5 x^5 + \cdots$$

“两边一直微分下去。注意微分的时候不要计算系数，留下积的形式。”

“嗯？学长……不用计算吗？”

“是。不计算。因为把积的形式保留下来容易发现‘规律性’。先试着做做看吧。特别是要注意常数项。”

“好。”

$$\begin{aligned}
\sin x &= \underline{a_0} + a_1 x^1 + a_2 x^2 + a_3 x^3 + a_4 x^4 + a_5 x^5 + \cdots \\
&\downarrow \text{微分} \\
\cos x &= \underline{1 \cdot a_1} + 2 \cdot a_2 x^1 + 3 \cdot a_3 x^2 + 4 \cdot a_4 x^3 + 5 \cdot a_5 x^4 + \cdots \\
&\downarrow \text{微分} \\
-\sin x &= \underline{2 \cdot 1 \cdot a_2} + 3 \cdot 2 \cdot a_3 x^1 + 4 \cdot 3 \cdot a_4 x^2 + 5 \cdot 4 \cdot a_5 x^3 + \cdots \\
&\downarrow \text{微分} \\
-\cos x &= \underline{3 \cdot 2 \cdot 1 \cdot a_3} + 4 \cdot 3 \cdot 2 \cdot a_4 x^1 + 5 \cdot 4 \cdot 3 \cdot a_5 x^2 + \cdots \\
&\downarrow \text{微分} \\
\sin x &= \underline{4 \cdot 3 \cdot 2 \cdot 1 \cdot a_4} + 5 \cdot 4 \cdot 3 \cdot 2 \cdot a_5 x^1 + \cdots \\
&\downarrow \text{微分} \\
\cos x &= \underline{5 \cdot 4 \cdot 3 \cdot 2 \cdot 1 \cdot a_5} + \cdots \\
&\downarrow \text{微分} \\
&\vdots
\end{aligned}$$

“学长！找到‘规律性’了。$5 \cdot 4 \cdot 3 \cdot 2 \cdot 1$ 这种有规律的积显现出来了！——原来如此啊，这就是‘微分的规则（2）’中出现的‘指数下降’的意思吧。终于搞懂了乘数变化的规律性了。”

“对对。自己动手写一下式子，那种感觉就油然而生了。不是光用眼睛来看，用手亲笔写写看也是非常重要的。泰朵拉。”

“还真的是那样呢。”

“接下来，我们观察一下导函数中 $x = 0$ 时情况会怎么样。”

“好。观察。就像小时候写牵牛花观察日记一样呢。嗯……因为 $\sin 0 = 0$，$\cos 0 = 1$，所以……”

$$
\begin{aligned}
0 &= a_0 \\
+1 &= 1 \cdot a_1 \\
0 &= 2 \cdot 1 \cdot a_2 \\
-1 &= 3 \cdot 2 \cdot 1 \cdot a_3 \\
0 &= 4 \cdot 3 \cdot 2 \cdot 1 \cdot a_4 \\
+1 &= 5 \cdot 4 \cdot 3 \cdot 2 \cdot 1 \cdot a_5 \\
&\vdots
\end{aligned}
$$

“找到规律了。”

“嗯。左边的 1 写成 +1 确实不错。因为我们要求的是数列 $\langle a_k \rangle$ 对吧？所以把上面的式子整理一下，使 a_k 都在左边，$5 \cdot 4 \cdot 3 \cdot 2 \cdot 1$ 写作阶乘 $5!$，这样 $\sin x$ 就能展开成幂级数了。先来具体地写一下下式的 a_k 吧。”

$$\sin x = a_0 + a_1 x + a_2 x^2 + a_3 x^3 + \cdots$$

“好，0 可以跳掉，$a_1, a_3, a_5, \cdots$，好，写完了。”

“嗯。泰朵拉写的幂级数展开，其实就叫作 $\sin x$ 的**泰勒展开**。”

$\sin x$ 的泰勒展开

$$\sin x = +\frac{x^1}{1!} - \frac{x^3}{3!} + \frac{x^5}{5!} - \frac{x^7}{7!} + \cdots$$

“我正要说这是泰勒展开呢。”

“……”

“……”

“……”

“但是这个要记住的话好像挺难的，因为很复杂。”

“确实很复杂，但是仔细观察一下，我们会发现这是理所当然的。比如，分母上的阶乘 1!、3!、5! 是通过多次微分导致指数下降得到的。+ 和 − 交互出现，以及没有 x 的偶数次方，原因就在于 $0, +1, 0, -1$ 的反复。自己动手导出来就不会忘掉了。”

“哈哈，原来如此。或许并不是那么难。”

“像这样故意不使用阶乘和幂次方重新写一遍，就会发现式子变得富有节奏了。”

$$\sin x = +\frac{x}{1} - \frac{x \cdot x \cdot x}{1 \cdot 2 \cdot 3} + \frac{x \cdot x \cdot x \cdot x \cdot x}{1 \cdot 2 \cdot 3 \cdot 4 \cdot 5} - \frac{x \cdot x \cdot x \cdot x \cdot x \cdot x \cdot x}{1 \cdot 2 \cdot 3 \cdot 4 \cdot 5 \cdot 6 \cdot 7} + \cdots$$

“感觉很整齐，这样写也可以吗？”

“当然可以啦。为了让自己更好地理解，为了发现乐趣，尝试各种写法都是可以的。好像欧拉在书中也把 x^2 写成过 xx，但是在考试的时候写成 xx 就不太好了。好了，这样我们就能得出问题 9-1 的答案了。”

“啊，那个卡片啊，我都忘记了！答案是这样的，对吧？”

问题 9-1

假设函数 $\sin x$ 能展开成如下所示的幂级数。这时，求数列 $\langle a_k \rangle$ 的通项公式。

$$\sin x = \sum_{k=0}^{\infty} a_k x^k$$

“数列 $\langle a_k \rangle$ 可以根据 k 除以 4 的余数分类。”我说。

解答 9-1

$$a_k = \begin{cases} 0 & k\text{ 除以 4 的余数为 0 时} \\ +\frac{1}{k!} & k\text{ 除以 4 的余数为 1 时} \\ 0 & k\text{ 除以 4 的余数为 2 时} \\ -\frac{1}{k!} & k\text{ 除以 4 的余数为 3 时} \end{cases}$$

9.3.4 极限函数的图像

“话说回来，$\sin x$ 的泰勒展开的含义，我们再更进一步思考一下。再把 $\sin x$ 的泰勒展开写出来。”

“嗯……可以写那个整整齐齐的泰勒展开吗？总感觉想写一下。”

$$\sin x = +\frac{x}{1} - \frac{x \cdot x \cdot x}{1 \cdot 2 \cdot 3} + \frac{x \cdot x \cdot x \cdot x \cdot x}{1 \cdot 2 \cdot 3 \cdot 4 \cdot 5} - \frac{x \cdot x \cdot x \cdot x \cdot x \cdot x \cdot x}{1 \cdot 2 \cdot 3 \cdot 4 \cdot 5 \cdot 6 \cdot 7} + \cdots$$

“喂，泰朵拉。这个式子是由无穷级数，也就是无限个项的和组成的。现在考虑一下无穷级数中有限个项的部分和。就取到 x^k 项为止的有限个项的部分和吧，假设部分和的名字为 $s_k(x)$。当然，$s_k(x)$ 也是关于 x 的函数。”

$$
\begin{aligned}
s_1(x) &= +\frac{x}{1} \\
s_3(x) &= +\frac{x}{1} - \frac{x \cdot x \cdot x}{1 \cdot 2 \cdot 3} \\
s_5(x) &= +\frac{x}{1} - \frac{x \cdot x \cdot x}{1 \cdot 2 \cdot 3} + \frac{x \cdot x \cdot x \cdot x \cdot x}{1 \cdot 2 \cdot 3 \cdot 4 \cdot 5} \\
s_7(x) &= +\frac{x}{1} - \frac{x \cdot x \cdot x}{1 \cdot 2 \cdot 3} + \frac{x \cdot x \cdot x \cdot x \cdot x}{1 \cdot 2 \cdot 3 \cdot 4 \cdot 5} - \frac{x \cdot x \cdot x \cdot x \cdot x \cdot x \cdot x}{1 \cdot 2 \cdot 3 \cdot 4 \cdot 5 \cdot 6 \cdot 7}
\end{aligned}
$$

我从书包中把画图用的纸取出来。

“试着画出函数 $s_1(x), s_3(x), s_5(x), s_7(x), \cdots$ 的图像，也就是 $k = 1, 3, 5, 7, \cdots$ 时 $y = s_k(x)$ 的图像。这样就会发现这个函数在渐渐地接近 $\sin x$ 的样子。”

我边说边把图像画了出来。

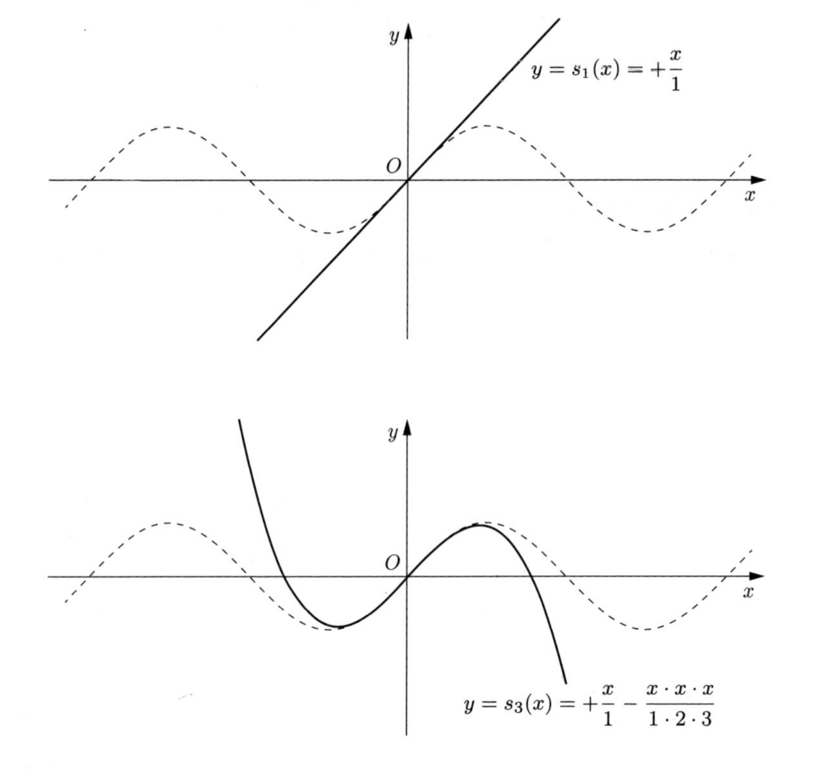

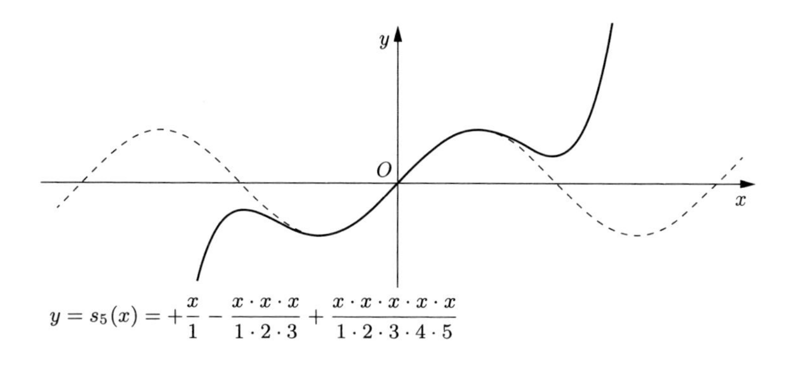

$$y = s_5(x) = +\frac{x}{1} - \frac{x \cdot x \cdot x}{1 \cdot 2 \cdot 3} + \frac{x \cdot x \cdot x \cdot x \cdot x}{1 \cdot 2 \cdot 3 \cdot 4 \cdot 5}$$

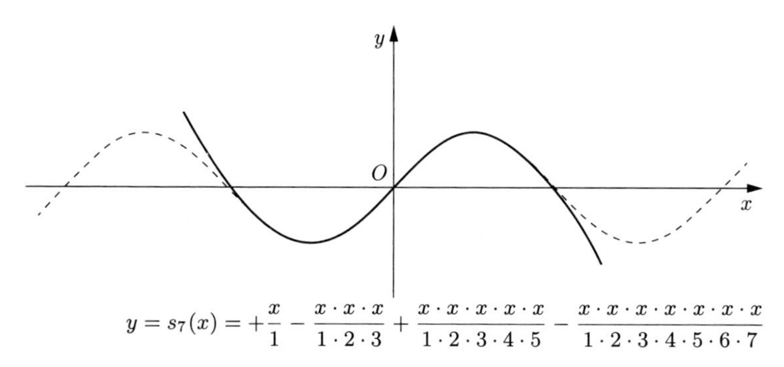

$$y = s_7(x) = +\frac{x}{1} - \frac{x \cdot x \cdot x}{1 \cdot 2 \cdot 3} + \frac{x \cdot x \cdot x \cdot x \cdot x}{1 \cdot 2 \cdot 3 \cdot 4 \cdot 5} - \frac{x \cdot x \cdot x \cdot x \cdot x \cdot x \cdot x}{1 \cdot 2 \cdot 3 \cdot 4 \cdot 5 \cdot 6 \cdot 7}$$

“原来如此。学长，我当时没有理解把 $\sin x$ 用幂级数来表示的含义。通过‘微分的规则’得出那些式子，这个我是理解的，不过当时我还纳闷‘得出这些式子又能怎么样呢’。但是，看了这个图像，我明白了，当 k 变大时，$s_k(x)$ 越来越接近 $\sin x$。正弦波不断波出去的样子好可爱啊。”

“是的。”

“但是，学……学长。我讲得不是很好。就是说 $\sin x$ 这个东西只不过是个名字对吧？也就是仅仅是把某个函数写成 $\sin x$ 而已。泰勒展开也只是把那个相同的函数用幂级数的形式表示出来而已。$\sin x$ 和幂级数的式子外观不一样，但是函数的性质是相同的。所以，变成幂级数的形式就显得非常方便。不好意思，我总是说不好。”

“不，不，泰朵拉，你很厉害。你把本质搞懂了。想要研究函数的时候，那个函数如果能进行泰勒展开的话，就能够在方便操作的多项式的延长线上进行研究。比如，像刚才的 $s_k(x)$ 那样，在考虑近似的情况时就很有帮助。因为是无穷的，所以在处理的时候要多加注意。但是幂级数的形式是非常方便的。这么说来，在解斐波那契数列和卡塔兰数时使用的生成函数也是幂级数的形式。”

“我在学校听老师讲课的时候，尽是注意些细节的地方，结果主干的内容反而不懂了。为什么做，在做什么，我大脑全混乱了。但是，听学长的话时完全相反。细小的地方——日后自己也能搞懂的地方都能略过去，为了什么而干什么，思路都搞得清清楚楚的。”

“不，不是那样。泰朵拉的理解能力……”

“就是那样的！”

泰朵拉搪住了我的话。

“是那样的。学长。比如今天，我对于微分完全不懂，幂级数和泰勒展开这些词语，我也是有生以来第一次听说。但是，我搞懂了。如果使用泰勒展开的话，就能够像玩弄多项式一样研究函数。虽然让我自己一个人来做的话肯定是不行的，但是我现在知道要把复杂的函数问题转化为无限次多项式——幂级数——x^k 的无限和这样的方法了。”

泰朵拉把拳头在胸前握得紧紧的。

“我想，今天从学长这里学的泰勒展开我是不会忘记的。我抓住了一种思考问题的方法——当要研究函数时就要想到‘试一试泰勒展开如何’，这都多亏了学长您呐！”

她的视线突然从我的脸上转移开，落到了桌子上画着图像的那张纸上。不知道为什么她的脸颊变得红彤彤的。

“但是……但是……占用了学长您这么多宝贵的时间，真是对不起。我真的是非常爱听学长的话。学长，我……”

泰朵拉抬起头，一动不动地看着我说道。

“学长教我的泰勒展开，我一生都不会忘记。”

9.4 自己家

晚上。

我在自己的房间里看着村木老师给我的卡片。我设定的问题是这样子的。

问题 9-2

若下面的无穷级数收敛，求它的值。若不收敛，请证明。

$$\sum_{k=1}^{\infty} \frac{1}{k^2}$$

首先，把 $\sum$ 具体地写出来，捕捉式子的感觉。

$$\sum_{k=1}^{\infty} \frac{1}{k^2} = \frac{1}{1^2} + \frac{1}{2^2} + \frac{1}{3^2} + \frac{1}{4^2} + \frac{1}{5^2} + \cdots$$

逐项看了看，但是好像不是很简单就能抓住线索的。试试数值计算吧？也就是说，先不管 $\sum_{k=1}^{\infty} \frac{1}{k^2}$ 这个无穷级数，而是用具体的 n 来计算 $\sum_{k=1}^{n} \frac{1}{k^2}$ 这个部分和。白天只是一个劲地钻研泰朵拉的卡片了，数值计算也只进行了一点。

$$
\begin{aligned}
\sum_{k=1}^{1} \frac{1}{k^2} &= \frac{1}{1^2} && = 1 \\
\sum_{k=1}^{2} \frac{1}{k^2} &= 1 + \frac{1}{2^2} && = 1.25 \\
\sum_{k=1}^{3} \frac{1}{k^2} &= 1.25 + \frac{1}{3^2} && = 1.3611\cdots \\
\sum_{k=1}^{4} \frac{1}{k^2} &= 1.3611\cdots + \frac{1}{4^2} && = 1.423611\cdots \\
\sum_{k=1}^{5} \frac{1}{k^2} &= 1.423611\cdots + \frac{1}{5^2} && = 1.463611\cdots \\
\sum_{k=1}^{6} \frac{1}{k^2} &= 1.463611\cdots + \frac{1}{6^2} && = 1.491388\cdots \\
\sum_{k=1}^{7} \frac{1}{k^2} &= 1.491388\cdots + \frac{1}{7^2} && = 1.511797\cdots \\
\sum_{k=1}^{8} \frac{1}{k^2} &= 1.511797\cdots + \frac{1}{8^2} && = 1.527422\cdots \\
\sum_{k=1}^{9} \frac{1}{k^2} &= 1.527422\cdots + \frac{1}{9^2} && = 1.539767\cdots \\
\sum_{k=1}^{10} \frac{1}{k^2} &= 1.539767\cdots + \frac{1}{10^2} && = 1.549767\cdots
\end{aligned}
$$

还不是很明白，画图像看看吧。

打开书包却没找到画图像用的纸。咦？难道忘在学校里了？

部分和好像不是急剧增加，但是也不能说是收敛的，也可能就像前几天的那个调和级数那样缓缓地发散。

这么说来，这个式子与调和级数很相似。

$$\sum_{k=1}^{\infty} \frac{1}{k^2} \qquad \text{这次的问题9-2}$$

$$\sum_{k=1}^{\infty} \frac{1}{k} \qquad \text{调和级数}$$

不同的只有一点，k 的指数。这次的问题 9-2，因为是求 $\frac{1}{k^2}$ 的和，所以 k 的指数是 2。另一方面，调和级数因为是求 $\frac{1}{k^1}$ 的和，所以 k 的指数是 1。

指数，指数。这么说起来，米尔嘉告诉过我什么是 ζ 函数。我把 ζ 函数的定义在笔记本上又写了下来。

$$\zeta(s) = \sum_{k=1}^{\infty} \frac{1}{k^s} \qquad (\zeta\text{函数的定义式})$$

使用这个定义，调和级数就可以表示成 $\zeta(1)$。

$$\zeta(1) = \sum_{k=1}^{\infty} \frac{1}{k^1} \qquad (\text{用}\zeta\text{函数来表示调和级数})$$

问题 9-2 也可以写成 ζ 函数的形式。因为指数是 2，所以就是 $\zeta(2)$。

$$\zeta(2) = \sum_{k=1}^{\infty} \frac{1}{k^2} \qquad (\text{用}\zeta\text{函数来表示问题9-2})$$

名字，名字。但是，虽然这样命名了，可思路并没有打开啊。

9.5 代数学基本定理

“你知道代数学基本定理吗？”

早晨，刚进入教室，米尔嘉突然用手指着我问道。

米尔嘉是我的同班同学。她很擅长数学，她的水平已经完全超过了学校所教的水平，爱看自己喜欢的书，寻找问题，然后解决。我虽然也不是不擅长数学，但仍不是米尔嘉的对手，不过我也没有因此而感到自卑。只是，我也想看看她正在看的世界。

数学的美、伟大、深奥，我只是刚刚体会到了一点点而已。当我站在书店里数学类的书架前时，就会发现自己还有大半的书都不能理解。与此同时，我也会想到她。米尔嘉的知识究竟有多少呢？

于是，我开始迷失自我。正在思考数学？正在思考自我？正在思考她？……我为我自己的幼稚而烦恼。她干什么看上去都好像很潇洒的样子。与她相比，我每天只是在摆弄一些式子，感觉慢了好几百步的样子。

不，不，想这些东西也没有用，也像泰朵拉那样说声“加油”吧。

“米尔嘉，代数学基本定理？是不是就是 n 次方程就有 n 个解？”

“嗯，大致 OK。复系数的 n 次方程就有 n 个复数解，重根按重数计算。”

“好长啊。”

“高斯老师发现了它。令人惊奇的是，那个时候高斯老师才 22 岁，而且他是在学位论文中证明的。用学位论文来证明这个根本的定理真是了不起啊！”

米尔嘉好像已经开启了话唠模式。在我来之前，她好像正在对着都宫侃侃而谈。我一来，都宫就立刻回到自己的座位上了，好像在说：“还是你来听才女米尔嘉的讲话吧”。

米尔嘉把我拉到黑板前，开始“上课”。

“其实，真正的代数学基本定理就是‘任意复系数的 n 次方程至少有 1 个解’。如果至少拥有 1 个解 α 的话，用 $x-\alpha$ 这个因式来除 n 次多项式就行了。现在开始证明 n 次方程 $a_nx^n+a_{n-1}x^{n-1}+\cdots+a_1x^1+a_0=0$ 至少有 1 个解。首先来考虑函数 $f(x)=a_nx^n+a_{n-1}x^{n-1}+\cdots+a_1x^1+a_0$，然后算一下这个函数的绝对值 $|f(x)|$ 能变成多小。因为要是最小值为 0 的话，它就拥有解。在这之前，先复习一下有关复数的知识吧。好吗？”

米尔嘉写板书的速度很快，她把高斯的证明写给我看。我一边听她“讲课”，一边感慨自己对复数的理解还不够。虽然听是大致听懂了，但是事后自己不展开做一遍还是会有想不通的地方。必须要自己证明一下，做到不看证明过程自己也能证出来。像米尔嘉那样能够当场讲给别人听，则是下一个阶段了。

我一边想着这些，一边看着米尔嘉写下来的式子。米尔嘉已经讲完了代数学基本定理和因式定理，开始进入使用解来进行 n 次多项式的因式分解的内容了。

“具体地写一下。假设 n 次方程$a_nx^n + a_{n-1}x^{n-1} + \cdots + a_1x^1 + a_0 = 0$ 有 n 个解 $\alpha_1, \alpha_2, \cdots, \alpha_n$，左边的 n 次多项式可以这样因式分解。”米尔嘉一边这样说一边写在了黑板上。

$$a_nx^n + a_{n-1}x^{n-1} + \cdots + a_1x^1 + a_0 = a_n(x - \alpha_1)(x - \alpha_2)\cdots(x - \alpha_n)$$

“也就是说，求方程的解和因式分解是相关的。这个式子中，右边第一项是 a_n，这个和最高次 x^n 的系数合起来考虑的话比较容易明白。如果从一开始就两边同时除以 a_n，使 n 次方的系数变成 1 就好了。因为是 n 次多项式，所以$a_n \neq 0$，用 a_n 来除是没有问题的。”

就在这时，教室门口有人叫了我一声。

“喂，传说中的学妹来找！那个‘急吼吼小妹妹’！”

看到学妹来找我，我的同班同学都冲进教室里来看热闹，泰朵拉脸变得通红，拿出了我画图像用的纸。

“学长……真不好意思，打扰您了，我是来把这个还给您的。”

之后，她别别扭扭地说：“学长……我，我看起来真的那么急吼吼的吗？被他们这么说我真的是很吃惊啊！这是什么意思啊？下次我可要称呼您哥哥啦。”

“啊……不……”

“哥哥一定很高兴吧。”米尔嘉面朝黑板继续写着式子，朝这里看也不看地说。

不知不觉中，二人步调一致起来了，真奇怪。

“哇……这块黑板写着满满的式子？是米尔嘉写的吗？”

“这样说来，泰朵拉是知道‘代数学基本定理’的吧？”

米尔嘉背对着泰朵拉，快速地写着代数学基本定理、因式定理，还有“n 次方程式中解与系数的关系”。

“假设二次方程式 $ax^2+bx+c=0$ 的解是 α 和 β，$ax^2+bx+c=a(x-\alpha)(x-\beta)$ 就成立。求方程式的解和因式分解有关。解与系数的关系如下。”米尔嘉说道。

$$
\begin{aligned}
-\frac{b}{a} &= \alpha+\beta \\
+\frac{c}{a} &= \alpha\beta
\end{aligned}
$$

“同理，三次方程式 $ax^3+bx^2+cx+d=0$ 的解如果是 α,β,γ 的话……”

$$
\begin{aligned}
-\frac{b}{a} &= \alpha+\beta+\gamma \\
+\frac{c}{a} &= \alpha\beta+\beta\gamma+\gamma\alpha \\
-\frac{d}{a} &= \alpha\beta\gamma
\end{aligned}
$$

“一般地，n 次方程 $a_nx^n+a_{n-1}x^{n-1}+\cdots+a_1x+a_0=0$ 的解如果是 $\alpha_1,\alpha_2,\cdots,\alpha_n$ 的话……”

$$
\begin{aligned}
-\frac{a_{n-1}}{a_n} &= \alpha_1+\alpha_2+\cdots+\alpha_n \\
+\frac{a_{n-2}}{a_n} &= \alpha_1\alpha_2+\alpha_1\alpha_3+\cdots+\alpha_{n-1}\alpha_n \\
-\frac{a_{n-3}}{a_n} &= \alpha_1\alpha_2\alpha_3+\alpha_1\alpha_2\alpha_4+\cdots+\alpha_{n-2}\alpha_{n-1}\alpha_n \\
&\vdots
\end{aligned}
$$

$$(-1)^k \frac{a_{n-k}}{a_n} = (\text{从}\alpha_1, \alpha_2, \cdots, \alpha_n\text{中选择 } k \text{ 个相乘再相加})$$

$$\vdots$$

$$(-1)^n \frac{a_0}{a_n} = \alpha_1 \alpha_2 \cdots \alpha_n$$

“嗯，这个就是 n 次方程的解与系数的关系。”

此时，预备铃响了。活力少女也疲倦地说“脑子好像被数学式子灌满了”，然后摇摇摆摆地回到了高一年级教室。

“真是个可爱的孩子呢，是吧，哥哥。”

米尔嘉这么说着，甩了甩刘海，中指摁了下眼镜。她用手指优雅地在空中描了下波浪线，我的眼睛便不由得追随着她的手指。

说到曲线，她脸颊的曲线我也很喜欢。还有那漂亮的嘴唇，以及从中发出来的美妙的声音，总是让我不由得想去倾听。如果比作乐器的话……

“是 ζ。”她说道。

“嗯？”

“上次村木老师的问题是 ζ 吧？”米尔嘉向我出示了卡片。

（米尔嘉的卡片）

$$\zeta(2)$$

果然。

前些日子也是那样。因为求调和数的时候米尔嘉手中的卡片是关于 ζ 的，所以我想这次应该是 $\zeta(2)$。原来村木老师在向我们展示一个问题的两种姿态啊。但是泰朵拉的卡片却不同。

“已经解决了吗？米尔嘉。”

"嗯……因为我记着巴塞尔问题的答案，所以当我拿到卡片的时候立即就做了出来。"

"巴塞尔问题？你记着它的答案？"

"嗯。**巴塞尔问题**。就是求 $\zeta(2)$ 的问题。我说了答案后，村木老师苦笑着说他并不是想要答案。如果已经知道答案的话，就要从这个式子中找出有趣的问题来。"米尔嘉耸耸肩。

"嗯……是如此有名的问题吗？"

"巴塞尔问题打倒了18世纪初的所有数学家，是当时的超级难题。在欧拉老师出现之前，没有一个人能做出正确答案。欧拉老师解决这个巴塞尔问题后，一举成名。"

"请稍等。如此难的问题，我们这些人怎么会有能力解决呢？"

"能解决。"

米尔嘉露出了一副认真的面孔。

"虽然这个问题在18世纪初很难，但现在我们的手中已经有很多武器啦。每天我们都在磨练自己的武器。"

"但是，米尔嘉记着那个答案不是吗？"

"那单单是靠记忆力而已。既然老师特意给了卡片，我想思考一下别的问题。把 x 看作是 z，将问题扩展到复数的范围。"

"嗯……但是，巴塞尔问题来着？这个 $\zeta(2)$ 是发散的吧？"

"你想知道吗？"米尔嘉吃惊地看着我。一瞬间，她的眼睛发光了。

"不，不，刚才失言了。我也还只是在思考中而已，希望你先不要说。"我急忙回答。

我在卡片的最后写下了"巴塞尔问题"。

问题 9-2

若下面的无穷级数收敛，求它的值。若不收敛，请证明。

$$\sum_{k=1}^{\infty} \frac{1}{k^2}$$

（巴塞尔问题）

9.6 图书室

9.6.1 泰朵拉的尝试

“学长，我有一个大发现，大发现！”泰朵拉兴奋地叫道。

还是在图书室，还是在放学后。在我正准备开始进行今天的计算的时候，活力少女泰朵拉匆匆忙忙地走了进来。

“什么呀？泰朵拉。”我问道。

最近连续几天都和泰朵拉在一起讨论，我渐渐没有了自己的计算时间。当然，我也不是不想这样。

“嗯，那个，昨天我们不是将 $\sin x$ 进行了泰勒展开吗？我在自己思考的时候，突然发现了一点。随着 x 的值的变化，$\sin x$ 会好几次都变成 0 呢。比如说……”泰朵拉一边说一边拿出自己的笔记本，朝我摊开。

$$\sin \pi = 0,\ \sin 2\pi = 0,\ \sin 3\pi = 0,\ \cdots,\ \sin n\pi = 0,\ \cdots$$

像这样，当 $n=1, 2, 3, \cdots$ 的时候，$\sin n\pi$ 都会变为 0。”

“是啊。”虽然我这么回答，但是也有点焦急起来。这不是很理所当然的吗？而且……

“对了，泰朵拉，你可忘了 n 小于 0 的情况哦。如果你想好好进行一般化的话，应该是这样的。”我说。

$$\sin n\pi = 0 \quad n = 0, \pm 1, \pm 2, \cdots$$

“啊啦啦，是……是啊。确实还有负数的情况。”泰朵拉说。

“那接下来就把 0 的情况也考虑一下。其实把 $\sin x$ 的图像画出来，然后考虑一下与 x 轴的交点就一箭双雕了。”我说。

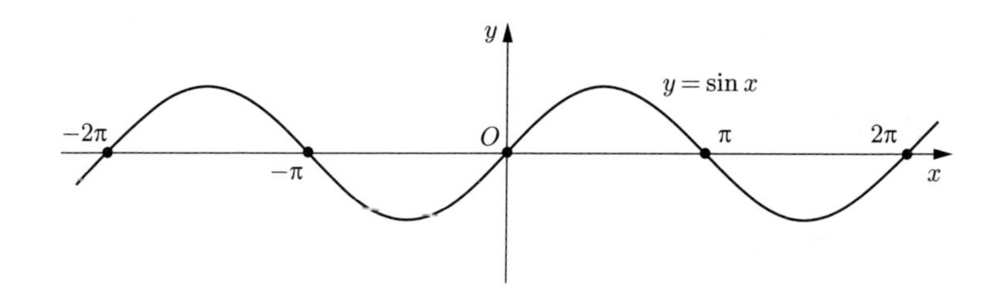

“不知道怎么的，我一个人有点操之过急了。不好意思哦，学长这么忙，还来打扰您……”

可能是我的语气有些严肃，泰朵拉的热情一落千丈。她这个人不光是在高兴的时候才表露出来，在自己意志消沉的时候也是如此。我有点不好意思，继续说道：“关于昨天我们所说的那个话题，你想到些什么了吗？”

“嗯，想到了一些，但是也不是什么重要的东西啦。”泰朵拉一边看着我的脸色一边小心翼翼地说。

于是——

我——

泰朵拉接下来说的一句话，真的令我大吃一惊。

“我试着将 $\sin x$ 进行了因式分解。”

啊？

啊?

“你说将 $\sin x$ 进行因式分解？这究竟是什么意思呀？”我问道。

“嗯，那个……那个……我找到了很多满足方程 $\sin x = 0$ 的 x。也就是说，这样的 x 是

$$\sin x = 0$$

这个方程式的解啊。”

泰朵拉不等我说话，又继续说道：“今天米尔嘉不是说了嘛——求方程式的解与因式分解有关。”

是归是，但是说到将 $\sin x$ 进行“因式分解”，我还是不太理解泰朵拉的意思。

我默不作声，泰朵拉朝着我继续说道：“正如刚才学长所说的那样，如果解是 $x = 0, \pm\pi, \pm 2\pi, \pm 3\pi, \cdots$ 的话，那么就可以进行这样的因式分解了。”

$$\sin x = x(x+\pi)(x-\pi)(x+2\pi)(x-2\pi)(x+3\pi)(x-3\pi)\cdots \quad (?)$$

我还是一下子没反应过来。嗯？这样就好了？——确实，把 $x = n\pi$ 代入后式子变为了 0。

“不对，泰朵拉，这还是有点奇怪啊。而且，$\sin x$ 有一个有名的极限公式。”我说。

$$\lim_{x\to 0} \frac{\sin x}{x} = 1$$

“也就是说，当 x 趋向于 0 的时候，$\frac{\sin x}{x}$ 应该趋向于 1。当 x 和 0 非常接近的时候，$\frac{\sin x}{x}$ 也和 1 非常接近。但是，泰朵拉你的式子中，如果假设 x 不等于 0，那么两边同时除以 x 后可以得到这样的式子。”

$$\frac{\sin x}{x} = (x+\pi)(x-\pi)(x+2\pi)(x-2\pi)(x+3\pi)(x-3\pi)\cdots \quad (?)$$

“当 x 趋向于 0 的时候，虽然这个式子左边的极限值为 1，但是右边式子的极限值并不为 1。很明显，有点奇怪哦。”我说。

9.6.2　要到达哪里

“泰朵拉，你也在思考巴塞尔问题吗？”

“哇！”

“呀！”

从我们身后突然传来一个声音，把我们都吓了一跳。不知何时米尔嘉已经站到了我们身后，我居然一点都没有发现。

泰朵拉吓得把笔记本和铅笔盒都弄掉在了地上，自动铅笔、橡皮、尺子噼里啪啦地洒了一地。

“米尔嘉，不是不是，泰朵拉考虑的不是巴塞尔问题，她考虑的是将 $\sin x$ 进行因式分解。”我说。

“学长，那个……巴塞尔问题是什么问题？”泰朵拉边捡自动铅笔边问我。

我给泰朵拉看了看卡片，向她解释什么是巴塞尔问题。这是求正整数的 2 次方的倒数之和的问题，就我的卡片来说就是求 $\sum_{k=1}^{\infty} \frac{1}{k^2}$ 的值，就米尔嘉的卡片来说就是求 $\zeta(2)$ 的值。当然，说到求值就是在“收敛”的前提下才能求的。

泰朵拉听了我的解释，露出很惊讶的表情。也确实是如此，听了一大堆自己没有考虑过的问题，不一头雾水才怪呢。

在我说的时候，米尔嘉把泰朵拉掉到桌子底下的笔记本捡了起来，一页页翻开看。

“嗯。”米尔嘉说。

“啊，这个……”泰朵拉想把笔记本拿回来，但是她看了看米尔嘉的眼神，又把手缩了回去。

“你……”米尔嘉对我说，她的目光没有离开笔记本，“你教过泰朵拉 $\sin x$ 的泰勒展开吗？嗯，原来如此，这也是村木老师的行动计划啊！对了，这里为什么写着‘一生都不会忘记’呢？”

“不……不好意思！”泰朵拉突然抢回自己的笔记本。

“嗯。”米尔嘉突然闭上眼睛，像指挥家一样挥动起自己的手指。她做这个动作的时候，周围人都沉默不语。大家就这样默默地看着她。米尔嘉思考的样子有股吸引我们的力量。

米尔嘉睁开眼，说：“从 $\sin x$ 的泰勒展开开始。”

她这么说着，拿过我手中的自动铅笔和笔记本，开始写起了数学公式。

$$\sin x = +\frac{x}{1!} - \frac{x^3}{3!} + \frac{x^5}{5!} - \frac{x^7}{7!} + \cdots \qquad \sin x \text{ 的泰勒展开}$$

“在这里，假设 $x \neq 0$，两边同时除以 x，得到下面的式子。先说明这是把 $\sin x$ 用‘和’来表示。”

$$\frac{\sin x}{x} = 1 - \frac{x^2}{3!} + \frac{x^4}{5!} - \frac{x^6}{7!} + \cdots \qquad \text{假设 } x \neq 0\text{，两边同时除以 } x$$

“但是，泰朵拉想到了如下的方程式。”

$$\sin x = 0$$

“我们把这个方程式的解表示成下面这样。”米尔嘉继续说道。

$$x = n\pi \qquad (n = 0, \pm 1, \pm 2, \pm 3, \cdots)$$

“使用这个解对 $\sin x$ 进行‘因式分解’，泰朵拉是这样想的，对吧？”

米尔嘉突然用一种很独特的上扬语调问道，泰朵拉点了点头。她怀里还抱着刚才从米尔嘉那里抢来的笔记本。那本写有“一生都不会忘记”的笔记本。

“但是，我进展得不顺利。当 x 趋向于 0 的时候，$\frac{\sin x}{x}$ 的极限应该趋向于 1，但是我所做的因式分解却变不成这个形式……”泰朵拉说道。

“如果是这样的话……”米尔嘉的脸上又浮现出一种调皮的样子。

她继续说:“如果是这样的话，将 $\sin x$ 因式分解为这种形式怎么样呢?”

$$\sin x = x\left(1+\frac{x}{\pi}\right)\left(1-\frac{x}{\pi}\right)\left(1+\frac{x}{2\pi}\right)\left(1-\frac{x}{2\pi}\right)\left(1+\frac{x}{3\pi}\right)\left(1-\frac{x}{3\pi}\right)\cdots$$

我和泰朵拉面面相觑，思考起了米尔嘉所写的因式分解的式子。泰朵拉迅速打开怀里抱着的笔记本，开始计算。

“嗯……确实是成立的呢。当 x 等于 0 的时候，全都变成了 0，x 是 $n\pi$ 的时候也都变成了 0，这是因为在某个地方有 $(1-\frac{x}{n\pi})$ 这个因式。所以当 $x=0,\pm\pi,\pm2\pi,\cdots$ 的时候，$\sin x$ 是等于 0 的。”泰朵拉说。

我听了她的话开口说道:“而且，如果像下面这样表示 $\frac{\sin x}{x}$ 的话，当 x 趋向于 0 的时候，$\frac{\sin x}{x}$ 也应该是趋向于 1 的。”

我在泰朵拉的笔记本上这样写道。

$$\frac{\sin x}{x} = \left(1+\frac{x}{\pi}\right)\left(1-\frac{x}{\pi}\right)\left(1+\frac{x}{2\pi}\right)\left(1-\frac{x}{2\pi}\right)\left(1+\frac{x}{3\pi}\right)\left(1-\frac{x}{3\pi}\right)\cdots$$

“泰朵拉。”传来了米尔嘉温柔而又有力的声音。

“泰朵拉，现在把他写的式子的右侧变形得更简洁一点看看。”米尔嘉说。

“变得更简洁一点是吗? 和与差的积是平方差吧。因为$(1+\frac{x}{\pi})(1-\frac{x}{\pi}) = 1^2-\frac{x^2}{\pi^2}$……”泰朵拉看了我一眼，这样写道。

$$\frac{\sin x}{x} = \left(1-\frac{x^2}{\pi^2}\right)\left(1-\frac{x^2}{2^2\pi^2}\right)\left(1-\frac{x^2}{3^2\pi^2}\right)\cdots$$

从这里开始该向哪里前进呢? 面对好像已经看穿一切的米尔嘉，不知道怎么的，我变得焦躁不安起来。米尔嘉到底知道多少呢? 为什么她提起了巴塞尔问题呢？村木老师的行动计划到底又是指什么呢？尽是些我不明白的事情。但是，有种预感告诉我，会蹦出一些很伟大的东西。

米尔嘉转过身对我说："现在，泰朵拉用'积的形式'表示了 $\frac{\sin x}{x}$，这是因为因式分解是将式子用乘积的形式来表示。另外，你写的泰勒展开是把相同的 $\frac{\sin x}{x}$ 用和的形式来表示。那么……"

米尔嘉说到这里，停顿了一下，吸了一口气又继续说道："这里，我们把泰朵拉写的'积的形式'和你写的'和的形式'画上等号看看。"

$$\frac{\sin x}{x}\text{ 的积的形式} = \frac{\sin x}{x}\text{ 的和的形式}$$
$$\left(1-\frac{x^2}{1^2\pi^2}\right)\left(1-\frac{x^2}{2^2\pi^2}\right)\left(1-\frac{x^2}{3^2\pi^2}\right)\cdots = 1-\frac{x^2}{3!}+\frac{x^4}{5!}-\frac{x^6}{7!}+\cdots$$

写到这里，米尔嘉突然把脸凑向正聚精会神地盯着式子看的泰朵拉，说："你快发现了吧，泰朵拉。"

泰朵拉的脸"唰"的一下涨得通红，边退后边说："什……什么？"

于是，米尔嘉在我们俩面前摊开双手，轻声说道："比较 x^2 的系数。"

我看了看式子。

比较系数？

瞬间开始计算。

比较系数！

我屏住了呼吸。

不会吧。

太厉害了！这太厉害了。

我看向米尔嘉。

米尔嘉正看着泰朵拉。

"咦？这是怎么回事啊？咦？"

——她还愣在那里，还没有发现。

“左边的 x^2 的系数是什么呀？泰朵拉你明白了吗？”米尔嘉说。

“这个，这个是无限个的积吧。”泰朵拉说。

“那实际展开看看吧，泰朵拉。现在我们把下面的式子展开看看。”米尔嘉说。

$$\left(1-\frac{x^2}{1^2\pi^2}\right)\left(1-\frac{x^2}{2^2\pi^2}\right)\left(1-\frac{x^2}{3^2\pi^2}\right)\left(1-\frac{x^2}{4^2\pi^2}\right)\cdots$$

“但是，有 π 之类的数字在，乱七八糟的，所以先定义

$$a=-\frac{1}{1^2\pi^2},\ b=-\frac{1}{2^2\pi^2},\ c=-\frac{1}{3^2\pi^2},\ d=-\frac{1}{4^2\pi^2},\cdots$$

这样的话，就可以形成以下无限项积的形式了。”米尔嘉说。

$$(1+ax^2)(1+bx^2)(1+cx^2)(1+dx^2)\cdots$$

“将这个式子按从左至右的顺序展开。”

$$\begin{aligned}
&\underbrace{(1+ax^2)(1+bx^2)}_{\text{先来看前 2 个因式}}(1+cx^2)(1+dx^2)\cdots\\
&=\underbrace{(1+(a+b)x^2+abx^4)}_{\text{展开式}}(1+cx^2)(1+dx^2)\cdots\\
&=\underbrace{(1+(a+b)x^2+abx^4)(1+cx^2)}_{\text{再来看接下来的 2 个因式}}(1+dx^2)\cdots\\
&=\underbrace{(1+(a+b+c)x^2+(ab+ac+bc)x^4+abcx^6)}_{\text{展开式}}(1+dx^2)\cdots\\
&\ \vdots
\end{aligned}$$

“咦？怎么看上去有规律啊。”看着米尔嘉的展开，泰朵拉说。

“其实这就是早上我所说的解与系数之间的关系噢。x^2 的系数的规律性你明白了吧。”米尔嘉说。

从刚才开始，米尔嘉就只和泰朵拉说话。公式展开的速度也比往常要慢。她大概是为了让泰朵拉更容易理解吧。

“嗯，我明白了，x^2 的系数是 $a+b+c+d+\cdots$ 吧。”泰朵拉说。

“是啊。这个无限项积的各因式里 x^2 的系数 $(a,b,c,d,\cdots)$ 的无限项和 $(a+b+c+d+\cdots)$ 就是展开后的 x^2 的系数。那么，我们再回到刚才‘因式分解’的式子。”米尔嘉说。

$$\frac{\sin x}{x}\text{的积的形式}=\frac{\sin x}{x}\text{的和的形式}$$
$$\left(1-\frac{x^2}{1^2\pi^2}\right)\left(1-\frac{x^2}{2^2\pi^2}\right)\left(1-\frac{x^2}{3^2\pi^2}\right)\cdots=1-\frac{x^2}{3!}+\frac{x^4}{5!}-\frac{x^6}{7!}+\cdots$$

米尔嘉又平静地继续说道：“要求等式左边展开时‘x^2 的系数’的话，只要求出左边各因式的‘x^2 的系数和’就可以了。$a+b+c+d+\cdots$ 也就是 $-\frac{1}{1^2\pi^2}-\frac{1}{2^2\pi^2}-\frac{1}{3^2\pi^2}-\frac{1}{4^2\pi^2}-\cdots$。另外，等式右边的‘$x^2$ 的系数’一下子就能得知。既然都已经考虑到这一步了，我们就来比较一下两边的 x^2 的系数。以下等式是成立的。”

$$-\frac{1}{1^2\pi^2}-\frac{1}{2^2\pi^2}-\frac{1}{3^2\pi^2}-\frac{1}{4^2\pi^2}-\cdots=-\frac{1}{3!}$$

泰朵拉确认了一遍米尔嘉所写的等式，说：“把 x^2 的系数提取出来……嗯，是这样的。”

“你还没有发现吗？泰朵拉。”米尔嘉说。

“什么，什么呀？”泰朵拉眨着大眼睛说。

米尔嘉笑了笑，露出一副“不用着急，没关系”的表情。

她对着笔记本，又继续向泰朵拉解释道：“整理式子后，可以得到这个。”

$$\frac{1}{1^2\pi^2}+\frac{1}{2^2\pi^2}+\frac{1}{3^2\pi^2}+\frac{1}{4^2\pi^2}+\cdots=\frac{1}{6}$$

“等式两边同时乘以 π^2……”

$$\frac{1}{1^2}+\frac{1}{2^2}+\frac{1}{3^2}+\frac{1}{4^2}+\cdots=\frac{\pi^2}{6}$$

“啊！啊！”

泰朵拉大声叫道。这可是图书室啊，但是我很理解她要叫起来的那种心情。

“解出来了，解出来了。巴塞尔问题解出来啦！”泰朵拉看了看米尔嘉，又看了看我，兴奋地说道。

米尔嘉点点头，像在吟诗一样说道：“解出来了，巴塞尔问题解出来了，令18世纪数学家们烦恼的难题——巴塞尔问题解出来了。真是令人愉悦啊！”

米尔嘉又把式子重新写了一遍。

$$\sum_{k=1}^{\infty}\frac{1}{k^2}=\frac{\pi^2}{6}$$

“当然，这样写也可以。”她又加了一笔。

$$\zeta(2)=\frac{\pi^2}{6}$$

“好了，这下我们的工作可以先告一段落了。”她竖起食指，歪了歪头，笑了起来。这真是最美好的笑容。

“真是……不知不觉中就……就解出来了！真神奇啊！”

泰朵拉的思绪还在混乱之中。

解答9-2　（巴塞尔问题）

$$\sum_{k=1}^{\infty}\frac{1}{k^2}=\frac{\pi^2}{6}$$

9.6.3 向无限挑战

“解出这个问题的人是莱昂哈德·欧拉，他是世界上第一个解出巴塞尔问题的人。那是在 1735 年，欧拉老师还只有 28 岁，在他结婚后的第二年……”米尔嘉说。

我们是跨越了两个半世纪以上的时光，来回味欧拉的解法啊。当时的欧拉和我们只相差十来岁……结婚后第二年？

“这下我们也能把这个问题解出来了吧？”泰朵拉问。

“是啊。欧拉老师对于巴塞尔问题的解法到现在还留有几种。这是其中的一种。我们把它作为一个谜来解答。”米尔嘉说。

“这个证明我证到一半的时候就不知道怎么办了，最后真是让我大吃一惊。”泰朵拉说，“不知不觉中巴塞尔问题就被解开了，我真的大吃一惊。因为 $x = n\pi$ 是 $\sin x = 0$ 的解，所以我还以为可以把 $\sin x$ 因式分解呢。当时还以为自己找到了什么伟大的发现呢。但是，我这种想法也就到那里为止了。米尔嘉给我看了其他因式分解的方式，在我捉摸不定的时候，通过比较 x^2 的系数就把巴塞尔问题解答出来了。真是太厉害了！”泰朵拉说。

“而且，还有一点，”泰朵拉又接着说道，“当 $\sum_{k=1}^{\infty} \frac{1}{k^2}$ 这个和变为 $\frac{\pi^2}{6}$ 的时候，我也吃了一惊。为什么整数的 2 次方的倒数之和中会出现 π 呢？”

我们沉默了片刻，大家都在思考为什么无理数的圆周率会突然出现，我们都觉得有点不可思议。

“还有，为什么泰朵拉说的因式分解不可取呢？”我问道，“$x = n\pi (n = \pm 1, \pm 2, \cdots)$ 不正是方程 $\frac{\sin x}{x} = 0$ 的解吗？为什么不可以呢？”

$$\frac{\sin x}{x} = (x+\pi)(x-\pi)(x+2\pi)(x-2\pi)(x+3\pi)(x-3\pi)\cdots \quad (?)$$

米尔嘉回答了我的疑问，她说："虽然 $n\pi$ 是方程 $\frac{\sin x}{x}=0$ 的解，但是这个因式分解的式子过于冗长，还有一定的自由度。因为如果只有 $x=n\pi$ 这个先决条件的话，像这样整体扩大 C 倍都是可以的，所以没有遵循唯一分解定理。"

$$\frac{\sin x}{x}=C\cdot(x+\pi)(x-\pi)(x+2\pi)(x-2\pi)(x+3\pi)(x-3\pi)\cdots \quad (?)$$

"噢，原来如此啊，米尔嘉。$\lim_{x\to 0}\frac{\sin x}{x}=1$ 这个先决条件不能光靠因式分解来表示啊。"我恍然大悟。

"是啊，如果是 n 次多项式的话，结合 n 次方的系数，可以调整常数倍的值。一般最高次的系数是确定的，然后就可以根据最高次的系数来调整这个式子的规模了。但是，如果是无限次多项式的话，就不能按照最高次的系数来量身定做了。因为我们不知道 x^{∞} 的系数究竟是多少。这样一来，建立起 $(x-n\pi)$ 后就不方便再调整系数了，求出因式 $(1-\frac{x}{n\pi})$ 的乘积才是解决问题的关键。在开始进行无限项计算之前，我们先调整式子的规模，这种方法比较有效。"

米尔嘉用手指推了推眼镜继续说道："但是，说起严密的理论，刚才的论述方式还不够严密。为什么这么说呢？因为在求解 $\sin x=0$ 这个方程式时，我们是根据图像与 x 轴的交点得到方程的解为 $x=n\pi$，但是虚数解不会出现在与 x 轴的交点上，所以我们还没有讨论虚数解的可能性。实际上，除此方法之外，欧拉老师还留下了几种证明方法。但是利用 $\sin x$ 的幂级数展开来进行这个证明真是魅力无穷啊。正如与 x^2 的系数相对比可以求出 $\zeta(2)$ 一样，与 $x^{\text{正偶数}}$ 的系数对比也能求出 ζ(正偶数)。"

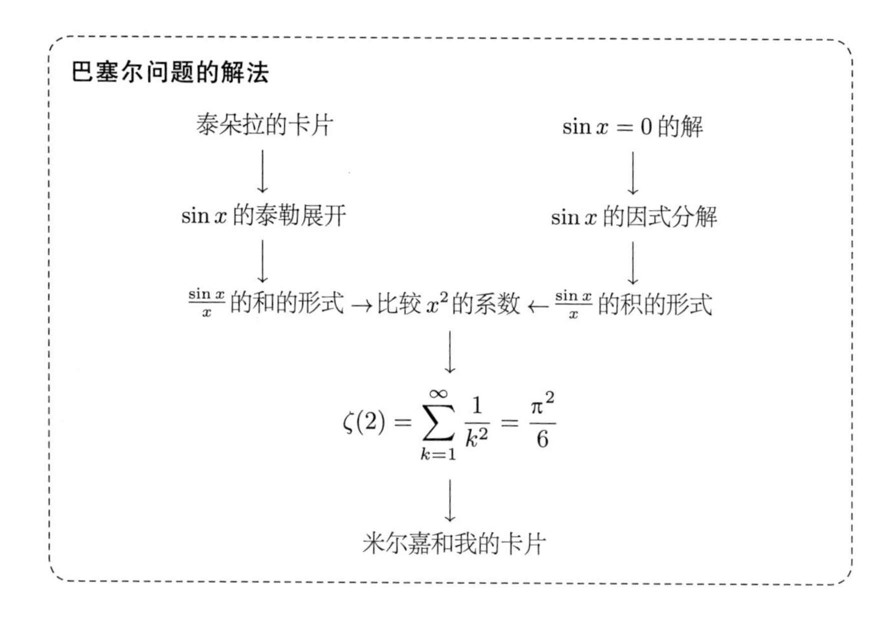

“这次，虽然最后进行整理的人是我，但是我本身就是知道欧拉老师的解法的。”

米尔嘉边说边站起身。

“虽说没有很顺利地解出，但是泰朵拉能想到利用方程式的解对 $\sin x$ 进行因式分解，这是非常了不起的。虽然还有不够严密的部分，但是在不够严密的地方也可以向无限发起挑战。”

说到这儿，米尔嘉把右手搭在坐在位子上的泰朵拉的头上。

她继续说：“在向我们的欧拉老师表示敬意的同时，也请为泰朵拉鼓掌。”米尔嘉率先拍起手来。我也站起身，拍起手来。

“米尔嘉……学长……这……这怎么可以。”泰朵拉用两手摸了摸涨得通红的脸蛋，眨巴着双眼。

这里是图书室。我们是高中生。这里要求保持安静。

但是，管它呢，介意什么呀！

我们向活力少女泰朵拉鼓掌！

可见，

当 n 为偶数时，

状如$1+\frac{1}{2^n}+\frac{1}{3^n}+\frac{1}{4^n}+\cdots$的任何一个级数，

它的和都等于π^n与一个有理数的积。

——欧拉[25]

第10章
分拆数

告白的答案在银河的尽头。

——小松美和[8]

10.1 图书室

10.1.1 分拆数

和往常一样，在放学后。

“我拿来了哦。”米尔嘉来到图书室，手里好像拿着村木老师出的题目。

她把卡片在桌子上摊开，我和泰朵拉好奇地凑过头去。

从村木老师那里拿到的卡片

假设有面值为 1 元、2 元、3 元、4 元……的硬币。为了支付 n 元，请思考硬币的组合方式有几种。假设组合方式的个数为 P_n（各种支付方法称为 n 的分拆方式，分拆方式的个数 P_n 称为 n 的**分拆数**）。

比如，支付 3 元的方法有三种，一种是“1 枚 3 元硬币”，另一种是“1 枚 2 元硬币和 1 枚 1 元硬币”，还有一种是“3 枚 1 元硬币”。所以 $P_3 = 3$。

问题 10-1

P_9 是多少？

问题 10-2

$P_{15} < 1000$ 是否成立？

“这只不过是计算支付方法而已，应该很简单啊。”高中一年级的学妹泰朵拉高声说道。

“是吗？”我说。

“嗯？ P_9 不就是要求出总金额为 9 元的支付方法的个数吗？按照‘使用 1 元硬币的时候’‘使用 2 元硬币的时候’……这样的顺序来考虑不是很好吗？”泰朵拉说。

“没有这么简单哦，泰朵拉。相同面值的硬币可以重复使用，所以即使是使用 1 元的时候，也必须要考虑‘到底要用几枚’。”我说。

“学长……我不是那个经常忘记条件的泰朵拉了。关于硬币枚数的条件我知道啊。不过我觉得只要耐心数的话总能计算出来。”泰朵拉自信地说。

“是这样吗？即使一个一个地数也可能会出错哦，我想还是用一般的方法解比较安全吧。先不管问题 10-1 中的 P_9，问题 10-2 中的 P_{15} 应该会是个‘了不得的数字’。”我说。

"会这样吗，学长？什么是'了不得的数字'？只不过是 15 元的支付方法嘛。"泰朵拉说。

"泰朵拉，即使是 15 元，组合数也会大得惊人的。"我说。

"呼！"

一直沉默着没有开口说话的米尔嘉用手拍了下桌子。那声音响得让我们都怀疑是不是哪里爆炸了。

我们一下子停止了对话。

"泰朵拉，你到那边的角落里去。你坐到那里窗边的位子。我就坐在这里。大家闭上嘴，安静思考一下。"米尔嘉命令道。

听了她的命令，泰朵拉和我互相点点头，说："知道了，我们马上搬。"

——放学后的图书室，我们都闭上嘴，开始学习。

10.1.2 举例

硬币的面值为正整数 $(1, 2, 3, 4, \cdots)$，有点与众不同。使用这种硬币支付 n 元，求支付方法的个数——分拆数 P_n。

和往常一样，我从比较小的具体数字开始思考。通过具体例子来感受是非常重要的。

当 n 为 0 的时候，也就是支付金额为 0 元的时候，方法只有一个，那就是"不付钱"。可以说 $P_0 = 1$。

$$P_0 = 1 \qquad 0\text{元的支付方法有}1\text{种}$$

当 n 为 1 的时候，也就是支付金额是 1 元的时候，只有"使用 1 元硬币"这一个方法。所以 $P_1 = 1$。

$$P_1 = 1 \qquad 1\text{元的支付方法有}1\text{种}$$

当 n 为 2 的时候，有 2 种支付硬币的方法，一种是“使用 1 枚 2 元硬币”，另一种是“使用 2 枚 1 元硬币”。所以 $P_2 = 2$。

$$P_2 = 2 \qquad 2\text{元的支付方法有}2\text{种}$$

当 n 为 3 的时候，有 3 种支付硬币的方法，一种是“使用 1 枚 3 元硬币”，另一种是“使用 1 枚 1 元硬币和 1 枚 2 元硬币”，还有一种是“使用 3 枚 1 元硬币”。

这样写成文字实在是太麻烦了，干脆就把“使用 1 枚 2 元硬币和 1 枚 1 元硬币”这种支付方法表示成 $2 + 1$ 就好了。也就是说，可以像下面这样来考虑。

$$\underbrace{2}_{1\text{ 枚 }2\text{ 元硬币}} + \underbrace{1}_{1\text{ 枚 }1\text{ 元硬币}}$$

这样一来，当 $n = 3$ 的时候，就可以表示成以下3种情况。

$$\begin{aligned} 3 &= 3 \\ &= 2+1 \\ &= 1+1+1 \end{aligned}$$

也就是说 $P_3 = 3$。

$$P_3 = 3 \qquad 3\text{元的支付方法有}3\text{种}$$

嗯。P_3 可以叫作“支付 3 元的方法的个数”，也可以称为“将 3 **分拆**成几个正整数的方式的个数”。所以我们给 P_n 这类数取名为分拆数。

如果 n 为 4 的话，就可以分成以下 5 种情况。嗯，我有点发现其中的诀窍了。

$$
\begin{aligned}
4 &= 4 \\
&= 3+1 \\
&= 2+2 \\
&= 2+1+1 \\
&= 1+1+1+1
\end{aligned}
$$

$$P_4 = 5 \qquad \text{4元的支付方法有5种}$$

如果 n 为 5 的话，就可以找到以下 7 种情况。

$$
\begin{aligned}
5 &= 5 \\
&= 4+1 \\
&= 3+2 \\
&= 3+1+1 \\
&= 2+2+1 \\
&= 2+1+1+1 \\
&= 1+1+1+1+1
\end{aligned}
$$

$$P_5 = 7 \qquad \text{5元的支付方法有7种}$$

如果像这样扩大 n 的数值，就能够逐渐看出一些有规律的东西。如果数字不扩大的话，很难发现其规律性。以前，米尔嘉曾经说过“少数例子无法体现规律性”。但是如果数字很大的话，接下去举例就会逐渐变难。

好，暂且继续进行下去。假设 n 为 6，那就可以展开成以下 11 种加法组合。

$$
\begin{aligned}
6 &= 6 \\
&= 5+1 \\
&= 4+2 \\
&= 4+1+1 \\
&= 3+3 \\
&= 3+2+1
\end{aligned}
$$

$$
\begin{aligned}
&= 3 + 1 + 1 + 1 \\
&= 2 + 2 + 2 \\
&= 2 + 2 + 1 + 1 \\
&= 2 + 1 + 1 + 1 + 1 \\
&= 1 + 1 + 1 + 1 + 1 + 1
\end{aligned}
$$

$$P_6 = 11 \qquad \text{6元的支付方法共有11种}$$

嗯，$\langle P_2, P_3, P_4, P_5, P_6 \rangle = \langle 2, 3, 5, 7, 11 \rangle$，是不是与质数有关呢。那么 P_7 是不是 13 呢？

$$
\begin{aligned}
7 &= 7 \\
&= 6 + 1 \\
&= 5 + 2 \\
&= 5 + 1 + 1 \\
&= 4 + 3 \\
&= 4 + 2 + 1 \\
&= 4 + 1 + 1 + 1 \\
&= 3 + 3 + 1 \\
&= 3 + 2 + 2 \\
&= 3 + 2 + 1 + 1 \\
&= 3 + 1 + 1 + 1 + 1 \\
&= 2 + 2 + 2 + 1 \\
&= 2 + 2 + 1 + 1 + 1 \\
&= 2 + 1 + 1 + 1 + 1 + 1 \\
&= 1 + 1 + 1 + 1 + 1 + 1 + 1
\end{aligned}
$$

$$P_7 = 15 \qquad \text{7元的支付方法有15种}$$

P_7 是 15，真可惜，不是质数。

尽管如此，但它至少是在逐渐变大。这样下去的话，考虑 $n=8$ 和 $n=9$ 不会出什么问题吧？会不会数错呢？算了，与其有闲工夫在这里担心，还不如耐心地数数看。

$n=8$ 的时候。

$$
\begin{aligned}
8 &= 8 \\
&= 7+1 \\
&= 6+2 \\
&= 6+1+1 \\
&= 5+3 \\
&= 5+2+1 \\
&= 5+1+1+1 \\
&= 4+4 \\
&= 4+3+1 \\
&= 4+2+2 \\
&= 4+2+1+1 \\
&= 4+1+1+1+1 \\
&= 3+3+2 \\
&= 3+3+1+1 \\
&= 3+2+2+1 \\
&= 3+2+1+1+1 \\
&= 3+1+1+1+1+1 \\
&= 2+2+2+2 \\
&= 2+2+2+1+1 \\
&= 2+2+1+1+1+1 \\
&= 2+1+1+1+1+1+1 \\
&= 1+1+1+1+1+1+1+1
\end{aligned}
$$

$P_8 = 22$　　8元的支付方法有22种

终于到了计算 $n=9$ 的时候了。

$$
\begin{aligned}
9 &= 9 \\
&= 8+1 \\
&= 7+2 \\
&= 7+1+1 \\
&= 6+3 \\
&= 6+2+1 \\
&= 6+1+1+1 \\
&= 5+4 \\
&= 5+3+1 \\
&= 5+2+2 \\
&= 5+2+1+1 \\
&= 5+1+1+1+1 \\
&= 4+4+1 \\
&= 4+3+2 \\
&= 4+3+1+1 \\
&= 4+2+2+1 \\
&= 4+2+1+1+1 \\
&= 4+1+1+1+1+1 \\
&= 3+3+3 \\
&= 3+3+2+1 \\
&= 3+3+1+1+1 \\
&= 3+2+2+2 \\
&= 3+2+2+1+1 \\
&= 3+2+1+1+1+1 \\
&= 3+1+1+1+1+1+1 \\
&= 2+2+2+2+1 \\
&= 2+2+2+1+1+1 \\
&= 2+2+1+1+1+1+1 \\
&= 2+1+1+1+1+1+1+1
\end{aligned}
$$

$$= 1 + 1 + 1 + 1 + 1 + 1 + 1 + 1 + 1$$

$$P_9 = 30 \qquad \text{9元的支付方法有30种}$$

嗯，这下就解出了村木老师的问题 10-1。9 元的支付方法共有 30 种，9 有 30 种分拆法。

问题 10-2 该怎么做呢？要数出 P_{15} 是多少，那一定是个'了不得的数字'吧。我应该先求出 P_n 的通项公式再求具体数值吧。

"放学时间到了。"

瑞谷老师登场了！啊，已经这么晚了啊。

瑞谷老师是到了一定时间就会出现的图书管理员。她带着一副颜色很深的眼镜，深到我们甚至看不清她的视线正看往哪里，她像个机器人那样精密地移动，一直走到图书室中央，在那里宣布"放学时间到了"。

那就先到此为止吧——问题 10-1 的答案是 $P_9 = 30$，而问题 10-2 的答案还不知道。

解答 10-1

$$P_9 = 30$$

10.2 回家路上

10.2.1 斐波那契手势

我们三个人走在去电车站的路上。

泰朵拉不断摆弄着手指，就像在玩石头剪刀布的猜拳游戏那样。

“你在干什么呀？”我问她。

“我在做斐波那契手势。”她答道。

“那是什么呀？”我问。

“您没听说过也是理所当然的，因为那是我自己想出来的手势。”她答道。

“……”

“这个是表明‘我很喜欢数学’的信号噢，是数学爱好者之间的问候语。无论在碰面的时候，还是在告别的时候，都可以使用哦。因为这个是手势，所以即使语言不通，相隔很远，也可以把自己的意思传达给对方，呵呵。”她得意洋洋地说。

“我给你做做看哦。”

泰朵拉对着我伸出手指，在我鼻子前嗖嗖划了四圈。

“你懂了吗？”她问。

“啊？什么啊？”

“请你仔细看清我手指的个数噢。我的手指是以 $1, 1, 2, 3$ 的顺序增加的。”

泰朵拉又比划了一遍。确实，她每划一圈，手指个数就以 $1, 1, 2, 3$ 的顺序增加。那然后呢？

“然后呢，看到对方打出这个斐波那契手势后呢，就要做出石头剪刀布中布的手势来回应，这是因为 $1, 1, 2, 3$ 后面接的是 5。手指的个数呈斐波那契数列，所以就叫作斐波那契手势。”泰朵拉说。

“啊，对了，米尔嘉，刚才 P_9 的问题……”我对米尔嘉说。

还没说完，就听泰朵拉叫道：“学——长——不要无视我呀。”

我朝米尔嘉看去，她也在那里嗖嗖地划圈。

“喂，米尔嘉，连你也在划，你们到底要做什么呀？”我吃惊地问。

“在比划斐波那契手势啊。对了，泰朵拉，5 接下来的数字该怎么办呢？用两个手来表示 $3+5=8$ 吗？如果将这个斐波那契手势继续下去的话，很快就可以占用世界上所有人的双手了。”米尔嘉说。

“没有，就到 5 为止了。让我们一起来做做看吧。我出 $1,1,2,3$ 之后呢，你就用 5 来回答我噢。1——1——2——3——，好，你来。”泰朵拉说。

米尔嘉微笑着摊开手心。

……真是太丢脸了，我们又不是小学生。

但是，泰朵拉伸着三个手指，睁着大眼睛朝我看。我真是无法抵抗，只好摊开手以作回应。

“……5。”

“好，谢谢了。”

泰朵拉真是个活力十足的女孩，今天她的情绪也是一如既往地高涨。

10.2.2 分组

我们走到了大道上。路上有护栏，人行道变窄了。我们变成一列前进，泰朵拉在最前面，然后是我，米尔嘉走在最后。泰朵拉时不时地回头看，真是危险。我呢，被米尔嘉盯着后背，总觉得有点痒。

“问题 10-1 就是靠手的体力劳动，问题 10-2 却是靠脑子的脑力劳动。”米尔嘉说。

泰朵拉回过头对我说：“我已经把问题 10-1 做好了，现在问题 10-2 正算到一半，P_{15} 实际上也快算出来了。我终于明白为什么学长说那是‘了不得的数字’了，但是我觉得绝对不到 1000 吧。”

“泰朵拉，后面后面，后面有电线杆，小心。”我提醒道。

“学长，没关系的。对了，P_9 的话共有 29 种情况对吗？”泰朵拉打开她的笔记本给我看。

“嗯？是 29 种吗？不是 30 种吗？”我说。

① + ⑧
③ + ⑥
④ + ⑤
① × 2 + ② + ⑤
① × 2 + ③ + ④
① × 5 + ④
① × 3 + ③ × 2
① × 4 + ② + ③
① × 3 + ② × 3
① × 9

② + ⑦
① + ② + ⑥
① + ③ + ⑤
① × 4 + ⑤
① + ② × 2 + ④
③ × ③
② × 3 + ③
① × ⑥ + ③
① × ⑤ + ② × 2
⑨

① × 2 + ⑦
① × 3 + ⑥
② × 2 + ⑤
① + ④ × 2
① × 3 + ② + ④
① + ② + ③ × 2
① × 2 + ② × 2 + ③
① + ② × 4
① × 7 + ②

“这个该怎么理解啊？”我问道。

“嗯？就像你所看到的那样啊。比如，① × 3 就是 1 元硬币有 3 个的意思。”她答道。

“啊，原来是这样。真是有好几种表达方式呢。”我感叹道。

“但是你缺少了② + ③ + ④这种情况。”背后的米尔嘉靠在我肩上看着她的笔记本说。我碰到了她那头长发，一阵清香味飘来。

“哎呀，我都验算了好几次呢。——啊，真疼。”泰朵拉的头撞到了广告牌上。我不是提醒过她嘛，唉，真是的。

我们到了电车站。

“那么，就先到这里了。明天见。”米尔嘉拍了拍泰朵拉的头，就迅速离开了。她和我和泰朵拉回去的方向是相反的。

“啊，米尔嘉……我好不容易设计了斐波那契手势，就在我们告别的时候使用一下吧。”泰朵拉边说边嗖嗖地开始用手比划。

于是，米尔嘉举起右手，张开 5 个手指，但是脚下的步子一点没有放慢，也没有朝这里回头。

10.3 “豆子”咖啡店

泰朵拉建议去喝咖啡，于是我们去了车站前那家叫“豆子”的咖啡店。她今天坐在我对面的位子。

泰朵拉在咖啡里放入牛奶后，都忘了用勺子搅拌，就开始发呆了，感觉和平时的状态有点不同。终于，她开始自言自语地说起话来。

“我好希望自己的数学能变得更好啊。虽然不能漏掉条件这一点非常重要，但是如果只做到这一点那也不行，真是够呛啊。如果靠手来数 P_{15} 的话，真的是一项了不得的大工程呢。”

说着，她长长地叹了口气。

“在学长的心目中有没有我的位置呢……”

“啊？”我吃了一惊。

“嗯？”泰朵拉的脸变得通红，“我……我刚才说出口了？刚才说的你就当我没说过哦！啊，不对，不要当没说过！啊，真是的！”

她在我面前不停地摆动着双手。看上去不是斐波那契手势。

过了一会儿，泰朵拉低下头，开始慢慢地说：“学长初中三年级的时候，我是初中二年级。学长，你在校园文化节中发表了演讲吧。关于二进制的演讲。在演讲的最后，学长说过‘**数学跨越时空**’这样的话。历史上有很多数学家研究二进制，而且二进制在现代的计算机中仍然存在着。‘数学跨越时空’，直到现在我依然记得学长的这句话。比如 17 世纪研究二进制的数学家莱布尼茨并不知道 21 世纪的计算机是什么样子。虽然莱布尼茨已经离开了这个世界，但是数学却穿越时空，被现代人所继承……通过学长的话，我懂得了这个道理。啊，真的是这样啊，我有时候确实想到过数学是跨越时空的。”

——这么说来，我确实做过这样的演讲呢。

“学长，那时候你放学后也经常在图书室里吧。在校园文化节结束后，我也开始经常去图书室里自习。不知道为什么，我总想靠近学长一点……我总在图书室的角落里看书，而学长一直在计算，一定没有注意到我吧。就这样，在那个冬天，我泰朵拉竟然成为了进入图书室最频繁的前 10 人之一。”她抬起头，羞涩地笑了。

——呀，我还真没注意到呢。我一直以为没人会来图书室，我一直是一个人在那里呢。

泰朵拉又继续说道：“我……当我能够进入学长所在的高中时，我真的很开心。能够给学长写信真是太好了。我也很喜欢听你叫我‘泰朵拉’。当你夸奖我说‘泰朵拉你好厉害哦’的时候，我真的觉得自己可以做很多事情。而且你还带我一起去看天象仪……和学长一起……还有和米尔嘉一起……讨论数学真的很开心。”

——对哦，我们一起去看了天象仪呢。

她又说：“但是……我有时候也会情绪低落。听了学长们之间的交谈，我觉得我自己一个人什么都不会。就像今天一样，出错的只有我一个人。”

——嗯，我能理解她的心情。当我看米尔嘉的时候，我也有过这样的心情。

“我的位置……在学长的心目中，有没有我的位置呢？对学长来说，我可能只是一个做事急急忙忙的学妹而已吧……但是，请学长在您心中给我留一点位置，哪怕仅仅是一个小角落也好，偶尔能够教我一点数学就好了。”她说。

——在我心中，确实有一处无法用眼睛看见的空间，那是为泰朵拉留着的……

我开口说：“嗯。直到现在，我都非常喜欢和泰朵拉交谈。我很欣赏你的率直和理解能力。以前我们在‘神乐’约定好了，我会教你数学，这个约定不会改变。——其实我自己也是一个人什么都做不了。初中在图书室里计算的时候我确实是十分享受。但是，我现在觉得更开心。因为有一个和我自由讨论数学的伙伴……在我的心目中，一直都有泰朵拉你的位置。对于我而言，你是名副其实的重要朋友噢。”

“停！”泰朵拉朝我摊开右手，伸出五根手指说，“谢……谢谢您。我真的很高兴。但是，再说下去我恐怕又会说不该说的话，所以停下吧，不要说了。”

小道蜿蜒曲折。

啊，我知道了——在回家路上，泰朵拉走路很慢的理由。

她是为了延长与我在一起的时间吧。

在高中生活那有限的时空里。

10.4　自己家

在自己家中。

电子钟显示时间为 23 点 59 分。23 和 59 都是质数啊。

家人都已经进入梦乡。我在自己的房间里做数学题，这是我最幸福的时光。

我的父母对于我挑战怎样的数学公式并没有什么兴趣。当我把数学公式变形成很有趣的形式时，我欣喜若狂地跟他们解释，他们也只是回应我一句“好厉害啊”。

朋友是很可贵的。米尔嘉和泰朵拉，我们互相出题，互相解题，互相探讨，用尽我们的所能挑战数学问题，共同分享切磋我们的解题方法。我们之间通过数学公式的语言进行交流。——我很享受这样的时光。初中时，我却一直是一个人计算。——啊，不对不对，那时，在那个地方，或许泰朵拉也在……

好了，要继续思考村木老师的问题了，就是那个关于分拆数 P_n 的问题。至于问题 10-2 中的 P_{15} 小于 1000 是否成立，我可以用**生成函数**的方法来解解看。

生成函数就是利用 x 的幂次方，将数列的所有项都归纳到一个函数式里。到目前为止，我和米尔嘉利用生成函数求出了斐波那契数列和卡塔兰数。这次的 P_n 是否也可以通过生成函数来求出通项公式呢。只要在通项公式 P_n 中找到“关于 n 的有限项代数式”，问题 10-2 就迎刃而解了。

先把到现在为止求出的分拆数 P_n 总结一下。

n	0	1	2	3	4	5	6	7	8	9	$\cdots$
P_n	1	1	2	3	5	7	11	15	22	30	$\cdots$

假设该数列的生成函数为 $P(x)$，那么 $P(x)$ 就可以写成以下形式。这就是生成函数的定义式。

$$P(x) = P_0x^0 + P_1x^1 + P_2x^2 + P_3x^3 + P_4x^4 + P_5x^5 + \cdots$$

将 $P_0, P_1, \cdots$ 的具体数值代入上式。因为 n 次方的系数是 P_n，所以上式就变形为以下形式。

$$P(x) = 1x^0 + 1x^1 + 2x^2 + 3x^3 + 5x^4 + 7x^5 + \cdots$$

形式上的变量 x 是为了避免数列的各项出现混乱而存在的。将数列作为系数，生成它的就是生成函数。

接下来的步骤就是建立生成函数的“关于 x 的有限项代数式”。

在求斐波那契数列的通项公式 F_n 的时候，我们利用递推公式求出了有限项代数式。通过乘以 x 使 $F(x)$ 的系数移位，真是怀念这种做法啊。

在求卡塔兰数 C_n 的时候，我们利用生成函数的积来求有限项代数式。我享受到了“划分”的快乐。

分拆数 P_n 怎么样啊？虽说是利用生成函数解题，但也不是像变魔术那样一瞬间就能把题目解出来的。关于这个数列，我们需要发现一些本质性的东西。

关于分拆数的生成函数，我还要做进一步研究。长夜漫漫。

为了选出来

我在房间里来回踱着步子思考着。动手算出具体数值是一种非常重要的解题思路，但是只用这种方法的话，最终会承受不起排列组合的大爆发。在出现那个“了不得的数字”之前，为了能解出最后答案，需要一个很大的飞跃，也就是米尔嘉所说的“脑力劳动”。再想想，再想想。

我打开窗子，呼吸了一下夜晚的新鲜空气，从远处传来狗叫声。——我为什么这么喜欢数学呢？数学到底是何物呢？米尔嘉曾经说过这样的话。

> “康托尔曾经说过‘数学的本质在于它的自由’。欧拉老师是自由的，他将无穷大和无穷小的概念在自己的研究中运用得如鱼得水。圆周率 π 也好，虚数单位 i 也好，还有自然对数的底数 e 也好，都是欧拉老师最先开始使用的文字。欧拉老师为世人在原本无法跨越的河流上搭建了桥梁，就好比在柯尼斯堡上搭建了一座新桥。”

桥……我如果也能在未来的某个时候某个地方搭建一座新桥就好了。

我先来考虑一个有点脱离生成函数的话题。让我先想想我是不是解出过相同类型的题目。回想一下……

“……不记得了，不好意思。”

“……不是回想，是思考，是思考。”

这是我和泰朵拉之间有过的对话。“回想”起自己曾经说过“思考是很重要的”，我不禁笑了笑。思考是很重要的，回忆也很重要啊。

这是我和泰朵拉在讨论二项式定理时的对话。在计算 $(x+y)^n$ 的时候，出现了好几种组合方式，那时泰朵拉惊呆了，于是我告诉她 $\binom{n}{k}$ 和 C_n^k 是同一个意思。

求 $(x+y)$ 的 n 次方时，分别从 n 个因式 $(x+y)$ 中选择 x 和 y，选到的 x 和 y 的乘积就成了一项。在合并同类项后，这种选择的组合个数就在系数上体现出来了。

比如说，在展开 $(x+y)^3$ 的时候，从 3 个因式中分别取 x 和 y，这样就可以产生下面的 8 项。

$$
\begin{array}{lcl}
(\textcircled{x}+y)(\textcircled{x}+y)(\textcircled{x}+y) & \rightarrow & xxx = x^3y^0 \\
(\textcircled{x}+y)(\textcircled{x}+y)(x+\textcircled{y}) & \rightarrow & xxy = x^2y^1 \\
(\textcircled{x}+y)(x+\textcircled{y})(\textcircled{x}+y) & \rightarrow & xyx = x^2y^1 \\
(\textcircled{x}+y)(x+\textcircled{y})(x+\textcircled{y}) & \rightarrow & xyy = x^1y^2 \\
(x+\textcircled{y})(\textcircled{x}+y)(\textcircled{x}+y) & \rightarrow & yxx = x^2y^1 \\
(x+\textcircled{y})(\textcircled{x}+y)(x+\textcircled{y}) & \rightarrow & yxy = x^1y^2 \\
(x+\textcircled{y})(x+\textcircled{y})(\textcircled{x}+y) & \rightarrow & yyx = x^1y^2 \\
(x+\textcircled{y})(x+\textcircled{y})(x+\textcircled{y}) & \rightarrow & yyy = x^0y^3
\end{array}
$$

如果把它们全部相加，并“合并同类项”的话，就变成了乘积的展开。

$$
(x+y)(x+y)(x+y) = \underline{1}x^3y^0 + \underline{3}x^2y^1 + \underline{3}x^1y^2 + \underline{1}x^0y^3
$$

系数中的 $1,3,3,1$ 分别和选择 3 个，2 个，1 个，0 个 x 的情况一致。也就是说，如果系数用 $\binom{n}{k}$ 来表示，就形成了以下式子。

$$(x+y)(x+y)(x+y) = \binom{3}{3}x^3 + \binom{3}{2}x^2y + \binom{3}{1}xy^2 + \binom{3}{0}y^3$$

回想到这里，我的脑海中浮现出了泰朵拉那表示佩服的表情，就在这一霎那，原本在房间里来回踱步的我突然停住了脚步。

嗯？

不知道怎么的，我感觉像是碰到了什么重要的点。

“泰朵拉那表示佩服的表情”——不对，再前面一点。

“不是回想，是思考”——不对，再往后一点。

“这种选择的组合个数就在系数上体现出来”——对，就是这个。

选择的组合个数就在系数上体现出来。

运用泰朵拉的分组的方法——从因式中进行选择——嗯，有希望联系起来，一定能和分拆数的生成函数联系起来。利用无限和的无限积这个方法就好了。我明白了。

“如果一旦明白什么，就立刻着手去做。”我的脑海中响起米尔嘉的声音。

我连忙开始计算。因为是无限积，所以不能找到“关于 x 的有限项代数式”，但是我可以求出乘积形式的生成函数 $P(x)$。

——深夜，在自己家，我闭上嘴巴，开始学习。

问题 10-3 （我自己假设的问题）

假设分拆数的生成函数为 $P(x)$，求乘积形式的 $P(x)$。

10.5　音乐教室

第二天。

放学后，在音乐教室里，我、盈盈还有米尔嘉三人在一起说话。

你们去讨论你们的欧拉，我呢就来弹我的巴赫。

盈盈坐在钢琴旁边弹着变奏曲边说。她是高中二年级的学生，虽然是和我一个年级的，但是不与我和米尔嘉同班。她担任钢琴爱好者协会“最强音”的会长，是一个非常喜欢琴键的小女孩。

“嗯，巴赫很好啊。”米尔嘉边笑边把两手放在身后，合着钢琴的拍子，一步一步在音乐教室里来回走动，一副很陶醉的样子。她的心情很好。

“对了，泰朵拉今天会来吗？不是只要有你在的地方，不管在哪里她都会过来的吗？”盈盈一边继续弹奏一边朝我问道。

泰朵拉。

“那孩子并不是一直追随着我哦。”我说。

就在那时，泰朵拉怀里抱着笔记本走进了音乐教室。

“啊，原来您在这里啊。我看您不在图书室，还想您怎么了呢。”

“她还追得真紧啊。”盈盈小声嘀咕道。

“是不是给你们添麻烦了？”泰朵拉打量着我们。

“没关系，泰朵拉。我也没什么要紧的事情做。”我说。

“你听到我那令人感动的演奏了吗？”盈盈问。

“嗯嗯，我听了。——啊，对了。”我说，“泰朵拉来得正好，大家一起来讨论一下昨晚的成果吧。米尔嘉，我可以写写分拆数的式子吗？”

“你的意思是说你求出了通项 P_n 的有限项代数式吗？”米尔嘉顿时站起身，很严肃地问我。

“没有，不是，我并没有求出通项公式 P_n 的有限项代数式，而是求

得了生成函数 $P(x)$ 的无限积的形式。”我说。

“那就好。”米尔嘉的脸上又露出了笑容。

“那么就用前面的黑板吧。”我走到音乐教室前面，滑动了一下黑板，准备开始写字。米尔嘉和泰朵拉也凑了过来。

盈盈说：“啊呀，你们开始做数学了啊。”边说边停下了弹钢琴的手。

10.5.1 我的发言(分拆数的生成函数)

“为了解出问题 10-2，我想到了求分拆数 P_n 的通项公式。为此首先要求生成函数 $P(x)$。生成函数 $P(x)$ 可以写成以下形式。”我说。

$$P(x) = P_0x^0 + P_1x^1 + P_2x^2 + P_3x^3 + P_4x^4 + P_5x^5 + \cdots$$

“我只是照定义式的样子写出了这个式子。我自己假设了问题 10-3‘寻找乘积形式的生成函数 $P(x)$’。但是在解问题 10-3 之前，为了便于说明，我们先来考虑一下接下来的问题 10-4，就是对硬币的枚数和种类加以限制的‘带有限制的分拆数’问题。”我说道。

问题 10-4 “带有限制的分拆数”

1 元硬币、2 元硬币和 3 元硬币各有 1 枚。支付 3 元的方法有几种？

“这个问题 10-4 并不难。因为限制了硬币的种类，只有 1、2、3 元，而且各种硬币都只有 1 枚，所以支付 3 元的方法只有两种：一种是使用 1 元和 2 元硬币，还有一种是使用 3 元硬币。这就是答案。”

解答 10-4

2 种。

“对了，利用问题 10-4，我们来说明一下生成函数。我来列举一下使用各种硬币能够支付的金额。”

使用①可以支付的金额是 0 元或者是 1 元。

使用②可以支付的金额是 0 元或者是 2 元。

使用③可以支付的金额是 0 元或者是 3 元。

“在这里，我们考虑一下以下式子。它使用了形式上的变量 x，指数部分表示‘可以支付的金额’。为了便于理解，1 可以写作 x^0。”

$$(x^0 + x^1)(x^0 + x^2)(x^0 + x^3)$$

“原来如此。真是有意思啊。”米尔嘉说。

“是啊。”我微笑着说。

“米尔嘉，你说什么‘原来如此’呢？学长，你说什么‘是啊’呢？我不明白。学姐，学长，拜托你们按照逻辑顺序把话说清楚好吗？”泰朵拉开始抱怨起来。这时，盈盈弹奏起滑稽的片段。

“你继续说说看。”米尔嘉说。

“泰朵拉，刚才的式子应该这样理解哦。”我说。

$$\underbrace{(x^0 + x^1)}_{\text{①的部分}}\underbrace{(x^0 + x^2)}_{\text{②的部分}}\underbrace{(x^0 + x^3)}_{\text{③的部分}}$$

“展开后或许你就能理解了。各个硬币所能支付的金额变成了指数，而且可以支付的所有可能性都变成了项出现。”我又说。

$$
\begin{aligned}
(x^0+x^1)(x^0+x^2)(x^0+x^3) = \quad & x^{0+0+0} \\
& +x^{0+0+3} \\
& +x^{0+2+0} \\
& +x^{0+2+3} \\
& +x^{1+0+0} \\
& +x^{1+0+3} \\
& +x^{1+2+0} \\
& +x^{1+2+3}
\end{aligned}
$$

“比如说，x^{1+2+0} 这一项的指数 $1+2+0$ 可以这样理解。”

1 $\longrightarrow$ 使用①可以支付的金额 1 元

2 $\longrightarrow$ 使用②可以支付的金额 2 元

0 $\longrightarrow$ 使用③可以支付的金额 0 元

“学长，等一下。可我还是不太明白 x^{1+2+0} 的意思。如果使用 1 枚①、1 枚②、0 枚③，那么指数就不应该是 $1+2+0$，而应该是 $1+1+0$，不是吗？”泰朵拉一副很认真的表情，不停地追问。

“啊，不对。这里考虑的不是‘k 元硬币的枚数’，而是‘k 元硬币可以支付的金额’。”我说。

“如果是我的话，我会把它称为‘k 元硬币贡献的部分’。”米尔嘉说。

“学长，我有点明白了。确实，看了展开式后，从 x 的指数能够看出使用①、②、③进行支付的所有可能性，但是还是有些不可思议。为什么非得考虑 $(x^0+x^1)(x^0+x^2)(x^0+x^3)$ 不可呢？”泰朵拉问道。

“这个嘛，是因为‘公式的展开方法’和‘支付方式的所有可能性的获取方法’的原理是相同的。将 $(x^0+x^1)(x^0+x^2)(x^0+x^3)$ 展开时，各项是这样形成的。”我答道。

- 从 $x^0 + x^1$ 中选择项，
- 从 $x^0 + x^2$ 中选择项，
- 从 $x^0 + x^3$ 中选择项，然后求积。

“这种选择方法和下面这种考虑支付方法时的做法一样。”

- 选择用①来支付的金额，
- 选择用②来支付的金额，
- 选择用③来支付的金额，然后求和。

“哈哈，原来如此。我明白了。为了求出所有组合，所以就把式子展开了。……呵呵。”泰朵拉似乎可以接受我的说法。

于是我继续解释。

“整理展开后的式子，我们可以得到以下式子。合并含有 x^k 的项，也就是合并同类项，按照指数从小到大的顺序进行排列。”

$$
\begin{aligned}
&(x^0+x^1)(x^0+x^2)(x^0+x^3) && \text{我们关注的式子}\\
&= x^{0+0+0}+x^{0+0+3}+x^{0+2+0}+x^{0+2+3} && \text{展开}\\
&\qquad +x^{1+0+0}+x^{1+0+3}+x^{1+2+0}+x^{1+2+3} &&\\
&= x^0+x^3+x^2+x^5+x^1+x^4+x^3+x^6 && \text{计算指数}\\
&= x^0+x^1+x^2+2x^3+x^4+x^5+x^6 && \text{合并同类项，按照指数从小到大的顺序排列}
\end{aligned}
$$

“泰朵拉，x^3 前的系数变成了 2 吧。你认为这个意味着什么呢？”我问道。

“嗯，你是问为什么系数是 2 吗？——因为 x^3 的项只有两项啊。具体说来，就是 x^{0+0+3} 和 x^{1+2+0}。——原来如此，我明白了。x^3 前的系数变成 2，就表示支付的金额是 3 元时支付方法有 2 种。”她说。

“正是如此。我们再来考虑一遍泰朵拉刚才说的话。在我们面前是使用了形式上的变量 x 的幂的和。然后，x^n 的系数是‘支付金额是 n 时支付方法的个数’。那么，‘支付金额是 n 时支付方法的个数’究竟是什么呢？”我问道。

“‘支付金额是 n 时支付方法的个数’是……啊，是分拆数！”泰朵拉恍然大悟。

“是啊。因为问题 10-4 中，硬币的枚数和种类都受到限制，所以和村木老师的问题 10-1 及问题 10-2 中所出现的分拆数不同。但是，情况也非常相似。存在使用了形式上的变量 x 的幂的和，而它的系数又是‘支付金额是 n 时支付方法的个数’，这种情况只可能是生成函数了。也就是说，$(x^0+x^1)(x^0+x^2)(x^0+x^3)$ 是‘带有限制的分拆数’的生成函数。”我说。

问题 10-4 的“带有限制的分拆数”的生成函数

$$(x^0+x^1)(x^0+x^2)(x^0+x^3)$$

“原来如此……说到生成函数，就要出现无穷级数，我还以为会很麻烦呢。原来像 $(x^0+x^1)(x^0+x^2)(x^0+x^3)$ 这类因式那么少的有限项积也会成为生成函数啊。迷你生成函数……”泰朵拉摆了一个捏饭团的手势。

“那么……”我继续说道。

◎　◎　◎

到此为止我们所说的是“带有限制的分拆数”。从这里开始，我们解除对硬币的枚数和种类的限制。但是，讨论的推进方法还是相同的。只不过这里不再是 $(x^0+x^1)(x^0+x^2)(x^0+x^3)$ 这种“有限项和的有限项积”，而是“无限项和的无限项积”，如下所示。

$$\begin{aligned}
&(x^0+x^1+x^2+x^3+\cdots) && \text{①贡献的部分}\\
\times\,&(x^0+x^2+x^4+x^6+\cdots) && \text{②贡献的部分}\\
\times\,&(x^0+x^3+x^6+x^9+\cdots) && \text{③贡献的部分}\\
\times\,&(x^0+x^4+x^8+x^{12}+\cdots) && \text{④贡献的部分}\\
\times\,&\cdots\\
\times\,&(x^{0k}+x^{1k}+x^{2k}+x^{3k}+\cdots) && \text{ⓚ贡献的部分}\\
\times\,&\cdots
\end{aligned}$$

无限项和的出现与不限制硬币枚数这一条件相对应。

无限项积的出现与不限制硬币种类这一条件相对应。

展开这个无限项和的无限项积后，支付方法的所有可能性就可以一口气算出来。求出乘积，合并同类项之后，我们就可以开始观察 x^n 的项。这样一来，x^n 的系数就是 n 的分拆数。为什么这么说呢？这是因为 x^n 的系数就和“n 元的支付方法的个数”相同。

“系数是分拆数的形式上的幂级数”，也就是上面所写的无限项和的无限项积，就是“分拆数的生成函数”。这样一来，$P(x)$ 就可以写成以下形式。

$$\begin{aligned}
P(x)=&(x^0+x^1+x^2+x^3+\cdots)\\
&\times(x^0+x^2+x^4+x^6+\cdots)\\
&\times(x^0+x^3+x^6+x^9+\cdots)\\
&\times(x^0+x^4+x^8+x^{12}+\cdots)\\
&\times\cdots\\
&\times(x^{0k}+x^{1k}+x^{2k}+x^{3k}+\cdots)\\
&\times\cdots
\end{aligned}$$

好了，在这里我们转变一下视角。将形式上的变量 x 想象成 $0\leqslant x<1$ 的实数，然后用等比数列的公式来计算。这样一来，k 元硬币贡献的部分

就可以表示成以下的分数形式。

$$x^{0k}+x^{1k}+x^{2k}+x^{3k}+\cdots=\frac{1}{1-x^k}$$

$P(x)$ 中的无限项和都可以用这个公式来表示成分数形式。

$$\begin{aligned}P(x)=&\frac{1}{1-x^1}\\&\times\frac{1}{1-x^2}\\&\times\frac{1}{1-x^3}\\&\times\frac{1}{1-x^4}\\&\times\cdots\\&\times\frac{1}{1-x^k}\\&\times\cdots\end{aligned}$$

“无限项和的无限项积”变为了“分式的无限项积”。这就是变成了乘积形式的生成函数 $P(x)$。我们把 $\times$（乘号）统一写成 $\cdot$（点号）。

解答 10-3 （分拆数 P_n 的生成函数 $P(x)$“积的形式”）

$$P(x)=\frac{1}{1-x^1}\cdot\frac{1}{1-x^2}\cdot\frac{1}{1-x^3}\cdots$$

我们来整理一下到此为止的内容吧。为了求出村木老师问题 10-2 中的 P_{15}，我想到要先求出通项公式 P_n。为此，我又想到了求 P_n 的生成函数 $P(x)$，并自己假设了问题 10-3。最后，如上面的解答 10-3 所示，我求得了乘积形式的生成函数 $P(x)$。

接下来，我准备考虑下面的问题 X。

问题 X

将下面的函数 $P(x)$ 进行幂级数展开的时候，x^n 的系数为多少？

$$P(x) = \frac{1}{1-x^1} \cdot \frac{1}{1-x^2} \cdot \frac{1}{1-x^3} \cdots$$

x^n 的系数为 P_n。求出通项公式 P_n 后，再来探讨一下问题 10-2 中的不等式 $P_{15} < 1000$ 是否成立。

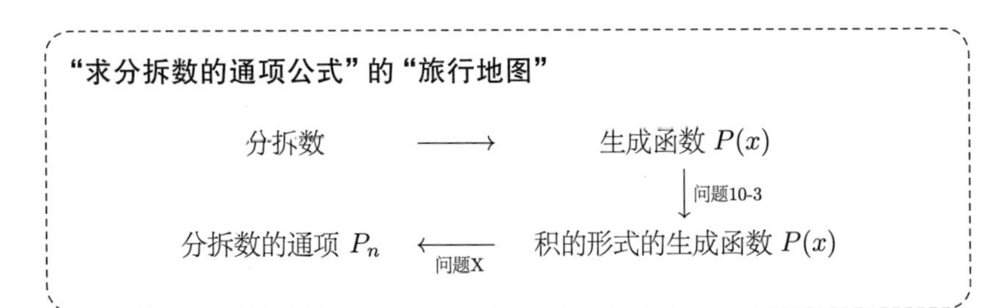

到这里我不再继续说了。

◎　◎　◎

“你是想正面求解吗？”米尔嘉立即开口问道。

“是的。”

“嗯。不过如果只是证明问题 10-2 的不等式的话，是没有必要非求出 P_n 不可的，不是吗？”米尔嘉说。

“这个……道理上来讲是这样的。”我开始不安起来。

“不过我既没有求出通项 P_n，也没有求出 P_{15}，就把问题 10-2 解答出来了。”米尔嘉说。

“啊？”

10.5.2 米尔嘉的发言(分拆数的上限)

“只要证明问题 10-2 的不等式 $P_{15} < 1000$ 的话，不一定非要求出 P_{15} 的值。”米尔嘉一边这样说，一边跟我调换了一下位置，站在了黑板前。

“分拆数 P_n 会急剧增加，变成泰朵拉所说的‘了不得的数字’。所以在这里，我想先分析一下分拆数 P_n 的**上限**在哪里。”

“上限指的是什么呢？”泰朵拉马上问道。

“上限指的是，对于任意大于等于 0 的整数 n，满足 $P_n \leqslant M(n)$ 的函数 $M(n)$。虽然 P_n 会随着 n 的变大而变大，但是不会大于 $M(n)$，这个 $M(n)$ 就是上限。另外，上限有无数个，而不是仅限于一个。”

“就是说上面有一个界限么？”泰朵拉把手放在头顶上说。

“对。上限这个词有时候表示常数，在这里却不是这样。$M(n)$ 说到底就是关于 n 的函数。那么，观察 P_0, P_1, P_2, P_3, P_4 会发现，它们都与斐波那契数列 F_1, F_2, F_3, F_4, F_5 相等。”

$$
\begin{aligned}
P_0 &= F_1 = 1 \\
P_1 &= F_2 = 1 \\
P_2 &= F_3 = 2 \\
P_3 &= F_4 = 3 \\
P_4 &= F_5 = 5
\end{aligned}
$$

米尔嘉用手指点过 $1, 2, 3, 4$，在 5 那里停下了。

“遗憾的是 P_5 不等于 F_6，尽管这样，但因为我们知道 $P_5 = 7$，$F_6 = 8$，所以依然可以得到

$$P_5 < F_6$$

于是我推测，虽然 $P_n = F_{n+1}$ 这个等式不成立，但

$$P_n \leqslant F_{n+1}$$

这个不等式也许是可以成立的。接下来，可以证明它确实是成立的。也就是说，这里使斐波那契数列 F_{n+1} 作为 P_n 的上限 $M(n)$ 了。证明的时候使用数学归纳法即可。”米尔嘉说。

◎ ◎ ◎

根据斐波那契数列求分拆数 P_n 的上限

假设分拆数 $\langle P_n\rangle = \langle 1,1,2,3,5,7,\cdots\rangle$，斐波那契数列 $\langle F_n\rangle = \langle 0,1,1,2,3,5,8,\cdots\rangle$。这时，对于所有 $n \geqslant 0$ 的整数，以下不等式成立。

$$P_n \leqslant F_{n+1}$$

下面用**数学归纳法**来证明。

首先，当 n 为 0 和 1 时，$P_n \leqslant F_{n+1}$ 成立。

然后，对于任意整数 $k \geqslant 0$，只要证明

$$P_k \leqslant F_{k+1} \quad \overset{\text{且}}{\wedge} \quad P_{k+1} \leqslant F_{k+2} \quad \overset{\text{则}}{\Longrightarrow} \quad P_{k+2} \leqslant F_{k+3}$$

这个式子成立就可以了。

为什么这么说呢？这是因为如果这个式子成立的话，那么

- 由 $P_0 \leqslant F_1$ 和 $P_1 \leqslant F_2$ 可以得到 $P_2 \leqslant F_3$。
- 由 $P_1 \leqslant F_2$ 和 $P_2 \leqslant F_3$ 可以得到 $P_3 \leqslant F_4$。
- 由 $P_2 \leqslant F_3$ 和 $P_3 \leqslant F_4$ 可以得到 $P_4 \leqslant F_5$。
- 由 $P_3 \leqslant F_4$ 和 $P_4 \leqslant F_5$ 可以得到 $P_5 \leqslant F_6$……

也就是说，对于任意整数 $n \geqslant 0$，都有 $P_n \leqslant F_{n+1}$ 成立。这是数学归纳法的解法。这些说明是特意为泰朵拉做的补充说明，因为我看到她现在头上有一个大大的问号。

现在，如果让我们来计算“$k+2$ 元的支付方法”的话，根据最小面值的硬币，我们可以把支付方法分为以下三种情况。

（1）最小面值的硬币为①的时候

（2）最小面值的硬币为②的时候

（3）最小面值的硬币大于等于③的时候

接下来，进行如下操作，将“$k+2$ 元的支付方法”变更为“$k+1$ 元的支付方法”或者是“k 元的支付方法”。

（1）最小面值的硬币为①的时候： 去掉 1 枚①，这样剩下来的硬币就是“$k+1$ 元的支付方法”了。

（2）最小面值的硬币为②的时候： 去掉 1 枚②，这样剩下来的硬币就是“k 元的支付方法”了。而且，这种支付方法中最小面值的硬币不是①。

（3）最小面值的硬币大于等于③的时候： 假设最小面值的硬币为ⓜ，取 1 枚ⓜ，将它进行以下替换。

$$② + \underbrace{① + ① + \cdots + ①}_{m-2\text{ 枚}}$$

替换之后，将②去掉 1 枚，这样剩下的硬币就是“k 元的支付方法”了。而且，这种支付方法中最小面值的硬币是①。

也就是说，按照以上操作方法，我们可以将任意的“$k+2$ 元的支付方法”变更为“$k+1$ 元的支付方法”或者是“k 元的支付方法”。这时，变更出来的支付方法都会不同。换句话说，变更出来的支付方法不会互相冲突。

可能理解上会比较困难吧，我们来具体地看一下 $k+2=9$ 的分拆，可以用下面的图表来说明。去掉的硬币用两条线划掉，替换的硬币用下划线表示。有很多 1 的地方就用 $\cdots$ 代替了。

P_9	(1) P_8的一部分	(2) P_7的一部分	(3) P_7的一部分
9			~~2~~ + 1 + ⋯ + 1
8 + 1	8 + ~~1~~		
7 + 2		7 + ~~2~~	
7 + 1 + 1	7 + 1 + ~~1~~		
6 + 3			6 + ~~2~~ + 1
6 + 2 + 1	6 + 2 + ~~1~~		
6 + 1 + 1 + 1	6 + 1 + 1 + ~~1~~		
5 + 4			5 + ~~2~~ + 1 + 1
5 + 3 + 1	5 + 3 + ~~1~~		
5 + 2 + 2		5 + 2 + ~~2~~	
5 + 2 + 1 + 1	5 + 2 + 1 + ~~1~~		
5 + 1 + 1 + 1 + 1	5 + 1 + 1 + 1 + ~~1~~		
4 + 4 + 1	4 + 4 + ~~1~~		
4 + 3 + 2		4 + 3 + ~~2~~	
4 + 3 + 1 + 1	4 + 3 + 1 + ~~1~~		
4 + 2 + 2 + 1	4 + 2 + 2 + ~~1~~		
4 + 2 + 1 + 1 + 1	4 + 2 + 1 + 1 + ~~1~~		
4 + 1 + ⋯ + 1 + 1	4 + 1 + ⋯ + 1 + ~~1~~		
3 + 3 + 3			3 + 3 + ~~2~~ + 1
3 + 3 + 2 + 1	3 + 3 + 2 + ~~1~~		
3 + 3 + 1 + 1 + 1	3 + 3 + 1 + 1 + ~~1~~		
3 + 2 + 2 + 2		3 + 2 + 2 + ~~2~~	
3 + 2 + 2 + 1 + 1	3 + 2 + 2 + 1 + ~~1~~		
3 + 2 + 1 + 1 + 1 + 1	3 + 2 + 1 + 1 + 1 + ~~1~~		
3 + 1 + ⋯ + 1 + 1	3 + 1 + ⋯ + 1 + ~~1~~		
2 + 2 + 2 + 2 + 1	2 + 2 + 2 + 2 + ~~1~~		
2 + 2 + 2 + 1 + 1 + 1	2 + 2 + 2 + 1 + 1 + ~~1~~		
2 + 2 + 1 + ⋯ + 1 + 1	2 + 2 + 1 + ⋯ + 1 + ~~1~~		
2 + 1 + ⋯ + 1 + 1	2 + 1 + ⋯ + 1 + ~~1~~		
1 + ⋯ + 1 + 1	1 + ⋯ + 1 + ~~1~~		

从这样的操作方法中我们可以看到，“$k+2$ 元的支付方法”的个数不可能超过“$k+1$ 元的支付方法”的个数与“k 元的支付方法”的个数之和。

那么，从以上讨论可以看出，对于所有的整数 $k \geqslant 0$，分拆数 P_{k+2}, P_{k+1}, P_k 之间存在以下关系。

$$P_{k+2} \leqslant P_{k+1} + P_k$$

那么，假设

$$P_k \leqslant F_{k+1} \quad \overset{\text{且}}{\wedge} \quad P_{k+1} \leqslant F_{k+2}$$

成立，结合上述结果，我们可以认为下述不等式是成立的。

$$P_{k+2} \leqslant F_{k+2} + F_{k+1}$$

根据斐波那契数列的定义，右边与 F_{k+3} 相等。所以，以下不等式也成立。

$$P_{k+2} \leqslant F_{k+3}$$

综上，对于任意整数 $k \geqslant 0$，下式是成立的。

$$P_k \leqslant F_{k+1} \quad \overset{\text{且}}{\wedge} \quad P_{k+1} \leqslant F_{k+2} \quad \overset{\text{则}}{\Longrightarrow} \quad P_{k+2} \leqslant F_{k+3}$$

通过数学归纳法的证明可知，对于任意整数 $n \geqslant 0$，$P_n \leqslant F_{n+1}$ 成立。

好了，到此为止我们的工作就结束了。看来分拆数 P_n 要比斐波那契数列 F_{n+1} 矮一头啊。——啊，我们的工作还没完，还没把问题 10-2 解决呢。根据 $F_{k+2} = F_{k+1} + F_k$，我们可以制作出以下斐波那契数列的表格。

n	0	1	2	3	4	5	6	7	8	9	10	11	12	13	14	15	16	$\cdots$
F_n	0	1	1	2	3	5	8	13	21	34	55	89	144	233	377	610	987	$\cdots$

从这个表中可以看出 $F_{16} = 987$，所以以下不等式成立。

$$P_{15} \leqslant F_{16} = 987 < 1000$$

这样答案就出来了。

$$P_{15} < 1000$$

所以问题 10-2 的不等式是成立的。

好了，这下我们的工作才真正告一段落。

我们没有求出 P_n 的通项公式，别说通项公式了，就连 P_{15} 为多少我们都没有求，就完成了证明。

解答 10-2

$P_{15} < 1000$ 成立。

米尔嘉很满足地关上了话匣子。

10.5.3　泰朵拉的发言

“嗯，那个……”泰朵拉举起手。

“嗯，泰朵拉，你有什么问题？”米尔嘉用手指了一下。

“没有，不是问问题……我也解出了问题 10-2，想做一下发言。”泰朵拉害羞地说。

“好的啊，那我和你交班。”米尔嘉边说边递出粉笔。

“没有，那个，我很快就会发言完的。15 元的支付方法我都罗列出来了。这么一数，得到 P_{15} 的值为 176，

$$P_{15} = 176 < 1000$$

所以问题 10-2 的不等式成立。”

泰朵拉边说，边摊开她的笔记本给我们看。

$①\times 15$

$①\times 13+②$

$①\times 11+②\times 2$

$①\times 9+②\times 3$

$①\times 7+②\times 4$

$①\times 5+②\times 5$

$①\times 3+②\times 6$

$①+②\times 7$

$①\times 12+③$

$①\times 10+②+③$

$①\times 8+②\times 2+③$

$①\times 6+②\times 3+③$

$①\times 4+②\times 4+③$

$①\times 2+②\times 5+③$

$②\times 6+③$

$①\times 9+③\times 2$

$①\times 7+②+③\times 2$

$①\times 5+②\times 2+③\times 2$

$①\times 3+②\times 3+③\times 2$

$①+②\times 4+③\times 2$

$①\times 6+③\times 3$

$①\times 4+②+③\times 3$

$①\times 2+②\times 2+③\times 3$

$②\times 3+③\times 3$

$①\times 3+③\times 4$

$①+②+③\times 4$

$③\times 5$

$①\times 11+④$

$①\times 9+②+④$

$①\times 7+②\times 2+④$

$①\times 5+②\times 3+④$

$①\times 3+②\times 4+④$

$①+②\times 5+④$

$①\times 8+③+④$

$①\times 6+②+③+④$

$①\times 4+②\times 2+③+④$

$①\times 2+②\times 3+③+④$

$②\times 4+③+④$

$①\times 5+③\times 2+④$

$①\times 3+②+③\times 2+④$

$①+②\times 2+③\times 2+④$

$①\times 2+③\times 3+④$

$②+③\times 3+④$

$①\times 7+④\times 2$

$①\times 5+②+④\times 2$

$①\times 3+②\times 2+④\times 2$

$①+②\times 3+④\times 2$

$①\times 4+③+④\times 2$

$①\times 2+②+③+④\times 2$

$②\times 2+③+④\times 2$

$①+③\times 2+④\times 2$

$①\times 3+④\times 3$

$①+②+④\times 3$

$③+④\times 3$

$①\times 10+⑤$

$①\times 8+②+⑤$

$①\times 6+②\times 2+⑤$

$①\times 4+②\times 3+⑤$

$①\times 2+②\times 4+⑤$

$②\times 5+⑤$

① × 7 + ③ + ⑤
① × 3 + ② × 2 + ③ + ⑤
① × 4 + ③ × 2 + ⑤
② × 2 + ③ × 2 + ⑤
① × 6 + ④ + ⑤
① × 2 + ② × 2 + ④ + ⑤
① × 3 + ③ + ④ + ⑤
③ × 2 + ④ + ⑤
② + ④ × 2 + ⑤
① × 3 + ② + ⑤ × 2
① × 2 + ③ + ⑤ × 2
① + ④ + ⑤ × 2
① × 9+ ⑥
① × 5 + ② × 2 + ⑥
① + ② × 4 + ⑥
① × 4 + ② + ③ + ⑥
② × 3 + ③ + ⑥
① + ② + ③ × 2 + ⑥
① × 5 + ④ + ⑥
① + ② × 2 + ④ + ⑥
② + ③ + ④ + ⑥
① × 4 + ⑤ + ⑥
② × 2 + ⑤ + ⑥
④ + ⑤ + ⑥
① + ② + ⑥ × 2
① × 8 + ⑦
① × 4 + ② × 2 + ⑦
② × 4 + ⑦
① × 3 + ② + ③ + ⑦
① × 2 + ③ × 2 + ⑦

① × 5 + ② + ③ + ⑤
① + ② × 3 + ③ + ⑤
① × 2 + ② + ③ × 2 + ⑤
① + ③ × 3 + ⑤
① × 4 + ② + ④ + ⑤
② × 3 + ④ + ⑤
① + ② + ③ + ④ + ⑤
① × 2 + ④ × 2 + ⑤
① × 5 + ⑤ × 2
① + ② × 2 + ⑤ × 2
② + ③ + ⑤ × 2
⑤ × 3
① × 7 + ② + ⑥
① × 3 + ② × 3 + ⑥
① × 6 + ③ + ⑥
① × 2 + ② × 2 + ③ + ⑥
① × 3 + ③ × 2 + ⑥
③ × 3 + ⑥
① × 3 + ② + ④ + ⑥
① × 2 + ③ + ④ + ⑥
① + ④ × 2 + ⑥
① × 2 + ② + ⑤ + ⑥
① + ③ + ⑤ + ⑥
① × 3 + ⑥ × 2
③ + ⑥ × 2
① × 6 + ② + ⑦
① × 2 + ② × 3 + ⑦
① × 5 + ③ + ⑦
① + ② × 2 + ③ + ⑦
② + ③ × 2 + ⑦

① × 4 + ④ + ⑦

② × 2 + ④ + ⑦

④ × 2 + ⑦

① + ② + ⑤ + ⑦

① × 2 + ⑥ + ⑦

① + ⑦ × 2

① × 5 + ② + ⑧

① + ② × 3 + ⑧

① × 2 + ② + ③ + ⑧

① + ③ × 2 + ⑧

① + ② + ④ + ⑧

① × 2 + ⑤ + ⑧

① + ⑥ + ⑧

① × 6 + ⑨

① × 2 + ② × 2 + ⑨

① × 3 + ③ + ⑨

③ × 2 + ⑨

② + ④ + ⑨

⑥ + ⑨

① × 3 + ② + ⑩

① × 2 + ③ + ⑩

① + ④ + ⑩

① × 4 + ⑪

② × 2 + ⑪

④ + ⑪

① + ② + ⑫

① × 2 + ⑬

① + ⑭

① × 2 + ② + ④ + ⑦

① + ③ + ④ + ⑦

① × 3 + ⑤ + ⑦

③ + ⑤ + ⑦

② + ⑥ + ⑦

① × 7 + ⑧

① × 3 + ② × 2 + ⑧

① × 4 + ③ + ⑧

② × 2 + ③ + ⑧

① × 3 + ④ + ⑧

③ + ④ + ⑧

② + ⑤ + ⑧

⑦ + ⑧

① × 4 + ② + ⑨

② × 3 + ⑨

① + ② + ③ + ⑨

① × 2 + ④ + ⑨

① + ⑤ + ⑨

① × 5 + ⑩

① + ② × 2 + ⑩

② + ③ + ⑩

⑤ + ⑩

① × 2 + ② + ⑪

① + ③ + ⑪

① × 3 + ⑫

③ + ⑫

② + ⑬

⑮

米尔嘉迅速检查了一下泰朵拉列举的支付方法。

“嗯，确实是对的。这个……是泰朵拉艰苦奋战后的胜利成果。”米尔嘉苦笑着，摸了摸泰朵拉的头。

“呵呵，这次总算没有算错。”泰朵拉说。

我什么都说不出口。

10.6 教室

我回到教室去拿书包，突然觉得有点不舒服。

于是我坐到自己的位子上，趴在桌子上。

我一味地求通项公式 P_n 真是失败透顶。问题不是特地写成了不等式吗？虽然我得意地解出了生成函数，可是这对问题的解决一点帮助都没有。

真是后悔啊！

拿到问题后，能看到目的地在很远的地方。为了解决这个问题，需要自己寻找一个个小问题，自己寻找通往目的地的路。但我却选错了路。我以为分拆数的通项公式是可以像寻找斐波那契数列或者卡塔兰数那样来求得的。

真是不甘心啊！

有人走进教室。听这脚步声像是米尔嘉的，脚步声越来越近。

只听到米尔嘉说：“你怎么了？”

我没有回答，也没有抬头。

“好像情绪有些低落啊。”米尔嘉说。

寂静的教室，米尔嘉也一动不动。

沉默。

我最终忍不住抬起头来。

和往常那一本正经的米尔嘉不同，现在她的表情有点困惑的样子。

终于，米尔嘉开始挥动手指。

1 1 2 3

是斐波那契手势。数学爱好者之间的问候语。但是我没有心情摊开手掌回应她。

米尔嘉把手放在身后，侧着脸说："泰朵拉，很可爱吧。"

我还是没有回答。

"我怎么也不可能像她那么可爱吧……" 她又说。

我……仍然没有回答。

教室里的广播开始播放德伏扎克的《家路》。

"我没有解答出来……因为我走错了路。" 我说。

"嗯……" 米尔嘉说，"在地球上的各个角落，在庞大的时空里，数学家们为了解决各种各样的问题一直在探索。最终什么都没有发现的人也很多。但是，你可以说他们所做的探索都是没有意义的吗？不是，如果不探索的话，能不能找到方法谁也无从得知。如果不试着找找看的话，能不能完成也无人知晓。……我们都是旅途中的旅行者。可能会有疲倦的时候，也可能会有搞错路的时候。但即便如此，我们还是得继续我们的旅程。"

"我……我以为自己很懂似的，得意洋洋地求出了生成函数。可是，这对解决这道题一点意义都没有。真像个傻瓜。" 我说。

"如果是这样的话……" 米尔嘉转过头看着我说，"如果是这样的话，那么我来找出需要使用你找到的生成函数 $P(x)$ 的问题吧。" 她笑了笑，又一次挥动自己的手指。

还是斐波那契手势。

$$1 \quad 1 \quad 2 \quad 3 \cdots$$

接着，她又摊开自己的手掌，自己回应自己。

$$\cdots 5$$

然后，她将自己摊开的手伸向坐在位子上的我。温暖的手指碰触在我的脸颊上。

“如果你累了的话，休息下就好了。如果你走错路的话，返回就好了。——因为这一切的一切都是我们的旅程。”

她这么说着，身子朝前倾，突然把脸凑近我。

我们俩的眼镜就要碰到一起了。

透过镜片，我可以看到她那深邃的眸子。

接着，她又稍稍侧了侧脸，慢慢地靠近我——

“如果这时瑞谷老师出现的话一定会吓一跳吧。”我不由自主地说。

“你闭嘴。”米尔嘉说。

10.7　寻找更好的上限之旅

过了几天。

放学后，米尔嘉突然叫住我。

她说：“我求出了比斐波那契数列更好的分拆数上限，希望你能来听听。哦，对了，再叫上泰朵拉。”

10.7.1 以生成函数为出发点

米尔嘉拿着粉笔站在讲台上。

我和泰朵拉在教室的最前排听她“讲课”。除了我们三人之外就没有其他人了。

“求分拆数 P_n 的上限就是求满足 $P_n \leqslant M(n)$ 的函数 $M(n)$。之前我们证明了斐波那契数列是分拆数的上限。接下来，我们要求一个更好的上限。”米尔嘉说。

“更好的上限是不是指比斐波那契数列更小的上限呢？”泰朵拉举起手提问道。

“正是。但这是当 n 为很大的数值的时候哦。”米尔嘉简略地回答道。

“另外，我们的出发点就是生成函数。”米尔嘉眯起眼睛说。

◎ ◎ ◎

我们的出发点是生成函数。首先我们先考虑一下分拆数 P_n 和生成函数 $P(x)$ 的大小关系。如果考虑的范围是 $0 < x < 1$ 的话，P_n 乘以 x^n 的式子就应该比 $P(x)$ 小。

$$P_n x^n < P(x)$$

为什么这么说呢？是因为生成函数的定义里也包含有 $P_n x^n$ 这一项。以下式子中，因为不等号右边的各项都是正数，所以不等号左边一定比右边小。

$$\underline{P_n x^n} < P_0 x^0 + P_1 x^1 + \cdots + \underline{P_n x^n} + \cdots$$

对了，我们还知道生成函数 $P(x)$ 的另一种形式。对，也就是乘积的形式（米尔嘉朝我这里瞟了一眼）。所以，不等号右边可以变形为以下形式。

$$P_n x^n < \frac{1}{1-x^1} \cdot \frac{1}{1-x^2} \cdot \frac{1}{1-x^3} \cdots$$

两边同时除以 x^n。

$$P_n < \frac{1}{x^n} \cdot \frac{1}{1-x^1} \cdot \frac{1}{1-x^2} \cdot \frac{1}{1-x^3} \cdots\cdots$$

这时，不等号右边要大于 P_n，也就是说可以成为上限的候选。但是，无限项积很难处理。所以，如果加上“最大为 n 元硬币”这个限制条件，就可以用下面这个有限项积的式子。

$$P_n \leqslant \frac{1}{x^n} \cdot \frac{1}{1-x^1} \cdot \frac{1}{1-x^2} \cdot \frac{1}{1-x^3} \cdots\cdots \frac{1}{1-x^n}$$

到这个不等式为止，我们走的路还算顺畅。只是不等号右边的乘积形式有点难缠。这里就要动动脑子了。

我是这样想的。乘积形式比较复杂，不如把它转变成和的形式。把积变为和应该怎么做呢？

10.7.2 “第一个转角”积变为和

“取对数不就好了。取了对数，就能把乘积形式变为和的形式了。”我说。

“正是如此。”米尔嘉答道。

◎ ◎ ◎

正是如此。

$$P_n \leqslant \frac{1}{x^n} \cdot \frac{1}{1-x^1} \cdot \frac{1}{1-x^2} \cdot \frac{1}{1-x^3} \cdots\cdots \frac{1}{1-x^n}$$

两边同时取对数。这里就是“第一个转角”了。我们从家里出发，从“寻找 P_n 的上限的道路”转向“寻找 $\log_e P_n$ 的上限的道路”。泰朵拉，这些能够明白吧。细节讨论是很重要的，但是不要迷失了大方向。

$$\log_e(P_n) \leqslant \log_e\left(\frac{1}{x^n} \cdot \frac{1}{1-x^1} \cdot \frac{1}{1-x^2} \cdot \frac{1}{1-x^3} \cdots\cdots \frac{1}{1-x^n}\right)$$

取了对数后就可以变成和的形式，所以就可以求得以下式子。

$$\log_e P_n \leqslant \log_e \frac{1}{x^n} + \log_e \frac{1}{1-x^1} + \log_e \frac{1}{1-x^2} + \log_e \frac{1}{1-x^3} + \cdots + \log_e \frac{1}{1-x^n}$$

看了这么长的式子真是令人心烦。我们用$\sum$来表示，这也是一样的。

$$\log_e P_n \leqslant \log_e \frac{1}{x^n} + \sum_{k=1}^{n} \left(\log_e \frac{1}{1-x^k} \right)$$

好了，这么一来，问题就分为了东西两条路，也就是“分叉路”。但我们还会回到这里的，所以先要好好记住这个地方哦。

$$\log_e P_n \leqslant \underbrace{\log_e \frac{1}{x^n}}_{\text{“西边的山丘”}} + \underbrace{\sum_{k=1}^{n} \left(\log_e \frac{1}{1-x^k} \right)}_{\text{“东边的森林”}}$$

如果朝西前进的话，就会碰见“山丘”，如果朝东前进的话，就会碰见“森林”。

10.7.3 “东边的森林”泰勒展开

首先，我们来讨论一下“东边的森林”。

$$\text{“东边的森林”} = \sum_{k=1}^{n} \left(\log_e \frac{1}{1-x^k} \right)$$

东边的森林由 n 棵树组成。下面我们就来寻找组成“东边的森林”的“东边的树木”，也就是$\log_e \frac{1}{1-x^k}$的上限。

现在摆在我们眼前的问题是要讨论以下函数。

$$\text{“东边的树木”} = \log_e \frac{1}{1-x^k}$$

在考虑这个函数之前，我们先用换元法将 $t = x^k$ 代入，考虑函数 $f(t)$。

$$f(t) = \log_{\mathrm{e}} \frac{1}{1-t}$$

我想先研究函数 $f(t)$。该怎么做才好呢？泰朵拉，你说说看该怎么做呢？

◎　◎　◎

“啊？我吗？我还不是很了解 log 是什么，不好意思啊。”泰朵拉说。

“你不了解的函数 $f(t)$ 在这里噢。泰朵拉，你看你看。你不是还写着‘一生都不会忘记’的吗？”米尔嘉说。

“啊！是泰勒展开！”泰朵拉大声叫道。

“嗯。”米尔嘉说，“利用泰勒展开把 $f(t)$ 改写成幂级数看看。”

◎　◎　◎

利用泰勒展开把 $f(t)$ 改写成幂级数看看。

对对数函数进行微分，就需要了解复合函数的微分，这里只写一下结果。

利用泰勒展开可以将函数 $f(t) = \log_{\mathrm{e}} \frac{1}{1-t}$ 展开为以下的幂级数形式。

$$\begin{aligned}
\text{“东边的树木”} &= \log_{\mathrm{e}} \frac{1}{1-t} \\
&= \frac{t^1}{1} + \frac{t^2}{2} + \frac{t^3}{3} + \cdots \qquad \text{这里 } 0 < t < 1
\end{aligned}$$

如果我们再回到 $t = x^k$ 的话，就可以得到“东边的树木”的幂级数展开。

$$\log_{\mathrm{e}} \frac{1}{1-x^k} = \frac{x^{1k}}{1} + \frac{x^{2k}}{2} + \frac{x^{3k}}{3} + \cdots \qquad \text{这里 } 0 < x^k < 1$$

根据这个式子，取关于 $k = 1, 2, 3, \cdots, n$ 的和，也就是靠“东边的树木”来创造“东边的森林”。

$$\text{“东边的森林”} = \sum_{k=1}^{n} \text{“东边的树木”}$$

$$= \sum_{k=1}^{n} \log_e \frac{1}{1-x^k}$$

再进行泰勒展开。

$$= \sum_{k=1}^{n} \left(\frac{x^{1k}}{1} + \frac{x^{2k}}{2} + \frac{x^{3k}}{3} + \cdots \right)$$

内侧的和也用$\sum$来表示。

$$= \sum_{k=1}^{n} \left(\sum_{m=1}^{\infty} \frac{x^{mk}}{m} \right)$$

然后调整求和的顺序。

$$= \sum_{m=1}^{\infty} \left(\sum_{k=1}^{n} \frac{x^{mk}}{m} \right)$$

由于m不受内侧的$\sum$约束，因此可以把$\frac{1}{m}$提取出来。

$$= \sum_{m=1}^{\infty} \left(\frac{1}{m} \sum_{k=1}^{n} x^{mk} \right)$$

展开内侧的$\sum$，验证一下自己的想法。

$$= \sum_{m=1}^{\infty} \frac{1}{m} \left(x^{1m} + x^{2m} + x^{3m} + \cdots + x^{nm} \right)$$

我们在中途调整了求和的顺序。调整无穷级数的求和顺序时，有几个需要注意的地方，但是在此我们就不深究了。

好了，我们在这里歇一歇吧。因为我们现在要求的是上限，所以我们要寻找比“东边的森林”更大的式子。于是，我们将有限项和变成无限项和，然后用不等号连接。变成无限项和是为了利用等比数列的求和公式。我们继续讨论。

$$\text{“东边的森林”} = \sum_{m=1}^{\infty} \frac{1}{m} \left(x^{1m} + x^{2m} + x^{3m} + \cdots + x^{nm} \right)$$

将内侧的有限项和变成无限项和，用不等号连接。

$$< \sum_{m=1}^{\infty} \frac{1}{m} \left(x^{1m} + x^{2m} + x^{3m} + \cdots + x^{nm} + \cdots \right)$$

因为$0 < x < 1$，所以$0 < x^m < 1$，利用等比数列的求和公式可得到下式。

$$= \sum_{m=1}^{\infty} \frac{1}{m} \cdot \frac{x^m}{1 - x^m}$$

到此为止我们停一下。这里同样不用求最后的公式。因为现在我们求的是上限，所以只要比这个式子大就可以了。我们来观察一下分数$\frac{x^m}{1-x^m}$的分母$1 - x^m$。如果用比分母更小的式子来代替这个分母的话，又可以制造出一个不等式。

这样做好吗？我们现在所做的是“建立容易处理的式子”和“建立稍大一些的式子”的交换。这里我们没有“建立容易处理的式子”，而是做出妥协，使上限大了一些。每妥协一次，就会出现一个不等号。

那么，我们再接着讨论“东边的森林”。

$$\text{“东边的森林”} < \sum_{m=1}^{\infty} \frac{1}{m} \cdot \frac{x^m}{1 - x^m}$$

然后将分母进行因式分解。

$$= \sum_{m=1}^{\infty} \frac{1}{m} \cdot \frac{x^m}{(1-x)\underbrace{(1+x+x^2+\cdots+x^{m-1})}_{m\text{ 个}}}$$

把分母中的 $1+x+x^2+\cdots+x^{m-1}$ 变成最小项 x^{m-1} 的和，这样就建立起不等式了。

$$< \sum_{m=1}^{\infty} \frac{1}{m} \cdot \frac{x^m}{(1-x)\underbrace{(x^{m-1}+x^{m-1}+\cdots+x^{m-1})}_{m\text{ 个}}}$$

因为有 m 个 x^{m-1}，所以可以表示成积的形式。

$$= \sum_{m=1}^{\infty} \frac{1}{m} \cdot \frac{x^m}{(1-x)\cdot m \cdot x^{m-1}}$$

◎ ◎ ◎

“整理好这些后，泰朵拉一定会大声叫起来。”米尔嘉朝泰朵拉调皮地一笑。

“嗯？米尔嘉，为什么说我一定会大声叫起来呢？”泰朵拉不明白。

“你要试试看吗？”米尔嘉说。

$$\text{“东边的森林”} < \sum_{m=1}^{\infty} \frac{1}{m} \cdot \frac{x^m}{(1-x)\cdot m \cdot x^{m-1}}$$

整理式子后可得

$$= \sum_{m=1}^{\infty} \frac{1}{m^2} \cdot \frac{x}{1-x}$$

把不受$\sum$约束的因式提取出来……

$$= \frac{x}{1-x} \cdot \sum_{m=1}^{\infty} \frac{1}{m^2}$$

“啊！”泰朵拉惊叫起来。

“你看，我说吧。”米尔嘉说。

“这是巴塞尔问题！是$\frac{\pi^2}{6}$，是这个！”泰朵拉叫道。

“正是如此。”米尔嘉竖起食指。

◎　◎　◎

正是如此。这里我们借用一下欧拉老师解出来的巴塞尔问题的结论。

$$\sum_{m=1}^{\infty} \frac{1}{m^2} = \frac{\pi^2}{6} \qquad \text{巴塞尔问题}$$

利用这个结论，我们继续往下讨论。

$$\begin{aligned}
\text{“东边的森林”} &= \sum_{k=1}^{n} \log_{\mathrm{e}} \frac{1}{1-x^k} \\
&< \frac{x}{1-x} \cdot \sum_{m=1}^{\infty} \frac{1}{m^2} \\
&= \frac{x}{1-x} \cdot \frac{\pi^2}{6} \qquad \text{巴塞尔问题}
\end{aligned}$$

关于“东边的森林”的讨论就到此为止了。

对了，考虑到后面的步骤，我们先暂时用换元法假设$t = \frac{x}{1-x}$，这样“东边的森林”就可以写成以下形式。

“东边的森林”的上限

$$\sum_{k=1}^{n}\log_e \frac{1}{1-x^k} < \frac{\pi^2}{6}t \qquad \text{这里 } t = \frac{x}{1-x}$$

10.7.4 “西边的山丘”调和数

旅途已经走了一半了。现在我们回到那个“分叉路口”，这次我们往“西边的山丘”前进。

假设 $0 < x < 1$，然后讨论 $\log_e \frac{1}{x^n}$。

和刚才一样，先用换元法假设 $t = \frac{x}{1-x}$。根据 $0 < x < 1$ 这个条件可以求得 $0 < t$。另外，x 可以变形为 $x = \frac{t}{1+t}$。

$$\begin{aligned}
\text{“西边的山丘”} &= \log_e \frac{1}{x^n} \\
&= n\log_e \frac{1}{x} && \text{根据 } \log_e a^n = n\log_e a \\
&= n\log_e \frac{t+1}{t} && \text{用 } t \text{ 表示 } x \\
&= n\log_e \left(1+\frac{1}{t}\right)
\end{aligned}$$

这里我们来关注一下 $\log_e(1+\frac{1}{t})$。假设 $u = \frac{1}{t}$，我们研究一下在 u 大于 0 的时候 $\log_e(1+u)$ 的情况。方法就和研究调和数的方法相似。我们画一下“西边的山丘”的平缓的图像吧。

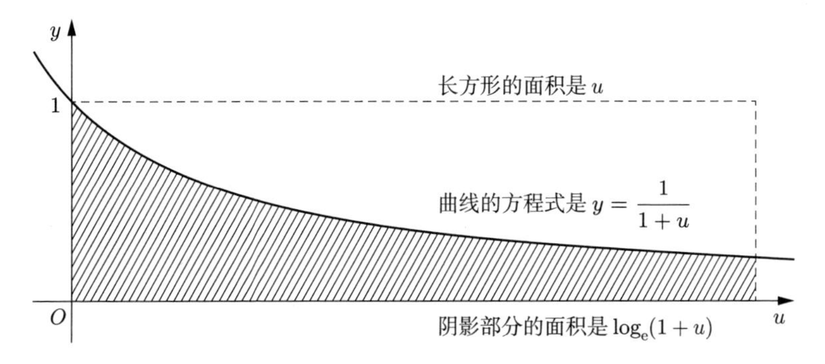

对于 $u>0$，因为长方形的面积大于阴影部分的面积，所以我们可以建立以下不等式。

$$\log_e(1+u)<u$$

因为 $u=\frac{1}{t}$，所以可得

$$\log_e\left(1+\frac{1}{t}\right)<\frac{1}{t}$$

因此，我们能求得以下式子。

$$\log_e\frac{1}{x^n}=n\log_e\left(1+\frac{1}{t}\right)<\frac{n}{t}$$

好了，对于“西边的山丘”的讨论就到此为止。

“西边的山丘”的上限

$$\log_e\frac{1}{x^n}<\frac{n}{t}\qquad t>0$$

这里假设 $t=\frac{x}{1-x}$。

10.7.5　旅行结束

好了，让我们再一起回到“分叉路口”，快点快点。

利用“东边的森林”和“西边的山丘”对 $\log_e P_n$ 进行讨论后，我们得到了以下不等式。

$$\log_e P_n<\frac{n}{t}+\frac{\pi^2}{6}t\qquad t>0$$

还差一点点。下面我们给以上式子的右侧取名为 $g(t)$，然后来求当 $t>0$ 时函数 $g(t)$ 的最小值，因为使用这个最小值可以压制住 $\log_e P_n$ 的值。

$$
\begin{aligned}
g(t) &= \frac{n}{t} + \frac{\pi^2}{6}t \\
g'(t) &= -\frac{n}{t^2} + \frac{\pi^2}{6} \qquad \text{微分后}
\end{aligned}
$$

因为方程式 $g'(t)=0$ 的解为 $t=\pm\frac{\sqrt{6n}}{\pi}$，所以在 $t>0$ 的范围内考虑的话，可以得到以下增减表。

t	0	$\cdots$	$\frac{\sqrt{6n}}{\pi}$	$\cdots$
$g'(t)$		$-$	0	$+$
$g(t)$		↘	最小	↗

根据图表可知，最小值为以下形式。

$$
g\left(\frac{\sqrt{6n}}{\pi}\right) = \frac{\sqrt{6}\pi}{3} \cdot \sqrt{n}
$$

为了更方便理解，我们将图画成以下形式。求方程式 $g'(t)=0$ 的解是为了寻找这个图中切线呈水平形状时的点。

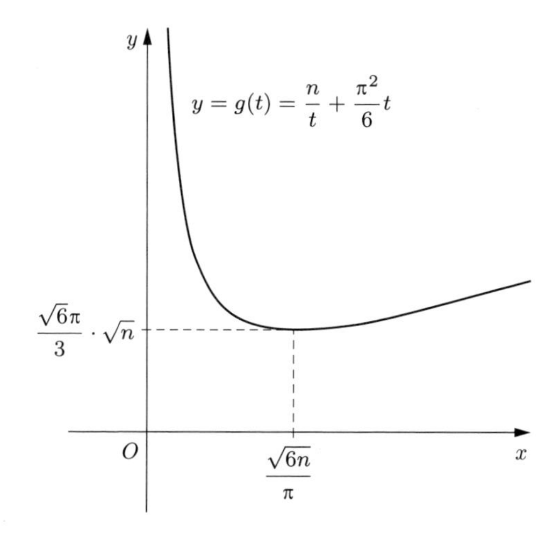

因为现在我们关心的是 n，所以我们先把那些复杂的常数归纳起来统称为 K。

$$\log_e P_n < K \cdot \sqrt{n} \qquad 这里\ K = \frac{\sqrt{6}\pi}{3}$$

一开始我们在“第一个转角”处取了对数，这次我们要取对数的相反形式。如果我们回到转角处，就可以看到家了。

$$P_n < e^{K \cdot \sqrt{n}} \qquad 这里\ K = \frac{\sqrt{6}\pi}{3}$$

好了，我们的工作可以暂时告一段落了。

虽然经历了长途跋涉，但是终于还是回到了家。——欢迎你回来。

分拆数 P_n 的上限之一

$$P_n < e^{K \cdot \sqrt{n}} \qquad 这里\ K = \frac{\sqrt{6}\pi}{3}$$

求 $\log_e P_n$ 的上限 $\frac{\sqrt{6}\pi}{3}\cdot\sqrt{n}$ 的“旅行地图”

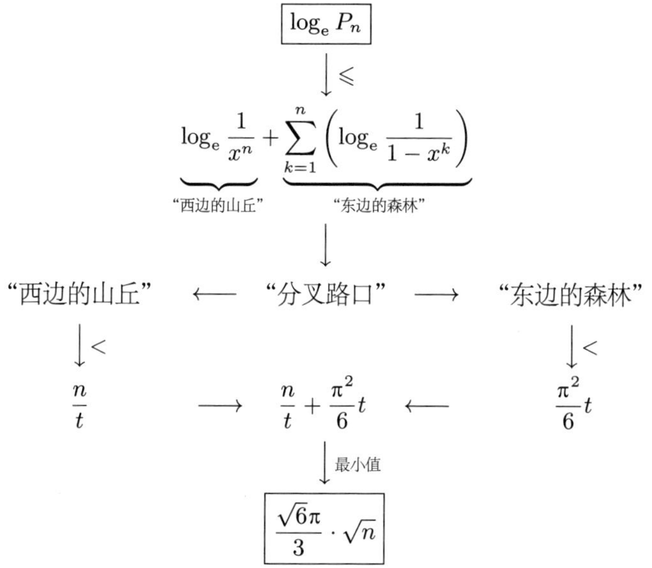

$$\boxed{\log_e P_n}$$

$$\downarrow \leqslant$$

$$\underbrace{\log_e \frac{1}{x^n}}_{\text{“西边的山丘”}} + \underbrace{\sum_{k=1}^{n}\left(\log_e \frac{1}{1-x^k}\right)}_{\text{“东边的森林”}}$$

$$\downarrow$$

“西边的山丘” ⟵ “分叉路口” ⟶ “东边的森林”

$$\frac{n}{t} \;(\downarrow <) \longrightarrow \frac{n}{t}+\frac{\pi^2}{6}t \longleftarrow \frac{\pi^2}{6}t \;(\downarrow <)$$

$$\downarrow \text{最小值}$$

$$\boxed{\frac{\sqrt{6}\pi}{3}\cdot\sqrt{n}}$$

10.7.6 泰朵拉的回顾

我和泰朵拉共同享受着米尔嘉的长途之旅。虽然有几处想确认一下，但不管怎样，长途之旅终于结束了……一直在追寻数学公式，现在终于可以喘口气了。

我看了看泰朵拉，她一副认真的表情，沉默着不说话。

“喂，泰朵拉，你该不会沮丧起来了吧？”我小声问她。

“没有，没什么，我一点都没有沮丧。”泰朵拉爽朗地笑了笑说，“在米尔嘉的推导过程中，我不明白的地方有很多。但是，我一点都不沮丧。因为我明白的地方也有不少。”

泰朵拉点了点头又继续说道：“不知道为什么，我觉得自己动足了脑筋，真是好漫长的旅行啊。虽然有很多地方还没有完全理解，但是大方向我算是把握住了。然后，看到有那么多武器出现真是有趣极了。手持武器进行对战的感觉简直太帅了。”

- 将有限项和变为无限项和后建立不等式
- 没有变形成简便形式，而是稍稍扩大上限的范围
- 取对数把积的形式变为和的形式
- 利用无穷级数的求和公式
- 碰到困难时利用泰勒展开
- 复杂的地方用换元法
- 欧拉老师的巴塞尔问题
- 为了求最小值进行微分并制作增减表……

“拿到了这些武器之后，自己去打磨，然后直面问题，我感受到了这种活力四射的行动。米尔嘉不光解答了已有的问题，还传达给我一种活灵活现的感觉……从‘转角处’到‘分叉路口’，然后再是‘东边的森林’和‘西边的山丘’……我也好想自己发现这些东西！我还想再多学一点！米尔嘉，谢谢你。虽然我还不能熟练地运用这一件件武器，虽然在使用这些武器之前我必须先学习如何得到这些武器，但是我会努力的！”泰朵拉握紧拳头说。

10.8　明天见

我们三个人在回家的路上还在继续讨论。泰朵拉兴高采烈地不停地问着问题，我一一作答，米尔嘉时不时地作些评论。我们的对话以这种方式进行着。

终于，我们穿过了平时一直走的那条小路，来到了和往常一样的电车站。

如果是平时的话，米尔嘉会一个人匆匆回家，而今天泰朵拉却准备跟着她走。

“咦？泰朵拉，你今天为什么朝那里走啊？”我问。

“呵呵，我今天和米尔嘉一起去书店。”她答道。

啊，原来如此。她们俩现在关系还真好。

“那么，我们先走了。明天见。”米尔嘉说。

“学长！我们明天再一起做数学噢！”

泰朵拉大声说完，就和米尔嘉并排走了。

离开的两人。

被留下的我。

一路上说说笑笑，突然变成我一个人还真有点寂寞呢。

我们现在上同一个高中。可是，总有一天，我们会分开，分别走向自己未来的道路。不管我们现在共同拥有多少东西，我们共同拥有的时间和空间都是有限的。天下没有不散的筵席。我感到有点心痛。

对面，泰朵拉和米尔嘉在耳语着什么。最终，他们两人朝我这里回过头来。

怎么了？

泰朵拉高高地举起右手，拼命地朝我挥手。米尔嘉则安静地举起右手。突然，她们俩同时朝我挥动起手指。

泰朵拉嘴里说着：“1, 1, 2, 3。”

啊，是斐波那契手势，而且还是两个人一同给我做手势。

我苦笑了一下。

确实，时间和空间是有限的。确实，我们总会有分开的时候。但是正因为这样，我们才会努力学习，我们才会努力前进。我们的信仰是享受数学。

因为“数学穿越时空”。

我摊开双手高高举起，向两个数学女孩回应。

米尔嘉。

泰朵拉。

明天见，让我们一起学数学！

于是，我们的故事就这样结束了。

但是，我们能够发自内心地说

那些人永远幸福地生活下去了。

实际上，对那些人来说，真正的故事才刚刚开始。

无论是在这个世上度过的平淡一生，还是在纳尼亚王国经历的奇幻历险，

都只不过是书的封皮而已。

——克利夫·刘易斯，《最后一战》

尾　声

春天。

“老——师！”

一个女孩子突然闯进教师办公室。

“老师，你看你看，我们变二年级啦。”

“对哦，因为是新学期了啊。你的论文呢？”我说。

“嗯，我带来了哦。这次可是花了大力气哦。因为 P_{15} 等于 176，所以是小于 1000 的，这样就证明完毕了。老师，如何呀？”女孩把笔记本打开给我看。

“对的，完全正确。原来如此，你全都写在上面了呀。”

“当我不能心算时，就只能用笔算了。即便是这样，176 和 1000 也实在是相差太多了。对了，老师，有没有表示分拆数的通项公式 P_n 呀？”她问道。

“嗯，应该算是有的。”我说。

解答 10-5 （分拆数的通项公式 P_n）

$$P_n = \frac{1}{\pi\sqrt{2}}\sum_{k=1}^{\infty}A_k(n)\sqrt{k}\frac{\mathrm{d}}{\mathrm{d}n}\left(\frac{\sin\mathrm{h}\frac{C\sqrt{n-\frac{1}{24}}}{k}}{\sqrt{n-\frac{1}{24}}}\right)$$

这里，$C = \pi\sqrt{\frac{2}{3}}$。

“老师，这个看上去毫无逻辑的式子是什么呀？”她问道。

“是不是被吓一跳？这是 1937 年汉斯·拉德梅彻推导出的公式。”我说。

“这样啊……不对，等等哦。$A_k(n)$ 是什么呀？这可没有被定义哦。”她问道。

“噢，你注意到啦。你能提出这个问题，说明你认真看了这个数学公式。关于 $A_k(n)$ 是什么这个问题，老师我也不能一言说尽，但是将 1 开 24 次方根，最后总会形成一个有限和。详细解说可以看看论文挑战一下。”我说。

“哇，原来这样呀。”她说。

“总而言之，关于整数的分拆数这一问题，里面还隐藏着好多好多宝藏呢。”我说。

“老师，先不说数学问题，这张照片是老师的女朋友吗？嗯……这是在欧洲吧？”她突然问道。

“喂喂，不可以随便看别人的信哦。”我说道。

“咦，这封信也是其他女孩子写给你的？这张照片也是……不是在日本吧，到底是哪里呀？”她笑道。

“喂，别拿走啊。”我急了。

“老师，你很有人气嘛。”那女孩子咯咯咯地笑了。

“不是，其实不是你想的那样。这两个女孩子都是老师很重要的朋友。从高中开始，我们就一起探索数学世界。”我说。

“哇，是这样啊。老师也有自己的高中时代啊。”她说。

“当然了。好了，快回去吧！”

“等老师你给我布置了任务，我就回去。”

我把卡片递给她，女孩伸出双手恭敬地收下了。

“咦，老师，这次是两张吗？”她问道。

“对的，这张是给你的，另一张是给他的。”我说。

“啊，好的，知道了。打扰您了。”女孩子微微一笑，挥动了下手指。

我摊开手掌回应她，她满足地离开了教师办公室。

春天到了啊。

透过教师办公室的窗子，已经可以看到到处是盛开的樱花，我不由得想到了那时的故事。

摊开手掌，取得更丰硕的果实。

关于这个伟大的任务，

我想就需要读者们共同努力了。

我期待着。

——欧拉[25]

结　语

我是结城浩。

我觉得对于数学的“热爱”与男孩子对女孩子的爱慕之情有些相似之处。

想方设法地去解数学难题，可是怎么也算不出答案，连一点线索都没有。但是，这个问题不知道为什么就是很有魅力，怎么也无法忘怀。这个问题背后一定隐藏着某些美好的东西。

我想知道那个女孩的想法，她是不是喜欢我呢？我不知道答案是什么，真是令人心急。那女孩的模样，一直浮现在我脑海中。

不知道这本书有没有把这种感情传达给你呢？

我是从 2002 年起开始创作这本书的，并把内容都公开在了网站上。看了我写的故事，很多读者非常热情地给我留言，鼓励我，支持我。如果没有那些鼓励，恐怕我也不会想到把这个故事写成书出版的。在此，我再次向他们表示衷心的感谢。谢谢大家！

本书[①]使用了 $\LaTeX\,2_\varepsilon$ 和 Euler 字体（AMS Euler）排版，Euler 字体以欧拉的名字命名，是一种用于数学公式的字体，看起来像是会书法的数学家手写的。

在排版时参考了奥村晴彦老师的《$\LaTeX\,2_\varepsilon$ 精美文献制作入门》一书，非常感谢。

书中的插图使用了大熊一弘先生（tDB 先生）开发的 emath，在此一并发表感谢。

我还要对阅读了我的原稿并提出宝贵意见的以下各位表示衷心的感谢。

青木久雄、青木峰郎、上原隆平、植村光秀、金矢八十男（气体控制研究所）、川岛稔哉、田崎晴明、前原正英、三宅喜义、矢野勉、山口健史、吉田有子。

各位读者、经常访问我的网站的朋友们、一直为我祈福的基督教友们，在此向你们表示衷心的感谢。

另外，我还要感谢在本书的创作过程中一直积极地支持我的野泽喜美主编，以及在策划此书时给了我很大鼓励的中岛绫子老师。

谢谢我最亲爱的妻子和我的两个儿子，特别要感谢读了我的原稿给我提出意见的长子。

谨将此书献给我们的老师——欧拉老师。

最后，真的非常感谢你阅读我的书，将来，如果我们能在某个地方相见，那该是多么美妙的事情呀。

① 这里是指日文原版书。——译者注

参考文献和导读

本书中将参考文献和导读按照以下方式进行了分类，但是这毕竟仅供参考，请大家注意。

- 读物
- 面向高中生
- 面向大学生
- 面向研究生和专家
- 网络资料

读物

[1] G. Polya，柿内賢信訳，『いかにして問題をとくか』[①]，丸善株式会社，ISBN4-621-03368-9，1954年

本书以数学教育为题材，解说了该如何解答问题，是一本经典的历史

① 中文版名为《怎样解题》，涂泓、冯承天译，上海科技教育出版社，2007年。
——译者注

名著，也可以说是学习之人的必读书籍。

[2] 芳沢光雄，『算数・数学が得意になる本』，講談社現代新書，ISBN4-06-149840-1，2006年

本书中介绍了很多小学、初中、高中数学的“难点问题”，用通俗易懂的方式梳理了方程式、恒等式、绝对值等疑难点。

[3] 結城浩，『プログラマの数学』①，ソフトバンククリエイティブ，ISBN4-7973-2973-4，2005年

本书是程序员学习“数学思维”的入门书。书中讲解了逻辑、数学归纳法、排列组合、反证法等内容。

[4] Donglas R. Hofstadter，野崎昭弘他訳，『ゲーデル、エッシャー、バッハーあるいは不思議の環』②，白揚社，ISBN4-8269-0025-2，1985年

本书以哥德尔、艾舍尔、巴赫三人为主题，介绍了悖论、递归性、知识表示、人工智能等内容。《数学女孩》中米尔嘉和盈盈弹奏无限上升的音阶这部分内容就参考了本书第二十章章末的“永无止境的音阶”。另外，本书的《二十周年纪念版》由白杨社在2005年出版发行。

[5] Donglas R. Hofstadter，竹内郁雄訳，『メタマジック・ゲーム―科学と芸術のジグソーパズル』③，白揚社，ISBN4-8269-0043-0，1990年

本书由 *Scientific American* 杂志中连载的文章汇总而成，从魔方的解法到核问题，话题涉猎广泛。另外，本书的《二十周年纪念版》由白杨社在2005年出版发行。

[6] Marcus du Sautoy，冨永星訳，『素数の音楽』④，新潮社，ISBN4-10-590049-8，2005年

本书中描绘了很多数学家在处理质数问题时聆听“音乐”的模样。其中对黎曼ζ函数的零点及质数定理的讲解尤其让人印象深刻。

[7] E. A. Fellmann，山本敦之訳，『オイラー　その生涯と業績』⑤，シュプリンガー・フェアラーク東京，ISBN4-431-70928-2，2002年

---

① 中文版名为《程序员的数学》，管杰译，人民邮电出版社，2012年。——译者注

② 中文版名为《哥德尔、艾舍尔、巴赫：集异璧之大成》，商务印书馆，1997年。——译者注

③ 原书名为 *Metamagical Themas: Questing For The Essence Of Mind And Pattern*, Basic Books, 1985年。——译者注

④ 原书名为 *The music of the primes*，Harper Perennial; New Ed edition，2004年。——译者注

⑤ 原书名为 *Leonhard Euler*，Birkhäuser，2006年。——译者注

本书是欧拉的传记，描述了欧拉是如何活跃在各行各业，以及他和身边的人又有怎么样的关系。

[8] 神奈川大学広報委員会編，『17音の青春2006—五七五で綴る高校生のメッセージ』，NHK，ISBN4-14-016142-6，2006年

这是一本以《神奈川大学全国高中生俳句大奖》为原型的高中生俳句作品集。5 + 7 + 5 = 17也是质数哦[①]。

面向高中生

[9] 中村滋，『フィボナッチ数の小宇宙』，日本評論社，ISBN4-535-78281-4，2002年

从初级内容到专门定理，本书集中展现了斐波那契数列的魅力。

[10] 宮腰忠，『高校数学 + α：基礎と論理の物語』，共立出版，ISBN978-4-320-01768-9，2004年

本书中简要归纳了高中数学到大学数学的部分内容。现在在网上也可以阅读此书。

[11] 栗田哲也，福田邦彦，坪田三千雄，『マスター・オブ・場合の数』，東京出版，ISBN4-88742-028-5，1999年

本书是面向高中生的参考书，主要讲解了场合数的相关内容。书中还出现了许多含有卡塔兰数 C_n 的有趣问题。在《数学女孩》的第7章提到了求卡塔兰数的通项的方法，就是参考了本书。

[12] 志賀浩二，『数学が育っていく物語1　極限の深み』，岩波書店，ISBN4-00-007911-5，1994年

本书中介绍了数列、极限、幂级数的相关内容。通过阅读本书，读者不光能理解数学公式，还可以通过书中老师和学生之间的对话学习公式的背景知识。虽然这本书很薄，但是内容很深。

[13] 奥村晴彦ほか，『Javaによるアルゴリズム事典』，技術評論社，ISBN4-7741-1729-3，2003年

本书中用Java语言实现了各种算法。《数学女孩》中参考了本书中求分拆数的递推公式的相关内容。

[14] William Dunham，黒川信重＋若山正人＋百々谷哲也訳，『オイラー入門』[②]，

① 俳句是日本的一种古典短诗，由“五七五”共17字音组成。——译者注

② 原书名为*Euler: The Master of Us All*，The Mathematical Association of America，1999年。——译者注

シュプリンガー・フェアラーク東京，ISBN978-4-431-71079-5，2004年

本书中按照不同的话题，对欧拉在数学的各个领域所作的工作进行了汇总。书中活灵活现地描绘出了欧拉想出独特点子时的模样。《数学女孩》中参考了本书的第3章和第4章。

[15] 小林昭七，『なっとくするオイラーとフェルマー』，講談社，ISBN4-06-154537-X，2003年

本书中汇集了所有关于数论的有趣话题。除了欧拉最初的证明以外，书中还解说了求$\zeta(2)$的值的方法。

[16] George E. Andrews，Kimmo Eriksson，佐藤文広訳，『整数の分割』①，数学書房，ISBN4-8269-3103-4，2006年

本书是以分拆数为主题的图书。作者是整数划分方面的权威专家，书中对分拆数的基础知识到最新信息都进行了详尽的解说。另外，关于无穷级数和无限积的收敛，本书卷末的附录中也给出了简要的概括。《数学女孩》第10章中米尔嘉所做的关于斐波那契数列上界的证明，就参考了本书定理3.1的证明。

[17] 黒川信重，『オイラー、リーマン、ラマヌジャン』，岩波書店，ISBN4-00-007466-0，2006年

本书中以欧拉、黎曼、拉玛努金三人为主题，描述了不可思议的ζ世界。

[18] 吉田武，『オイラーの贈物』，ちくま学芸文庫，ISBN4-480-08675-7，2001年

为了让读者理解$e^{i\pi}=-1$这一个式子，书中从最基础的数学知识开始讲起，循序渐进，层层深入。像本书这样有很多算式的文库本是很少见的。

[19] 吉田武，『虚数の情緒—中学生からの全方位独学法』，東海大学出版社，ISBN4-486-01485-5，2000年

本书是一部以数学和物理为中心，引导读者从基础开始积极动手学习的大作，有着惊人的趣味性。《数学女孩》第2章中方程式和恒等式的相关内容就参考了本书。

面向大学生

[20] 金谷健一，『ここから分かる応用数学教室—最小二乗法からウェーブレットまで』，共立出版，ISBN4-320-01738-2，2003年

从高中水平的数学知识，到学习数据分析所必需的数学知识，本书中

① 原书名为*Integer Partitions*，Cambridge University Press，2004年。——译者注

都进行了详细的介绍。老师和学生的对话对于理解书中内容有很大的帮助。《数学女孩》中关于罗马字母和希腊字母的话题就是参考本书写成的。

[21] Ronald L. Graham, Donald E. Knuth, Oren Patashnik, 有澤誠＋安村通晃＋萩野達也,『コンピュータの数学』[①], 共立出版, ISBN4-320-02668-3, 1993年

本书中讲解了以求和为主题的离散函数的相关内容。d、Δ、下降阶乘幂、数列，以及使用生成函数来求数列的通项的方法等都参考了本书。另外，《数学女孩》中涉及的很多话题在本书中都有更详细的讲解。

[22] Donald E. Knuth, 有澤誠他訳,『The Art of Computer Programming Volume1 日本語版』[②], 株式会社アスキー, ISBN4-7561-4411-X, 2004年

本书堪称算法的圣经。1.2.8节中对生成函数进行了详细的介绍，将其作为求封闭表达式的极为有效的工具。另外，2.3.2节中介绍了如何用算数式来处理微分问题。书中还有很多关于调和数、二项式定理、和的计算等《数学女孩》中涉及的内容。

[23] Donald E.Knuth，“ The Art of Computer Programming Volume4，Fascicle3: Generating AllCombinations AndPartitions ”, Addison-Wesley，ISBN0-201-85394-9, 2005年

本书中介绍了关于排列组合和分拆的各种算法，从数学的角度进行了分析。

[24] Jir’i Matousek, Jaroslav Nesetril, 根上生也＋中本敦浩訳,『離散数学への招待 (下)』[③], シュプリンガー・フェアラーク東京, ISBN4-431-70897-9, 2002年

本书中汇集了很多关于离散函数的有趣问题。《数学女孩》第10章中米尔嘉求“好的上界”的方法就参考了本书10.7.2的定理。

[25] Leonhard Euler, 高瀬正仁訳,『オイラーの無限解析』[④], 海鳴社, ISBN4-87525-202-1, 2001年

本书是莱昂哈德・欧拉亲自撰写的关于无穷级数的图书。读者可以通

---

① 中文版名为《具体数学：计算机科学基础》，张明尧、张凡译，人民邮电出版社，2013年。——译者注

② 中文版名为《计算机程序设计艺术》，人民邮电出版社，2015年。——译者注

③ 原书名为*Invitation to discrete mathematics*，Clarendon Press，1998年。——译者注

④ 中文版名为《无穷分析引论》，张延伦译，哈尔滨工业大学出版社，2013年。——译者注

过欧拉亲笔所写的文章品味到天马行空地计算无限积和无限和的趣味。欧拉所想到的e和π等符号也会在本书中出现。通过本书，我们能够跨越时空去体验欧拉不停地计算各种具体算式的场景。

面向研究生和专家

[26] Richard P. Stanley, “Enumerative Combinatorics”①, Volume 1, ISBN0-521-66351-2, 1997年

本书是关于数学排列组合的教科书。

[27] Richard P. Stanley, “Enumerative Combinatorics”, Volume 2, ISBN0-521-78987-7, 1999年

本书是关于数学排列组合的教科书。尤其针对卡塔兰数的狂热粉丝，介绍了很多卡塔兰数的应用实例(pp.219-229)。

[28] 松本耕二,『リーマンのゼータ関数』, 朝倉書店, ISBN4-254-11731-0, 2005年

书中介绍了黎曼 ζ 函数的相关内容。本书参考了14世纪尼科尔・奥雷斯姆对调和级数的离散性进行的证明，以及欧拉对无限积表示和质数的无限性进行的证明等内容。

[29] 黒川信重,『ゼータ研究所より』, 日本評論社, ISBN4-535-78344-6, 2002年

本书中介绍了很多关于 ζ 函数的话题。照理应该是很难的数学问题，但是不知为何，此书充满着神奇魔幻的色彩，让人读后有种不可思议的神清气爽的感觉。

[30] Hans Rademacher, A Convergent Series for the Partition Function $p(n)$, Proc. London Math. Soc. 43, pp. 241-254, 1937年

这是一篇讲述分拆数的通项 P_n 的论文。

网络资料

[31] Neil J. A. Sloane, “The On-Line Encyclopedia of Integer Sequences”

这是数列的百科辞典。只要你输入几个数字，就会提供与其相关联的数列。

---

① 中文版名为《计数组合学(第一卷)》，付梅等译，高等教育出版社，2009年。

——译者注

[32] http://scienceword.wolfram.com/biography/Euler.html

这里简单介绍了欧拉。米尔嘉所说的关于欧拉的台词就来自该页面中的文章。

"He calculated just as men breathe, as eagles sustain themselves in the air" (by Fran¸cois Arago)

"Read Euler, read Euler, he is our master in everything" (by Pierre Laplace)

[33] http://www.gakushuin.ac.jp/~881791/mathbook/，田崎晴明，『数学：物理を学び楽しむために』

这是专为学物理的读者设计的数学教科书，以PDF的格式提供。《数学女孩》中关于收敛函数的话题就参考了此网页。

[34] http://mathworld.wolfram.com/CatalanNumber.html，Eric W. Weisstein et al.，"Catalan Number." From MathWord—A Wolfram Web Resource

这里介绍了卡塔兰数，包括递推公式、与二项系数的关系，以及卡塔兰数的应用示例等。

[35] http://mathworld.wolfram.com/Convolution.html, Eric W. Weisstein et al.，"Convolution." From MathWord—A Wolfram Web Resource

这里介绍了卷积的相关内容。

[36] http://www.hyuki.com/girl/，結城浩，『数学ガール』

汇集了诸多关于数学和女孩的读物。《数学女孩》的最新信息也在这里。

我们是因为喜欢才学习的。

没有必要等老师，也没必要等到上课，

只要找一下书，问题就可以解决。

只要看一下书就行了。

我们要广泛地有深度地一直往下学习。

——《数学女孩》[36]

版权声明